Die unvollkommene Schöpfung

Marcelo Gleiser

Die unvollkommene Schöpfung

Kosmos, Leben und das versteckte Gesetz der Natur

Aus dem Amerikanischen übersetzt von Michael Traut

Titel der Originalausgabe: A Tear at the Edge of Creation. A Radical New Vision for Life in an Imperfect Universe

Die amerikanische Originalausgabe ist erschienen bei Free Press, A Division of Simon & Schuster, Inc., New York

Aus dem Amerikanischen übersetzt von Michael Traut

Weitere Informationen zum Buch finden Sie unter
www.spektrum-verlag.de/978-3-8274-2874-5

Bibliografische Information der Deutschen Nationalbibliothek
Die Deutsche Nationalbibliothek verzeichnet diese Publikation in der Deutschen Nationalbibliografie; detaillierte bibliografische Daten sind im Internet über http://dnb.d-nb.de abrufbar.

Springer ist ein Unternehmen von Springer Science+Business Media
springer.de

Spektrum Akademischer Verlag ist ein Imprint von Springer

11 12 13 14 15 5 4 3 2 1

Planung und Lektorat: Frank Wigger, Bettina Saglio
Redaktion: Dr. Michael Basler
Satz: TypoDesign Hecker, Leimen
Umschlaggestaltung: wsp design Werbeagentur GmbH, Heidelberg unter Verwendung der Motive „Zebra“ © Michael Novacek/Fotolia und einem Sternenhimmel von © Digital Stock 1995

ISBN 978-3-8274-2874-5

In Erinnerung an
Carl Sagan (1934–96)
Du fehlst sehr

Das Universum ist asymmetrisch, und ich bin überzeugt, dass das Leben, wie wir es kennen, ein direktes Ergebnis der Asymmetrie des Universums oder der indirekten Folgen daraus ist.
Louis Pasteur

Es [ist] hoffnungslos beschränkt ... zu denken, alle wesentlichen Gesetze der Physik wären in dem Moment bereits entdeckt gewesen, als unsere Generation begann, über das Problem nachzudenken. Es würde noch eine Physik des 21. Jahrhunderts und eine des 22. Jahrhunderts und auch noch eine des vierten Jahrtausends geben.
Carl Sagan, Contact

Reines Denken konnte die kreative Beschäftigung mit Naturvorgängen als Mittel, die Welt zu verstehen, vor 20 Jahren nicht ersetzen, konnte es seitdem nicht und wird es auch in absehbarer Zukunft nicht können.
Frank Wilczek,
Abschlussvortrag "Expectations of a Final Theory"
Universität Cambridge, September 2005

Ich will die Stringtheoretiker nicht entmutigen, aber vielleicht ist die Welt das, was wir schon lange kennen: das Standardmodell und die allgemeine Relativitätstheorie.
Steven Weinberg,
CERN Courier, September 2009

Inhalt

Teil II:

Teil III:

Teil IV:

Einleitung

Wenn wir uns schon nicht durch eine besondere Position oder Geschwindigkeit oder Beschleunigung auszeichnen und einen gemeinsamen Ursprung mit Tieren und Pflanzen haben, dann sind wir vielleicht wenigstens die klügsten Wesen im gesamten Universum. Darum sind wir einzigartig.

Carl Sagan (1985)

Die ganze Philosophie gründet sich bloß auf zwei Dinge: nämlich auf einen neubegierigen Geist und auf ein schwaches Gesicht … so will man aber mehr wissen, als man sieht.

Bernard le Bovier de Fontenelle (1686)

Manchmal müssen hohe Mauern niedergerissen werden, um einen neuen Ausblick freizugeben. Seit Jahrtausenden versuchen Schamanen und Philosophen, Gläubige und Ungläubige, Künstler und Wissenschaftler unsere Existenz zu verstehen und suchen dazu nach einer absoluten Erklärung der Wirklichkeit. Dieser Suche liegt das Konzept des Einsseins zu Grunde, die Vorstellung, dass alles Seiende irgendwie miteinander verbunden ist. Viele Religionen verlangen nach einer Gottheit, die außerhalb von Raum und Zeit steht, einem allmächtigen Wesen, das die Welt erschaffen hat und das Schicksal der Menschheit bis zu einem gewissen Grad in den Händen hält. Jeden Tag gehen Milliarden von Menschen in Tempel, Kirchen, Moscheen und Synagogen, um zu ihrer göttlichen Gestalt des Einsseins zu beten. Von den Gotteshäusern nicht weit entfernt arbeiten Wissenschaftler in Universitäten und Labors an Erklärungen der dinglichen Welt, die auf einer erstaunlich ähnlichen Vorstellung beruhen: dass nämlich der augenscheinlichen Komplexität der Natur eine einfachere Wirklichkeit zu Grunde liegt, in der alles irgendwie miteinander verbunden ist. In diesem Buch werde ich Gründe dafür anführen, dass der Glaube an eine physikalische Theorie, die die Geheimnisse der materiellen Welt vereinheitlicht – ein *verstecktes Gesetz der Natur* –, einer wissenschaftlichen Form des religiösen Glaubens an das Einssein entspricht. Man könnte von „monotheistischer Wissenschaft" sprechen. Einige der bedeutendsten Wissenschaftler aller Zeiten wie Kepler, Newton, Faraday, Einstein, Heisenberg und Schrödinger hingen diesem Glauben an und suchten nach dem entsprechenden versteckten Gesetz. Heutzutage sprechen theoretische Physiker, insbesondere jene, die sich mit den Fragen nach der Struktur der Materie und der Entstehung des Universums beschäftigen, bei diesem Gesetz von einer „Theorie für Alles" oder einer „Endgültigen Theorie". Ist diese Suche berechtigt? Oder ist sie grundlegend fehlgeleitet?

Vor 15 Jahren hätte ich niemals gedacht, dass ich eines Tages dieses Buch schreiben würde. Beseelt vom Glauben an die Vereinheitlichung verbrachte ich meine Zeit als Doktorand und noch lange danach mit der Suche nach einer Theorie der Natur, die den Glauben, dass alles eins ist, widerspiegelt. Der bekannteste Anwärter für eine solche

Theorie war (und ist) die *Superstringtheorie*. Sie besagt, dass die fundamentalen Einheiten der Materie keine punktförmigen Teilchen wie etwa Elektronen sind, sondern schwingende Saiten (Strings) von submikroskopischer Größe, die sich in neun räumlichen Dimensionen aufhalten. Die mathematische Eleganz der Theorie ist genauso faszinierend wie das, was sie verspricht, nämlich die Verwirklichung des uralten Traums von der Vereinheitlichung. Viele der klügsten Köpfe in der theoretischen Physik arbeiten an der Weiterentwicklung dieser Theorie und ihrer Konkurrenten.

Der Eckpfeiler jeder vereinheitlichenden Theorie ist das Konzept, dass eine grundlegendere Beschreibung der Natur ein höheres Maß an mathematischer Symmetrie aufweist. In dieser Idee finden sich die impliziten ästhetischen Wertungen von Pythagoras und Plato wieder, dass symmetrische Theorien von größerer Schönheit sind. Der englische Dichter John Keats hat dafür 1819 die Worte geprägt: „Schönheit ist Wahrheit". Dem stehen allerdings die experimentellen Daten zur Vereinheitlichung, ja schon zu den Vorstellungen, wie sie experimentell bestätigt werden könnte, gegenüber: Es gibt ausgesprochen wenige harte Fakten, die sie unterstützen. Selbstverständlich bleibt die Symmetrie ein ganz wesentliches Instrument der Physik. Aber in den letzten 50 Jahren haben experimentelle Entdeckungen immer wieder gezeigt, dass unsere Erwartung einer höheren Symmetrie eher Hoffnung als Wirklichkeit ist.

Während diese Erkenntnis für mich persönlich zunächst erschütternd war, gab sie meiner Arbeit schließlich eine neue Richtung. Mir begann klar zu werden, dass sich nicht Symmetrie, sondern *Asymmetrie* am besten zur Darstellung einiger der grundlegendsten Aspekte der Natur eignet. Die

Symmetrie hat ihren Reiz, aber sie ist von Natur aus eher schal: Hinter jeder Veränderung steckt irgendein Ungleichgewicht. Wie ich in diesem Buch darlege, beruht die Gestaltwerdung von Strukturen, von der Entstehung der Materie bis zur Entstehung des Lebens, grundlegend auf dem Vorhandensein von Asymmetrien.

Immer mehr konzentrierten sich meine Gedanken auf eine Ästhetik, die sich auf Asymmetrie statt auf Vollkommenheit stützt. Mir wurde klar, dass Asymmetrie schön ist, gerade weil sie unvollkommen ist. Trug nicht Marilyn Monroes Schönheitsfleck ebenfalls zu ihrer Schönheit bei? Die Revolution, die vor mehr als einem Jahrhundert in der modernen Kunst und Musik begann, ist zu großen Teilen Ausdruck dieser Ästhetik. Nun ist es an der Zeit, dass sich auch die Wissenschaft von der alten Ästhetik löst, der zufolge Vollkommenheit Schönheit und Schönheit Wahrheit entspricht.

Diese neue Herangehensweise an die Wissenschaft bringt weitreichende Folgen mit sich. Wenn es uns gibt, weil die Natur unvollkommen ist, wie weit verbreitet gibt es dann Leben im Universum? Wird mit Sicherheit an anderer Stelle im Universum Leben entstehen, wenn dort nur die gleichen Voraussetzungen herrschen? Wie sieht es mit intelligentem Leben aus? Gibt es im Kosmos noch andere denkende Wesen? Ziemlich unerwartet führte mich meine wissenschaftliche Suche zu einem neuen Verständnis dessen, was es heißt, Mensch zu sein: Die Wissenschaft war existenziell geworden.

Hinter der uralten Jagd nach dem Einssein steht der Glaube, dass das Leben kein Zufall sein kann und unser Dasein geplant sein muss, um einen Sinn zu haben. Ob wir von Göttern erschaffen wurden, wie viele Religionen verkünden, oder ob wir die Früchte eines Universums sind, das auf Leben ausgelegt ist – unsere Existenz *muss* einen Grund haben. Ansonsten bliebe uns nur die deprimierende Alternative, ein bedeutungsloses Leben in einem sinnlosen Universum zu führen. Viele empfinden die Vorstellung befremdlich, dass wir nur aufgrund einer Reihe von Zufällen existieren. Warum sollten wir die Gabe haben, so vieles zu verstehen, die Gabe zu lieben und zu leiden und Werke von unfassbarer Schönheit zu erschaffen, nur um zu vergehen und bis auf seltene Ausnahmen nach wenigen Generationen in Vergessenheit zu geraten? Warum sollten wir den Ablauf der Zeit wahrnehmen können, wenn wir ihn doch nicht beeinflussen können? Nein, wir müssen entweder göttliche Kreaturen oder aber Teil eines kosmischen Gesamtplans sein.

Was aber, wenn wir doch ein seltener, kostbarer Zufall, eine belebte Ansammlung von Atomen mit einem Ich-Bewusstsein sind? Sollten wir die Menschheit weniger wertschätzen, weil sie nicht Teil eines Gesamtplans der Schöpfung ist? Sollten wir das Universum weniger wertschätzen, falls es kein verstecktes Gesetz der Natur gibt, das anhand einer Reihe grundlegender Gleichungen alles Seiende erklärt? Im Gegenteil. Während die Enthüllungen der modernen Wissenschaft durchaus dafür sprechen, dass es keinen Gesamtplan für die Schöpfung gibt, weisen sie uns eine ganz entscheidende Rolle zu. Man könnte es den Anbruch eines neuen „Humanozentrismus“ nennen. Wir mögen nicht „das Maß aller Dinge“ sein, wie der griechische Philosoph Protagoras um 450 v. Chr. behauptete, aber wir sind es, die Dinge messen können. Solange wir über uns und die Welt um uns herum staunen und nachdenken können, hat unser Dasein eine Bedeutung.

Auf diesen Punkt wollen wir genauer eingehen. In nur vier Jahrhunderten der modernen Wissenschaft haben wir ein erstaunliches Wissen erlangt, das sich über alle Skalen vom Inneren von Atomkernen bis hin zu Milliarden von Lichtjahren entfernten Galaxien erstreckt. Indem wir mit unseren faszinierenden Instrumenten in die Reiche des ganz Kleinen und des ganz Großen geblickt haben, haben wir immer neue und unerwartet reichhaltige und vielfältige Welten enthüllt. Mit jedem weiteren Schritt hat uns die Natur aufs Neue überrascht und verzaubert und wird dies auch künftig tun. Während wir Stück für Stück zusammentrugen, wie sich das Universum von einer Ursuppe aus Elementarteilchen entwickelte und immer komplexere materielle Strukturen hervorbrachte, staunten wir über die endlose Vielfalt an Formen, der wir überall begegneten. Über das größte Mysterium überhaupt, wie aus unbelebter Materie Leben wurde und wie sich belebte Molekülklumpen fortentwickelten, um schließlich einen Planeten aus totem Gestein in einen Schmelztiegel biologischer Aktivität zu verwandeln, rätseln wir noch immer.

Die Fülle des Lebens auf der Erde vor Augen und mit dem Wissen, dass die Gesetze der Physik und der Chemie im gesamten Universum gelten, wandten wir unseren Blick unseren Nachbarplaneten zu und suchten voller Eifer nach Gesellschaft. Leider haben wir unseren Hoffnungen zum Trotz nur karge, unwirtliche Himmelskörper gefunden. So schön diese anzuschauen sind, sind sie bar jeden offensichtlichen Anzeichens von Leben. Selbst wenn sich irgendeine Form von Leben unter der Marsoberfläche oder in den dunklen unterirdischen Ozeanen des Jupitermondes Europa verbergen sollte, wird es sicherlich keine sein, die mit ausgeprägten Sinnen ausgestattet ist oder die sich über die Bedeutung und das Ziel des Lebens Gedanken macht. Wenn solche Lebewesen existieren – die Suche nach außerirdischer Intelligenz ist derzeit im Gang –, werden sie so weit entfernt leben, dass sie für uns in allen praktischen Belangen (wilde Spekulationen einmal außer Acht gelassen) nicht vorhanden sind. Solange wir allein bleiben, sind wir es, durch die das Universum über sich reflektiert: Unser Verstand ist der kosmische Verstand. Diese Erkenntnis hat tiefgreifende Folgen. Auch wenn wir nicht die Schöpfung von Göttern oder eines zielgerichteten Kosmos sind, sind wir hier und können über unsere Existenz nachdenken.

Unser lebendiger Planet schwebt verletzlich in einem feindseligen Kosmos. Wir sind verletzlich, weil wir selten sind. Dennoch sollten wir uns von unserer kosmischen Einsamkeit nicht zur Verzweiflung treiben lassen. Vielmehr sollte sie unseren Willen entfachen zu handeln – und schnell zu handeln –, um das schützen, was wir haben. Das Leben auf der Erde wird auch ohne uns weitergehen. Aber wir können nicht ohne die Erde weiterleben, zumindest nicht sehr lange. Zeit ist ein Luxus, den wir uns nicht leisten können.

Ein Hinweis an meine Leser: Dieses Buch richtet sich an alle, die sich dafür interessieren, wie die wunderbaren Entdeckungen der Wissenschaft unser Weltbild und unsere Kultur beeinflussen. Wo möglich, habe ich Vergleiche und Metaphern verwendet, um wissenschaftliche Konzepte zu veranschaulichen. Formeln oder Gleichungen kommen nicht vor. Fachbegriffe habe ich vermieden oder bei ihrer

Einführung erklärt. Da sich der Text jedoch mit den neuesten Ideen in der Kosmologie, Teilchenphysik, Biologie und Astrobiologie beschäftigt, kann die Lektüre streckenweise dennoch nicht ganz leichtfallen. Lassen Sie sich nicht entmutigen, wenn Sie dieses Gefühl überkommt. Überspringen Sie den Absatz oder auch das ganze Kapitel und lesen Sie an anderer Stelle weiter. Das Buch gliedert sich in fünf Teile. Jeder Leser sollte mit Teil I, „Einssein“, beginnen. Wenn Sie nicht gleich in die Wissenschaft eintauchen wollen, gehen Sie direkt zu Teil V, „Die Asymmetrie des Daseins“, über. Ich hoffe, Sie werden im Anschluss dann die Teile II, III und IV lesen, um die Lücken zu füllen. Sie beschreiben wunderschöne Naturwissenschaft, die versucht, die Entstehung des Universums, die Entstehung der Materie und die Entstehung des Lebens zu erörtern, und betonen die Rolle von Asymmetrien und Unvollkommenheiten in jedem dieser Prozesse: vom Multiversum zum Urknall; vom Urknall zu Atomen; von den Atomen zu Zellen; von den Zellen zu Menschen; und von den Menschen zu außerirdischem Leben. Für diejenigen, die ihre Lektüre gern ergänzen möchten, habe ich zudem ein Literaturverzeichnis zusammengestellt.

Teil I:

Einssein

1

Aufgeplatzt!

Es gab keine Zeugen für das, was geschehen sollte. „Geschehen" existierte noch nicht. Die Wirklichkeit war zeitlos. Auch der Raum existierte noch nicht. Der Abstand zwischen zwei Punkten war unbestimmbar. Die Punkte selbst konnten überall sein, schwebend und springend. Die Unendlichkeit aufgewickelt in sich selbst. Es gab kein Hier und Jetzt. Nur Sein.

Doch plötzlich: Ein Zittern, eine Schwingung, eine Ordnung begann sich aufzutun. Wie anrollende Wellen bebte der Raum und schwoll an. Was nah war, wurde fern. Was das Jetzt war, wurde Vergangenheit. Als Raum und Zeit geboren wurden, entstand Wandel: vom Sein zum Werden. Der Raum brodelte; die Zeit entfaltete sich. Bald darauf bildete sich Materie aus dem gemeinsamen Wogen von Raum und Zeit und quoll aus ihren Poren. Es war keine irdische Substanz: ganz anders als wir; ganz anders als Atome.

Die Materie dehnte und streckte den Raum, ließ ihn expandieren und sich aufblähen wie einen Ballon. Und dieser Ballon wurde unser Universum.

Das ist die Schöpfungsgeschichte unserer Generation. Die Heilige Dreifaltigkeit sind in diesem Fall Raum, Zeit und Materie. Es gibt keinen Schöpfer, keine göttliche Hand, die die Entfaltung des Kosmos vom Sein zum Werden, von einem zeitlosen Zustand in einen fortschreitenden führt. Das Universum geschah von selbst, eine Raumblase, die aus einem Meer des Nichts in die Existenz sprang: *creatio ex nihilo*, Schöpfung aus dem Nichts. Das ist für uns schwer zu begreifen, weil alles, was wir geschehen sehen, eine Ursache zu haben scheint. Sollte sich das Universum darin unterscheiden? Könnte es wirklich aus dem Nichts entstanden sein? Ohne einen Grund?

Das erste Bindeglied in der langen kausalen Kette von der Geburt des Kosmos bis jetzt, die Ursache, die alles angestoßen hat, ist gemeinhin als Erste Ursache bekannt. Um die Schöpfung auszulösen, kann sie notwendigerweise selbst keine Ursache haben. Die Herausforderung liegt naturgemäß darin zu verstehen, wie diese mysteriöse, der menschlichen Vernunft widersprechende Erste Ursache zustande kommen konnte. Kann die Wissenschaft dieses Problem meistern? Religionen bemühen hauptsächlich Götter, um das Schöpfungsdilemma zu umgehen. Ihnen gelingt das, weil physikalische Gesetze und menschliche Vernunft für Götter nicht gelten. Da sie unsterblich sind, stehen sie über der Kausalität: Sie existieren übernatürlich jenseits der Zeit. Nach dem Buch Genesis bearbeitete der allmächtige, ewige Gott das „Nichts“ mit Worten, und es wurde Licht. Für jüdische, christliche und muslimische Gläubige ist der Herr die Erste Ursache. Alles ist von Ihm gegeben, und der Herr ist aus dem Nichts gegeben. Weil er selbst perfekt ist, ist das, was der Herr erschafft, ebenfalls perfekt. Zumindest galt das so lange, bis Adam und Eva vom Baum der Erkenntnis aßen und sich alles änderte: Neugier und Verlangen vertrieben uns aus dem Paradies, und wir waren fortan weniger göttlich. Seitdem sehnen wir uns als einfache Sterbliche, das wiederzufinden, was wir verloren haben, eins zu werden mit Gottes perfekter Schöpfung. Diese vermeintlich hehre Suche hat uns viel zu lange auf Abwege geführt. Wir brauchen einen Neubeginn.

Einigen modernen Theorien zufolge, die sich mit dem Ursprung von Raum, Zeit und Materie beschäftigen, gibt es ein Quantennichts, einen Schaum aus Protouniversen, der das Multiversum oder das Megaversum genannt wird. Manche aktuellen Theorien behaupten, das Multiversum sei ewig und daher ohne Ursache. Ab und zu entspringen kleine Raumblasen – Babyuniversen – aus dem kosmischen Schaum. Einige von ihnen wachsen, während die meisten in das Nichts zurück schrumpfen, aus dem sie gekommen sind. Ein raffiniertes Zusammenspiel von Schwerkraft und Materie erlaubt die Geburt von Babyuniversen ohne die Aufwendung von Energie: Schöpfung aus dem Nichts. Die Zeit fängt an zu ticken, sobald eine Blase in die Existenz entspringt und sich zu entwickeln beginnt, das heißt, sobald es einen belegbaren Wandel gibt. Multiversumtheorien besagen, dass wir in einer solchen anwachsenden Blase leben, einer Blase, die genauso zufällig entstanden ist wie ein Teilchen, das aus einem radioaktiven Atomkern herausgeschleudert wird. Unsere Blase, unser Universum, hat die scheinbar seltene Eigenschaft, lange genug zu existieren, damit Galaxien, Sterne und Menschen entstehen konnten: Wir sind das Ergebnis der zufälligen Geburt eines höchst unwahrscheinlichen, langlebigen Kosmos, der komplex genug geworden ist, Wesen hervorzubringen, die über ihren eigenen Ursprung nachdenken können. Das ist weit entfernt von der planvollen, übernatürlichen Schöpfung, wie sie in der Genesis dargestellt wird. Aber ist damit die Frage, wie alles entstanden ist, wirklich ganz beantwortet?

Auch wenn diese wissenschaftliche Version der Schöpfung geschickt versucht, ohne die Erste Ursache auszukommen, muss auch sie im Einklang mit anerkannten physikalischen Prinzipien und Gesetzen formuliert werden: Die Energie muss erhalten bleiben und die Lichtgeschwindigkeit und andere Naturkonstanten müssen die richtigen Werte haben, um die Lebensfähigkeit unseres Universums zu gewährleisten. Darüber hinaus entspricht ein Quantennichts mit seiner brodelnden Suppe aus Protouniversen nicht gerade dem, was wir uns unter Abwesenheit von irgendetwas vorstellen. Die Sache ist die, dass es uns Menschen unmöglich ist, etwas aus dem Nichts zu erschaffen. Wir brauchen Materialien als Ausgangspunkt und Regeln, wie sie sich entwickeln. Diese Einschränkung zeigt sich am deutlichsten, wenn wir versuchen, das erste Erschaffen, das des Universums, überhaupt zu verstehen. Lassen Sie sich nicht von gegenteiligen Behauptungen täuschen, auch wenn sie mit Ehrfurcht einflößenden Begriffen wie *Quantenvakuumzerfall*, *Stringlandschaft*, *Raum-Zeit-Kontinuum* mit *Extradimensionen* oder *Multibranenkollision* aufwarten: Wir sind weit davon entfernt, eine überzeugende, empirisch belegte (geprüfte oder wenigstens überprüfbare) wissenschaftliche Geschichte der Schöpfung erzählen zu können. Selbst wenn eines Tages eine Theorie das ermöglichen wird, dann wird sie immer eine *wissenschaftliche* Schöpfungstheorie sein – die auf einer Reihe von Annahmen beruht.

Die Wissenschaft braucht einen Rahmen, ein Gerüst aus Prinzipien und Gesetzen, um zu funktionieren. Sie kann nicht alles erklären, weil sie irgendetwas als Ausgangspunkt benötigt. Dieses Etwas muss als gegeben hingenommen werden. Beispiele solcher Ausgangspunkte sind die Axiome in der Mathematik – unbewiesene Aussagen, die als selbstverständlich und somit offensichtlich als wahr angesehen werden – und eine Reihe von Naturgesetzen in der Physik, wie die Erhaltung von Energie und Ladung, die oft weit über ihren experimentell bestätigten Geltungsbereich hinaus als gültig akzeptiert werden. Weil diese Gesetze in Bezug auf alle natürlichen Erscheinungen, die wir beobachten und messen können, so gut funktionieren, nimmt man an, dass sie auch unter den extremen Bedingungen nahe dem Urknall galten, dem Ereignis, mit dem die Zeit begann. Aber man kann nicht sicher sein – und Wissenschaftler sollten niemals etwas anderes behaupten –, bis es eine klare experimentelle Bestätigung gibt. „Außergewöhnliche Behauptungen brauchen außergewöhnliche Beweise“, wie es der Paläontologe J. William Schopf von der University of California ausgedrückt hat.

Auf der anderen Seite können moderne kosmologische Theorien die physikalischen Vorgänge erklären, die sich nahe am Anfang der Zeit abspielten, eine Leistung, die – und das sollte man laut sagen – wirklich fantastisch ist. Man kann jetzt mit Überzeugung behaupten, dass das Universum vor etwas weniger als 14 Milliarden Jahren aus einer heißen und dichten Suppe von Elementarteilchen entstanden ist, auch wenn noch nicht bekannt ist, was diese Entstehung ausgelöst hat. Man weiß, dass der junge, gerade eine Minute alte Kosmos die leichtesten Elemente hervorbrachte und explodierende Sterne die für die Entstehung von Leben notwendigen schwereren Elemente bildeten – und immer noch bilden. Wir verstehen die Funktionsweise des genetischen Codes und das Prinzip hinter der atemberaubenden Vielfalt von Pflanzen und Tieren auf der Welt. Falls wir die einzigen Wesen sind, die ein Selbstbewusstsein haben und über Leben und Tod nachdenken können, definieren wir – unvollendete Zufallsprodukte der Schöpfung –, wie das Universum sich selbst sieht. Das ist in meinen Augen eine lebensverändernde Erkenntnis und Grundgedanke dieses Buches. Obwohl wir keinen besonderen Ort im Kosmos bewohnen und in seiner Geschichte keine Hauptrolle spielen, macht uns diese Auszeichnung – ob wir sie als einzige tragen oder nicht – zu etwas Außergewöhnlichem. Genau darum müssen wir auch besonders achtsam sein. Trotz all unserer Errungenschaften sollten wir nicht vergessen, dass unsere Geschichte nur unsere eigene Geschichte ist, unvollkommen und restringiert wie wir; wir sollten aufpassen, nicht nach der absoluten Wahrheit, sondern nach Erkenntnis zu suchen. Wie Tom Stoppard uns in seinem Theaterstück *Arcadia* darstellt, geht es nicht darum, alles zu wissen, sondern wissen zu wollen.

So wundervoll die Wissenschaft auch ist – sie bleibt ein Konstrukt des Menschen, eine Erzählung, durch die wir versuchen, die Welt um uns herum zu verstehen. Die „Wahrheiten", zu denen wir gelangen, wie Newtons Gravitationsgesetz oder Einsteins spezielle Relativitätstheorie sind wirklich beeindruckend, doch immer von begrenzter Gültigkeit. Außerhalb des Gültigkeitsbereichs einer Theorie gibt es immer noch mehr zu verstehen. Neue wissenschaftliche Revolutionen werden stattfinden. Weltbilder werden sich ändern. Doch, eingebildet wie wir sind, überbewerten wir unsere Leistungen. Unsere Erfolge lassen uns glauben, diese partiellen Wahrheiten seien verstreute Teile eines einzigen Puzzles, die Bausteine einer endgültigen Wahrheit, die darauf wartet entdeckt zu werden. Große Denker der fernen und der jüngeren Vergangenheit haben der Suche nach diesem heiligen Gral, der versteckten Formel der Natur, Jahrzehnte ihres Lebens gewidmet: Pythagoras, Aristoteles, Kepler, Einstein, Planck, Schrödinger, Heisenberg – die Liste ist lang. Tausende tun es in der Gegenwart. Bewusst oder unbewusst sind sie die Erben einer bis ins antike Griechenland zurückreichenden philosophischen Tradition, die Perfektion und Schönheit mit Wahrheit verknüpft. Im Lauf der Jahrhunderte verschmolz diese Tradition mit dem monotheistischen Glauben – Gottes Schöpfung: die vollkommene Schönheit. Sie zu verstehen, nach unsterblicher Wahrheit zu suchen, wurde das höchste Ziel. Seit der Entstehung der modernen Wissenschaft im frühen 17. Jahrhundert hat eine Leidenschaft, die religiösem Eifer nahe kommt, den Glauben verbreitet, dass das Rätsel gelöst werden kann, wir näher daran sind als je zuvor und die versteckte Formel der Natur schon bald gefunden und in ihrer ganzen Schönheit erstrahlen wird. Der britische Physiker Stephen Hawking nannte das metaphorisch „den Verstand Gottes kennen". Aber stimmt das? Kommen wir dem Moment wirklich näher? Oder haben wir uns auf der Suche nach dem Unerreichbaren verrannt? Sollten wir uns stattdessen fragen, woher unser unbedingter Drang rührt, an cinc endgültige Wahrheit zu glauben? Sollten wir uns fragen, warum wir so überzeugt sind, dass sie darauf wartet, entdeckt zu werden? Deuten die experimentellen und beobachteten Fakten tatsächlich darauf hin? Oder ist die endgültige Wahrheit einfach die wissenschaftliche Form der monotheistisch-abendländischen Tradition, eine Sehnsucht nach einem Gott, der dem spirituellen Leben vom Verstand ausgetrieben worden ist?

Da eine endgültige Wahrheit notwendigerweise auch den Ursprung des Universums erklärt, erkennt man, dass die zwei Fragen ein und dieselbe sind: Die endgültige Wahrheit beinhaltet die Erste Ursache; die Erste Ursache beinhaltet die endgültige Wahrheit. Können wir, limitierte Wesen, die wir sind, die Schöpfung in all ihrer umwerfenden Komplexität erklären?

Wir kennen zumindest zwei Antworten darauf:

„Ja klar!" rufen die Vereiniger. „Es gibt einen Satz physikalischer Grundgesetze, die im innersten Wesen der Natur verankert sind und hinter allem stehen, was es gibt. Mit der Zeit werden wir diese Gesetze entdecken und alles verstehen. Zusammengenommen stellen diese Gesetze die vereinheitlichte Feldtheorie dar, den höchsten Ausdruck der versteckten mathematischen Symmetrie der Natur. Sie sind die Theorie für Alles".

„Ja klar!" rufen die Gläubigen. „Wir kennen die Antwort bereits. Es steht alles in der Heiligen Schrift. Die Schöpfung ist das Werk unseres allmächtigen Gottes. Nur eine übernatürliche Macht konnte existieren, bevor es den Raum gab. Nur eine übernatürliche Macht konnte die dingliche Realität transzendieren, um sie zu erschaffen."

Sind wir auf diese zwei Antworten beschränkt? Oder gibt es eine dritte Möglichkeit? Seit Jahrtausenden leben wir unter dem mythischen Bann des Einen. In unseren Tempeln kniend oder auf der Suche nach dem mathematischen „Verstand Gottes", sehnen wir uns nach einer Verbindung mit dem, was über das bloße Menschliche hinausreicht; wir träumen von einer abstrakten Vollkommenheit, die wir in unserem eigenen Leben nicht finden. Dabei haben wir uns selbst gegenüber die Augen verschlossen und weigern uns, die Zerbrechlichkeit unseres eigenen Daseins zu sehen. Die Zeit für einen Wandel ist da. Es ist an der Zeit, das alte Gebot der Vollkommenheit abzuschütteln und sich den Lehren aus einem neuen wissenschaftlichen Weltbild zu öffnen, das die kreative Kraft erkundet, die aus der Unvollkommenheit der Natur erwächst, und erkennt, dass Wissen begrenzt ist.

Die Reise wird uns vor Augen führen, wie winzig sich unsere Existenz in einem riesigen, unbeeindruckten Kosmos ausnimmt. Und doch macht uns, so klein wir auch sind, unser Dasein an sich zu etwas Einzigartigem. Als denkende Ansammlungen unbelebter Atome sind wir selten und kostbar. In wenigen Jahrtausenden haben wir die Macht erlangt, die Geschichte unseres Planeten und damit unsere eigene zu verändern. Die Menschheit steht an einer Weggabelung. Die Entscheidungen, die wir jetzt treffen, entscheiden über unsere Zukunft und die unseres Planeten. Die Zeit ist reif für die Erkenntnis, dass die Sicherung des Überlebens das ist, worauf es wirklich ankommt.

2

Angst vor der Dunkelheit

Als kleiner Junge hatte ich schreckliche Angst im Dunkeln. Meine Fantasie malte sich aus, was meine Augen nicht sehen konnten. In meinem Zimmer gab es einen großen Schrank aus Jacaranda, einem selten gewordenen Edelholz des brasilianischen Regenwaldes. Das Holz war voller Muster, die in der Abenddämmerung zum Leben erwachten und sich in die unwahrscheinlichsten Gestalten verformten und verwandelten. Das kleine Nachtlicht am Fuß meines Bettes machte alles nur noch schlimmer und den Tanz der Holzformen mit seinem fahlen grünlichen Flackern nur noch lebendiger. Wie ein menschlicher Vogel Strauß vergrub ich mich unter der Decke und zog mir das Kopfkissen über den Kopf – in der Hoffnung, dass die Schattenwesen, wenn ich sie nicht sehen konnte, mich auch nicht sehen konnten.

Aber die Angst ging nicht fort. Hatte gerade etwas meinen Fuß berührt? Was war das für ein sonderbares Knarzen? Ich konnte spüren, wie die Luft über meine Nase strich, die herausschaute. „Sie“ kamen näher. Das Unglück musste nun jeden Moment über mich hereinbrechen ... Sie würden mir die Decken und Kissen wegziehen und ihre Reißzähne tief in meinen Hals schlagen und so das Leben aus mir saugen. Wenn ich überleben wollte, dann musste ich mich wehren. In einem Anflug von Heldenmut sah ich dann unter meinem Kissen hervor und versuchte mich zu überzeugen, dass ich mir das alles nur einbildete und dass da niemand war. Mein Vater ermahnte mich immer wieder. „Wenn Du solche Angst vorm Dunkeln hast, warum siehst Du Dir dann all die Horrorfilme an? Warum liest Du all die Comics über Vampire und Werwölfe? Was ist nur los mit Dir?"

Er kannte nur die halbe Wahrheit. Mit zehn Jahren war mein Leben voller Horrorgeschichten und Übernatürlichem. Die Angst wurde zu einer Sucht. Ich sah mir die Filme und Bücher nicht einfach nur an. Ich wurde zu einem Vampir oder stand zumindest kurz davor. Zwar war eine Wohnung an der tropischen Copacabana kein verfallenes Schloss in Transsilvanien, doch die Entwicklung zeichnete sich deutlich ab. Ich hatte sogar Eckzähne, mit denen ich zum Beweis wie mit spitzen Nadeln winzige Löcher in ein Blatt Papier beißen konnte. „Offensichtlich ein psychosomatischer Effekt", erwiderte darauf mein genervter Vater, der Zahnarzt war und in Harvard studiert hatte.

Als ich elf war, wurde meine Beschäftigung mit diesen morbiden Themen intellektueller. In dieser Zeit fuhr ich mit dem Bus zur Nationalbibliothek im Zentrum Rios, um über Vampirismus zu recherchieren und einige der Klassiker zu lesen. Ein Vampir zu werden, war die einzige Möglichkeit halbtot zu sein, sowohl tot als auch lebendig. Es war die einzige Möglichkeit, wie ich unsterblich werden konnte. Für Unwissende: Traditionelle Vampire liegen tagsüber tot in ihren verschlossenen Särgen und erwachen nach Sonnenuntergang zum Leben, um sich im Schatten der Nacht auf die Jagd nach menschlichem Blut zu machen, dem Geheimnis ihrer Unsterblichkeit. Gab es ein imposanteres Wesen als Graf Dracula, den Prinzen der Dunkelheit, der die Fähigkeit besaß, den Tod zu überwinden, Menschen, insbesondere Frauen, mit seinen hypnotischen Kräften zu kontrollieren, als Fledermaus umherzufliegen und sich in Nebel aufzulösen?

Es gab einen Grund dafür, dass ich als Kind so besessen war. Mit einem Wort: Verlust. Als ich sechs war, starb meine Mutter unter tragischen Umständen. Sie war damals 38 Jahre alt. Nun, da ich eigene Kinder habe, erkenne ich, wie verheerend so ein früher Verlust sein kann. Dabei geht es nicht einfach nur darum, auf einmal auf dem Spielplatz das Kind ohne Mama zu sein, das von den anderen Kindern bemitleidet wird. „Armer Marcelo, er hat keine Mama so wie du ... spiel doch mit ihm.“ Wie oft habe ich mitangehört, wie wohlmeinende Mütter und Kindermädchen das zu ihren Kindern gesagt haben? Es geht nicht nur darum, wie demütigend es ist, anders zu sein, oder wie sehr das Fehlen der tiefen physischen und emotionalen Bindung zu der Frau, die einen zur Welt gebracht hat, schmerzt. Das Schlimmste daran, keine Mutter zu haben, ist, keine Mutter zu haben; niemanden zu haben, der einen in den Arm nimmt, wenn man sich fürchtet; der einen lobt, wenn man mit guten Noten heimkommt oder ein Spiel gewonnen hat; von dem man weiß, dass er einen immer liebt, egal was kommt. Wenn ich sah, wie meine Freunde nach der Schule an der Hand ihrer Mutter nach Hause gingen, die sie herzten und mit ihnen lachten, fühlte ich mich verflucht. Schlimm daran, keine Mutter zu haben, ist auch das Wissen, dass sie nicht da sein wird, wenn man groß wird, dass sie niemals wieder Teil des eigenen Lebens sein wird; zu wissen, dass da jemand fehlen wird, bei jedem Schulabschluss, wenn man heiratet, bei der Geburt des ersten Kindes. Es ist das Fehlen, das wehtut. Das Allerschlimmste daran, die Mutter zu verlieren, ist, dass es für immer ist.

Das konnte ich nicht akzeptieren. Ich musste über die Grenzen der Zeit, über die Welt der Lebenden hinausgehen und einen Weg finden, sie zurück zu bringen – oder zu ihr zu gehen. Ich musste sie wiedersehen, ihre warme Haut spüren, in ihre hellbraunen Augen schauen, sie lachen hören. Alles, woran ich mich erinnern konnte, waren die Tränen, die Trauer, das Schluchzen. Könnte ich doch nur die Zeit beherrschen, dann könnte ich auch die Dinge ändern. Wenn ich nur Leben und Tod beherrschen könnte, dann könnte ich wieder bei ihr sein.

Jung und offen wie ich damals war, unfähig zwischen Fantasie und Wirklichkeit zu unterscheiden, war der Sprung in die Welt des Übernatürlichen, der Vampire und anderer Kreaturen, denen der Tod nichts anhaben konnte, naheliegend. Im Unterricht in der Schule hörte ich Geschichten über Gott und das Alte Testament, wie der Herr eine Sintflut über die Menschen hereinbrechen ließ und alle ertranken bis auf eine Familie, wie der Herr Stöcke in Schlangen verwandelte und Wasser in Blut, wie Engel aus dem Himmel herabstiegen, um mit Normalsterblichen zu ringen. Ich erfuhr, wie der Rabbi Löw im Prag des 17. Jahrhunderts einem Riesen aus Lehm magische Worte auf die Stirn schrieb und ihn zum Leben erweckte. Wenn man solche Dinge in der Schule lernte, war es dann absurd, an andere übernatürliche Wesen zu glauben? Wie konnte der Schulpsychologe mich gestört nennen, wenn wir in der Schule lernten, dass Gott Menschen in Salzsäulen verwandeln konnte, und in der katholischen Schule um die Ecke sogar die Wiederauferstehung erlaubt war?

3
Übergang

Als ich zum Teenager heranwuchs, lebte ich in einer Art Trance. Es kam einige Male vor, dass ich hätte schwören können, meine Mutter schwebte am anderen Ende des langen Flurs unserer Wohnung, in einem wallenden weißen Nachthemd. In ihrem Gesicht schien sich die Trauer der ganzen Welt zu spiegeln. Ich war bald überzeugt, dass ihre Erscheinung mir etwas sagen wollte. Egal, ob sie wirklich da war oder ob ich mir das nur einbildete, waren ihr Anblick und die Gefühle, die er in mir hervorrief, sehr real. Nach und nach verstand ich auch, was sie mir sagen wollte: Ich sollte mich nicht dem Tod, sondern dem Leben hingeben; ich sollte ihrer gedenken, indem ich all das erlebte, was sie nicht hatte erleben können; ich sollte sie stolz und glücklich machen, meine Mutter zu sein. Denn in Wahrheit wird sie immer meine Mutter sein, ob lebendig oder tot. Wenn man keine Mutter hat, dann erfindet man eine, um das riesige emotionale Loch auszufüllen. Das gilt nicht nur für den Verlust eines Elternteils. *Jeder* Verlust hinterlässt eine Lücke, die gefüllt werden muss. Die Frage ist nur, wie.

Der Übergang hin zum Leben hatte begonnen. Ich wurde ein ehrgeiziger Volleyballspieler. Ich fing an, klassische Gitarre zu lernen, machte gewissenhaft meine Schularbeiten und begann, mich für Mädchen zu interessieren. Als ich vierzehn war, hatte der Geist meiner Mutter aufgehört, mir zu erscheinen, was ich als Zeichen dafür nahm, dass sie ihren Frieden gefunden hatte, beruhigt darüber, dass ich einen lebensbejahenden Weg eingeschlagen hatte.

Ungefähr zur gleichen Zeit entdeckte ich die Wissenschaft. Ich war ihr natürlich schon vorher begegnet, hauptsächlich in den langweiligen, leidenschaftslosen Unterrichtsstunden meiner Lehrer an der Grund- und Mittelschule. Ihren größten Anstrengungen, sie uninteressant erscheinen zu lassen, zum Trotz war ich fasziniert. Gemeinsam mit allen anderen starrte ich auf den Fernseher, als Neil Armstrong und Buzz Aldrin die US-Flagge auf dem Mond hissten. Die Zerstörungskraft der Wasserstoffbombe erschreckte und verblüffte mich gleichzeitig, genauso wie die Möglichkeit, dass es zum ersten Mal in der Geschichte möglich war, mit wenigen Knopfdrücken unsere Zivilisation auszulöschen. Stanley Kubricks *2001: Odyssee im Weltraum* in vollem Cinerama mit seiner Mischung aus Wissenschaft und Mystik beeindruckte mich tief. Gab es in der Weite des Weltalls noch intelligenteres Leben? Könnten sie unsere Schöpfer gewesen sein? Beobachteten sie uns aus einem unsichtbaren Abstand, Göttern gleich? Die von meinem Vater hoch geschätzte Ausgabe von Erich von Dänikens ebenso fesselndem wie absurdem Buch *Erinnerungen an die Zukunft* nährte mein jugendliches Feuer weiter. Da stand er, der Beweis, dass Außerirdische schon vorher hier gewesen sind, und ja, sie waren viel intelligenter als wir. Doch obwohl ich eine Zeit lang glaubte, die beeindruckenden Nazca-Linien in Peru seien Landebahnen für hochentwickelte außerirdische Raumschiffe und die ägyptischen Pyramiden unter außerirdischer Anleitung gebaut worden, hörte eine leise Stimme in meinem Hinterkopf nicht auf, unbequeme Fragen zu stellen: Wieso waren sie nur an unserer fernen Vergangenheit interessiert, als unsere Technologie noch sehr primitiv war? Warum kamen sie nicht zurück, nun, da wir angefangen hatten, uns in den Weltraum voranzutasten, um uns den dringend benötigten Schub zu den Sternen zu geben?

Der Kontakt mit reißerischer Wissenschaft, gepaart mit dem typischen pubertären Ansturm von Testosteron, verwandelte meine Angst vor der Dunkelheit in eine Liebe zur Nacht und ihren Mysterien. Ich wurde von einem Möchtegerndracula zu einem Möchtegernwissenschaftler der Viktorianischen Zeit. Immerhin war sogar Dr. van Helsing, der Vampirjäger, ein geachteter Professor an einer europäischen Universität, der mit Wissen und Logik gegen das Böse ankämpfte. Mary Shelleys *Frankenstein* war kein Horrorfilm, sondern ein Science Fiction-Roman, der die allerneuesten Forschungserkenntnisse verarbeitete, die Fähigkeit der Elektrizität, Muskeln zucken zu lassen und möglicherweise auch die Toten wiederzubeleben.[1]

Die Wissenschaft steckte voller Magie, so wurde mir klar, einer Magie, die umso mächtiger war, weil sie real war, weil echte Menschen sie anwandten, keine imaginären Fantasiewesen: der Magie, die größten Geheimnisse der Natur zu entdecken. Der Religion und ihren Geschichten stand ich immer misstrauischer gegenüber. Schlimmer noch, ich wurde zum Zyniker bei dem Gedanken, wie viele Gläubige im Namen ihres Gottes getötet haben und immer noch töten. Welche religiöse Moral könnte den Mord an Unschuldigen nicht nur dulden, sondern sogar anstacheln? Ein Autoaufkleber, den ich kürzlich sah, brachte es auf den Punkt:

„Glauben Sie wirklich, dass Jesus eine Pistole hätte?" Dazu kam die Frage nach dem vielen Leid. Wo war Gott, als meine Mutter starb? Warum ich? War ich ein Sünder? Waren meine älteren Brüder und mein Vater Sünder? Wo war der Herr, als ich um Hilfe betete und keine bekam? Und die schrecklichen Katastrophen, die es im Lauf der Geschichte immer wieder gab? Erdbeben und Vulkanausbrüche, die gesamte Städte begruben; das bestialische Töten von Menschen untereinander, der Holocaust, den wir in meiner Schule so viel behandelten, die Säuberungen unter Stalin und Mao, denen Millionen zum Opfer fielen und viele andere Massenmorde, die sich gar nicht alle aufzählen lassen. Sätze wie „die Wege Gottes sind unergründlich" oder „Gott hat Besseres zu tun, als auf die Gebete von kleinen Pimpfen zu antworten" oder „die Angelegenheiten der Menschen sind nicht die Gottes" klangen in meinen Ohren wie eine faule Ausrede. Sollte Gott irgendetwas mit dem Ursprung der Welt und des Lebens zu tun haben, dann hatte er offensichtlich das Interesse an seiner Schöpfung verloren, das wurde mir klar. Es musste einen anderen Sinn geben.

Ich begann, populärwissenschaftliche Bücher von ehrwürdigen Autoren wie Science Fiction-Ikone Isaac Asimov oder George Gamow, dem geistigen Vater des Urknalls, zu verschlingen, und natürlich *Die Evolution der Physik* von Albert Einstein und Leopold Infeld. Von den vielen Dingen, die ich erfuhr, beeindruckte mich eines am meisten: Wenn wir die größten Geheimnisse des Universums aufdecken wollen – und das ist das große Ziel der Naturwissenschaft – dann müssen wir nach den Symmetrien der Natur suchen. Hinter allem muss eine logische Ordnung stehen, die dem menschlichen Verstand zugänglich ist. Wissenschaftler schienen zu glauben, dass die reinste Form der Schönheit darin liege, diese in den Symmetrien der Naturerscheinungen verschlüsselte Ordnung in der Sprache der Mathematik auszudrücken.

Die reizvolle Vorstellung einer Ordnung, die der Welt zu Grunde lag, war genau das, was ich, ohne es zu wissen, gesucht hatte. Sie hatte einen beruhigenden, tröstenden Effekt. Wenn das Leben oberflächlich betrachtet nur aus Chaos besteht, dann verzweifle nicht, sondern blicke tiefer, und du findest Ordnung und Erkenntnis. Der große deutsche Astronom Johannes Kepler traf es sehr gut, als er 1629, ein Jahr vor seinem Tod, schrieb: „Wenn der Sturm wütet und der Schiffbruch des Staates droht, können wir nichts Würdigeres tun, als den Anker unser friedlichen Studien in den Grund der Ewigkeit zu senken." Die ewige Wahrheit musste in den Rätseln der Natur versteckt liegen. Ich gelobte, den Anker meiner friedfertigen Studien direkt neben dem Keplers hinabzulassen und nach der zeitlosen, rationalen Grundstruktur der Wirklichkeit zu suchen. Mir leuchtete ein, dass die Suche nach ewigen Wahrheiten Verluste bedeutungslos werden lässt, weil sie über die Zerbrechlichkeit des menschlichen Lebens hinausgeht.

So begann ich, Wissenschaft als heroisches Unterfangen anzusehen: Männer und Frauen von höchstem Verstand, die ein gemeinsames Ziel verfolgen, Wissen austauschen, die größten Geheimnisse der Natur aufdecken und in die Fußstapfen der Weisen der Antike treten. Die konkreten Fragen waren sogar noch ehrfurchtgebietender: die Relativitätstheorie und ihre Interpretation des Raumes und der Zeit als dehnbare, vierdimensionale Raumzeit; schwarze

Löcher und das Mysterium der Zeitreise; Atome und ihre schreckliche Macht zu erschaffen und zu zerstören; das Leben und seine unbekannten Anfänge; und schließlich die Frage aller Fragen – nach dem Ursprung des ganzen Universums. Was konnte lebensbejahender und motivierender sein, als sich dieser Suche hinzugeben? Wie die Helden zahlloser Sagen war ich bereit, mich auf diese Wallfahrtsreise zu machen, bereit, durch die Suche verändert zu werden. Die Tore des Tempels standen offen, und die Lösungen der größten Mysterien des Daseins warteten drinnen darauf, gefunden zu werden.

Mein Weg war klar. Ich würde mit Feuereifer Mathematik und Physik lernen, Naturwissenschaftler werden, mich auf die Suche nach ewiger Wahrheit machen und danach streben, die Geheimnisse der Natur ans Licht zu bringen. Die Wissenschaft war eine Verbindung zwischen dem Verstand und der Wirklichkeit, die über unsere Sinneserfahrungen hinausging. Es gab einen Weg in die Welt der Wunder, und er führte nicht durchs Land des Übernatürlichen. Das war die größte Erkenntnis meines Lebens. Ich war bereit, theoretischer Physiker zu werden – und nicht *irgendein* theoretischer Physiker: Ich war bereit, ein engagierter „Vereiniger“ zu werden, auf der Jagd nach dem versteckten Gesetz der Natur. Ich wurde zu einem Gläubigen.

4

Glaube

Im Glauben liegt unbestreitbar eine gewaltige Kraft. Wer davon überzeugt ist, in einer Welt, die immer mehr von Technik bestimmt wird, habe Religion in Zukunft keinen Platz mehr, sollte sich besser umschauen. Im Juni 2008 veröffentlichte das Pew-Forum für Religion und öffentliches Leben die Ergebnisse einer der umfassendsten Umfragen, die in den Vereinigten Staaten je zum Thema Glaube und Religion durchgeführt worden sind, mit mehr als 35 000 Teilnehmern über 18 Jahren.[2] Die Frage „Glauben Sie an Gott oder einen universellen Geist?", beantworteten 92 Prozent mit „ja". Hiervon waren wiederum 71 Prozent *absolut* sicher, während 21 Prozent an etwas glaubten, auch wenn sie ihren Glauben nicht genau definieren konnten. Nur fünf Prozent gaben an, ungläubig zu sein. Die übrigen drei Prozent verweigerten die Antwort. Die Fehlerspanne wurde mit einem Prozent angegeben. Von zehn Leuten, die einem in Amerika über den Weg laufen, sind sich also sieben absolut sicher, dass es Gott gibt, auch wenn es unterschiedliche Vorstellungen gibt, was *Gott* bedeutet.

Diese Ergebnisse machen die Vereinigten Staaten zu einer der gläubigsten Nationen der Welt. Selbst wenn der Glaube an Gott in den meisten Ländern Europas und Ostasiens nicht genauso weit verbreitet ist, gibt es keinen Zweifel, dass das Konzept einer übernatürlichen Göttlichkeit in der Welt, in der wir leben, sehr präsent ist. Der gewaltige wissenschaftliche Fortschritt der letzten 400 Jahre hat sich im Vergleich mit dem antiken Griechenland oder Ägypten nicht in einer deutlich verminderten Anzahl von Gläubigen niedergeschlagen. Selbst wenn der Anteil der Gläubigen zu Zeiten des Pharaos Echnaton (um 1350 v. Chr.) bei 99,9 Prozent gelegen hätte, wären das nur 7,9 Prozent mehr als in den Vereinigten Staaten heute. Bis auf eine Handvoll Länder (zu denen die meisten nordischen Staaten Europas, Tschechien, Frankreich, Vietnam und Japan gehören) liegt der Anteil von Atheisten und Agnostikern in allen anderen Ländern bei unter 50 Prozent der Bevölkerung.[3] Diese Zahlen sagen etwas Bedeutendes über uns selbst aus: Unser Bedürfnis zu glauben ist stärker als alle Hinweise, die dagegen sprechen. Mit anderen Worten, der *Wille*, an etwas zu glauben, kann beinahe schon ausreichend sein, um davon überzeugt zu sein, was auch immer dieses „Etwas" ist. In der gleichen Pew-Umfrage behaupteten 49 Prozent der Befragten, dass ihre Gebete mehr als einmal pro Jahr erhört würden: Jeder zweite Amerikaner kann nicht nur mir einer Gottheit kommunizieren, sondern die Kommunikation wirkt sogar.

In den letzten Jahren beschäftigte sich eine Anzahl von Büchern von einem neuen Standpunkt aus mit dem angeblichen Konflikt zwischen Wissenschaft und Religion. Wissenschaftler wie Richard Dawkins und Sam Harris, der Philosoph Daniel Dennett und der britische Journalist und Polemiker Christopher Hitchens, manchmal „die vier apokalyptischen Reiter" genannt, sind in die Offensive gegangen und halten religiösen Glauben für eine Art „Wahnvorstellung“, einen gefährlichen kollektiven Wahn, der der Welt seit Jahrtausenden Unheil und Zerstörung gebracht hat. Hinter ihren Aussagen sammelt sich ein aggressiver und extremer Atheismus, eine Haltung, die ich für genauso hetzerisch und intolerant halte, wie die der von ihnen kritisierten religiösen Fundamentalisten.[4]

Diese radikale Herangehensweise verhärtet nur die Fronten. Extremismus ist ein schlechter Diplomat, wie ein Blick in die Religionsgeschichte lehrt. Religiöse Menschen als unwissend, verrückt oder einfach dumm zu bezeichnen, mag befriedigend sein, geht aber komplett an der Sache vorbei. Lässt man den möglichen gesellschaftlichen und psychologischen Nutzen einer Religion, wie Hilfe für die Schwachen, Stiftung von Identität und Gemeinschaft und emotionalen Halt bei Verlusten, einmal außen vor, weil sie vielleicht auch in einer säkularen Gesellschaft realisierbar wären, dann bleibt immer noch ein gewichtiger Grund, warum Menschen an ihrem jeweiligen Glauben festhalten, obwohl er sich nicht empirisch belegen lässt. Empirische Bestätigung hat mit der festen Kraft religiösen Glaubens nämlich gar nichts zu tun: Im Allgemeinen ist der Glauben umso inständiger, je wundersamer er ist. Die meisten Menschen glauben an das Übernatürliche, weil sie sich nicht mit der Endgültigkeit des Todes abfinden können. Sie haben Angst, dass man sie vergisst, dass von ihnen nichts bleibt, dass ihre Lieben von ihnen gehen. Sie denken an die Milliarden Menschen, die vor ihnen auf Erden waren, Reiche und Arme, Könige und Sklaven, Berühmte und Unbekannte, Menschen, die wie sie selbst liebten und geliebt wurden, Freude und Leid spürten, und die nun nur noch Staub sind. „Ist das alles?“ fragen sie sich. „Leben und lieben, rackern und leiden wir nur, um ein paar Generationen später vergessen zu sein? Wenn wir nur ein paar Jahre haben, die nicht immer nur eine Freude sind, warum strengen wir uns dann überhaupt so sehr an? Ist das Leben nicht sinnlos?"

Angesichts so vieler unbeantworteter Fragen wenden sich die Menschen dem Glauben zu, der ihnen die Hoffnung auf eine Bedeutung über Zeit und Raum hinaus gibt. Sich über dieses grundlegende menschliche Bedürfnis lustig zu machen, zeugt von einer schockierenden Ignoranz gegenüber dem, was in den Herzen und Gedanken der großen Mehrheit der Menschen auf Erden vor sich geht.

Einmal gab ich in einer armen Region Zentralbrasiliens vor einem Publikum von Fabrikarbeitern ein Live-Interview fürs Radio. Während ich mich durch meinen Monolog zum Urknall und dem expandierenden Universum arbeitete und wie die Wissenschaft sich einer Erklärung der Schöpfung immer weiter annäherte, ging eine Hand in der ersten Reihe nach oben. Sie gehörte einem kleinen Mann, ölverschmiert und mit vielen Falten, der mich anklagend ansah und rief: „Sie, wollen Sie uns Gott auch noch wegnehmen?" Ich zuckte zusammen, weil ich wusste, dass seine Stimme für Milliarden weitere sprach.

Von Karl Marx stammt der berühmte Ausspruch, Religion sei Opium fürs Volk. Wenn man den Menschen die Religion wegnimmt, dann sollte man ein gutes Ersatzopium haben. Der Rausch des weltlichen Atheismus – auch wenn er den Verstand anspricht und mit der unwiderstehlichen Logik der Wissenschaft aufwartet – kann da nicht mithalten. Zumindest nicht so, wie er zumeist auftritt, ohne jegliche Spiritualität. Um Missverständnisse zu vermeiden, sollte ich klarstellen, dass „Spiritualität" für mich nichts Übernatürliches, Religiöses hat, das im Gegensatz zur materiellen Welt steht. Es hat auch nichts von einer möglichen spirituellen Verbundenheit, die manche „Vereiniger" spüren, wenn sie ihrem Glauben an eine Weltformel folgen. Meine spirituelle Verbindung zur Natur speist sich aus dem tief empfundenen Gefühl, dass ich selbst auf eine sehr reale Weise ein physischer Teil von ihr bin; dass das Leben ein kostbares Geschenk ist, das wir schätzen sollten.

Viele Atheisten haben behauptet, dass Atheismus und Agnostizismus mit Spiritualität vereinbar seien. Dem stimme ich vollkommen zu. Aber diese Vereinbarkeit zu erschaffen, zu zeigen, dass sie möglich ist, ist nicht einfach, besonders im strikten Materialismus gewöhnlicher Wissenschaft. Einfach nur zu sagen, die Natur sei schön und sie zu verstehen führe zu einem hohen Maß spiritueller Erfüllung, genügt nicht. Nur eine neue Betrachtung der Wissenschaft und unseres Platzes in der natürlichen Ordnung der Dinge kann zu einem spirituellen Erwachen ohne Religion führen.

Der Glaube entspringt unserer Hilflosigkeit, mit Dingen umzugehen, die wir nicht beeinflussen, vorhersagen oder verstehen können. Wenn wir nichts als Fleisch und Blut sind, eine reine Ansammlung von Molekülen, die den Gesetzen der Natur gehorchen, dann bleibt uns nichts, als dem Gang der materiellen Dinge zu folgen und zu sterben und zu Staub zu zerfallen. Wie viel schöner und wundervoller ist es da, an ein Leben nach dem Tod zu glauben, an immaterielle Prinzipien, die nicht durch die engen Grenzen materieller Logik gebunden sind!

Wenn die Wissenschaft dazu da ist, uns zu helfen, als „Kerze in der Dunkelheit", wie es der verstorbene Carl Sagan ausdrückte, dann muss sie in einem neuen Licht betrachtet werden. Der erste Schritt in diese Richtung ist das Eingeständnis, dass die Wissenschaft ihre Grenzen hat, genau wie die Wissenschaftler, die sie betreiben. Dadurch würde die Wissenschaft menschlicher. Wir sollten uns unsere Verwirrung eingestehen und das Gefühl, verloren zu sein angesichts eines Universums, das immer rätselhafter zu werden scheint, je eingehender wir es studieren; wir sollten bescheiden bleiben, wenn wir Behauptungen aufstellen, wohl wissend, wie oft wir sie korrigieren müssen. Wir sollten die Freude der Entdeckung und die Wichtigkeit des Zweifels natürlich teilen. Vielleicht noch wichtiger ist, wie ich in diesem Buch erörtern werde, dass wir zeigen, was für glaubensbasierte Mythen tief im Kanon der Wissenschaft verwurzelt sind, und dass Wissenschaftler – auch die ganz großen – ihre Vorstellung der Wirklichkeit mit der Wirklichkeit selbst verwechseln können. Wir können, wie Kepler und Einstein es taten und wie viele andere es noch immer tun, „von der Einheit des Universums träumen" oder uns „nach den Harmonien sehnen", um von den Titeln zweier hervorragender Wissenschaftsbücher von den Nobelpreisträgern Steven Weinberg und Frank Wilczek (zusammen mit seiner Frau Betsy Devine) Gebrauch zu machen. Aber wir sollten nicht wegsehen, wenn die Natur andere Pläne hat. Und das Beweismaterial, das uns in der Gegenwart vorliegt, deutet stark darauf hin.

5

Einssein: Die Anfänge

Das Konzept des Einsseins, die Vorstellung, dass der augenscheinlichen Vielfalt der Welt eine einfachere, allumfassende Wirklichkeit zu Grunde liegt, geht auf den monotheistischen Glauben zurück: Es gibt einen einzigen Gott, und der hat alles erschaffen, was ist.[5] Wenn man glaubt, dass alles Gott oder Seinem transzendenten Wesen entstammt, dann folgt daraus, dass alles eins ist: Alles, was ist und sein wird, entspringt einer einzigen Quelle und wird zu dieser Quelle zurückkehren. Durch die Schöpfung, mit all ihrem Glanz und ihrem Elend, mit all ihrer Schönheit und ihrer Hässlichkeit, die sich in den verschiedensten Formen zeigen, offenbart Gott seine Gegenwart in der Zeit. Die Schöpfung *ist* Gott in der Zeit.

Die Vorstellung des Einsseins begleitet uns seit Jahrtausenden. Es ist kein Zufall gewesen, als ich Echnaton weiter oben ins Spiel gebracht habe. Die erste dokumentierte Erwähnung des Monotheismus stammt aus seiner Zeit, etwa 1350 v. Chr. Genauer gesagt von ihm selbst, in seinem *Aton-Hymnus*, in dem er schreibt,

> Oh einziger Gott, so wie es keinen anderen gibt!
> Du erschufst die Welt nach Deinem Willen ...,

und noch weitere Male die alleinige Gottheit Aton anruft. Echnaton erklärte sich selbst zur einzigen Verbindung zwischen den Menschen und Gott, befahl ihnen, die Statuen und Abbilder vorheriger Götter zu zerstören, und verdammte die Religion seiner Vorfahren als Heidentum. Intoleranz gegenüber anderen Religionen gab es schon in der Frühzeit des monotheistischen Glaubens: Indem man einen Gott auswählt, grenzt man ihn von allen anderen ab. Obwohl Experten unterschiedlicher Meinung sind, ob Echnatons Einfluss über seinen Tod hinaus währte, zieht Sigmund Freud in seinem Buch *Der Mann Moses und die monotheistische Religion* eine interessante Möglichkeit in Betracht, indem er die Behauptung aufstellt, Moses sei eigentlich ein Aton-Priester, der mit seinen Anhängern nach Echnatons Tod Ägypten verlassen musste. Während der monotheistische Pharao scheiterte, hatte sein treuer Priester dieser These zufolge überwältigenden Erfolg, wenn auch mit ein wenig Hilfe von Gott selbst, wie die heilige Schrift uns wissen lässt.

Ohne den historischen Wert von Freuds Behauptung hier näher zu erörtern – sicher ist, dass religiöse Ideen im Nahen Osten im Umlauf waren und sich gegenseitig beeinflussten. Weiter im Norden dokumentiert der Migdol-Tempel in Pella in Jordanien die dortige Vorherrschaft des Monotheismus zur etwa gleichen Zeit.[6] Als bessere Schiffe und Landwege zu einem Anstieg des Handels führten, reisten die Menschen mehr, tauschten ihre Ansichten aus und lernten voneinander. Als eine Folge daraus breiteten sich die monotheistischen Ideen in Richtung Westen über den Mittelmeerraum aus. Um 600 v. Chr. begann in Griechenland der Übergang von der Religion zur Philosophie. Wie wir gleich sehen werden, verwurzelt sich das Konzept des Einsseins hier im abendländischen Denken.

6

Der pythagoreische Mythos

Thales aus der türkischen Küstenstadt Milet wird als Begründer der abendländischen Philosophie betrachtet. Wie bei den meisten vorsokratischen Philosophen, erstaunlich kreativen Männern, die vor Sokrates (circa 469–399 v. Chr.) oder bis in seine Zeit lebten, ist wenig bis gar nichts über Thales' Leben und Wirken bekannt. Trotzdem zeichnen mündliche Überlieferung und Texte, die Jahrhunderte nach seinem Tod entstanden, insbesondere die von Aristoteles und dem griechischen Historiker Diogenes Laertios (um 200 n. Chr.), Thales als Urheber der ersten naturwissenschaftlichen Aussage über die Welt aus: „Alle Dinge bestehen aus einem einzigen Stoff." Thales glaubte an ein allem zu Grunde liegendes, vereinigendes, stoffliches Prinzip. Im endlosen Erschaffen und Vernichten in der Choreographie der Natur entspringen alle Dinge diesem Stoff und kehren zu ihm zurück. Die griechische Philosophie hat sich von Anfang an dem Einssein verschrieben.

Für Thales war zweifellos Wasser die Grundessenz der Welt, weil es sich beständig wandeln und verformen kann, ohne dabei seine Identität zu verlieren: Den Kern seiner Philosophie bildete der Glaube, dass im beständigen Wandel der Welt des Materiellen eine Konstanz liegt. Diejenigen, die Thales folgten, die ionischen Philosophen, behielten das so wichtige vereinigende Prinzip ihres Meisters bei, auch wenn die Grundsubstanz nicht immer die gleiche war. Bei Anaximenes etwa war Luft der Urstoff.

Entstanden in der Philosophie, nahm das Konzept des Einsseins als das vereinigende Prinzip der Natur im Lauf der Jahrhunderte viele verschiedene Gestalten an und durchlief unzählige Transformationen. Dieser „ionische Zauber", wie der Wissenschaftshistoriker Gerald Holton die Suche nach Einheit in der Naturwissenschaft bezeichnet,[7] ist im modernen wissenschaftlichen Denken so präsent wie einst. In seinem Essay „Logical Translation" bezeichnet Isaiah Berlin die Suche nach einer vereinheitlichten Darstellung der Welt der Materie noch treffender als „ionische Täuschung": „Ein Satz in der Art ‚Alles besteht aus...' oder ‚Alles ist ...' oder ‚Nichts ist...', sagt, so er nicht empirisch ist, ... nichts aus, denn eine Behauptung, die nicht inhaltlich bestritten oder bezweifelt werden kann, enthält keinerlei Information."[8] Es ist eines meiner Ziele in diesem Buch, die Täuschung des Vereinheitlichungszaubers zu enthüllen.

Einige Jahrzehnte nach Thales verband Pythagoras eine Art mathematischen Mystizismus mit dem ionischen Prinzip des Einsseins und formte daraus ein äußerst einflussreiches Weltbild. Die Vorstellung, das Grundwesen der Natur sei mathematisch symmetrisch und somit vollkommen, ein Gedanke, der den Kern des Traums von der Vereinheitlichung ausmacht, geht auf Pythagoras zurück. Die Geheimnisse der Natur zu entschlüsseln, war für die Pythagoreer gleichbedeutend damit, die in den tieferen Schichten der Wirklichkeit versteckt liegenden Symmetrien von der chaotischen Vielfältigkeit an der Oberfläche freizulegen. Wie

Plato – der stark vom pythagoreischen Denken beeinflusst war – argumentierte, ist die Welt, die wir sehen und hören, eine Verzerrung. Nur durch Denken und Vorstellungskraft ist es möglich, das wahre Wesen der Wirklichkeit zu erkennen. Dieses wahre Wesen ist in der Sprache der Mathematik formuliert. Der einzige perfekte Kreis ist die Idee des Kreises in den eigenen Gedanken. Bertrand Russell, der berühmte Philosoph und Mathematiker, der 1950 den Nobelpreis für Literatur gewann, schrieb in seinem Meisterwerk *Philosophie des Abendlandes* (1946), „Pythagoras ... war einer der wichtigsten Denker, die je gelebt haben, sowohl in seinen klugen Momenten als auch in seinen unklugen."

Moderne Gelehrte haben behauptet, Pythagoras habe den berühmten Satz, der seinen Namen trägt, wahrscheinlich nie bewiesen und obendrein noch nicht einmal die mathematische Methode des Beweises gekannt.[9] Vieles, was ihm zugeschrieben wird, ist entweder das Werk seiner Anhänger oder eine geschickte Erfindung von Platos Schülern Speusippos und Xenokrates, die von der legendären, überlieferten Autorität Pythagoras' Gebrauch machten, um vor allem die mathematischen Aspekte der Philosophie ihres Lehrers zu untermauern. Pythagoras wurde später noch mehr angedichtet, von Plotinus und den anderen Neuplatonisten im frühen Mittelalter und in der Renaissance wieder; jedes Mal ging es darum, eine Verbindung zwischen der Mathematik und der Begegnung des Menschen mit dem Göttlichen herzustellen.

Wie dem auch sei, der pythagoreische Mythos beflügelt die Träume derer, die das versteckte Gesetz der Natur suchen, seit der Antike. Anstelle einer bestimmten Substanz, die für die Ionier den Kern aller Wirklichkeit bildete, sahen die Pythagoreer *Zahlen* als den Schlüssel zum innersten Wesen der Natur.

Wenn man akzeptiert, dass die Schöpfung das Werk eines göttlichen Verstandes ist, wird die Mathematik der Schlüssel zu ihren Geheimnissen und zur Vereinigung mit dem Schöpfer. Der mythische Pythagoras war die Personifizierung dieser Vereinigung, ein mit übermenschlichen Fähigkeiten ausgestatteter Halbgott, ein Überphilosoph als Vorbild für alle Nachfolger. Entdeckungen, die man ihm zuschrieb, so wie seinen Satz und den Zusammenhang zwischen harmonischen Klängen und ganzen Zahlen, waren direkte Einsichten in den Verstand Gottes. Allein dieser griechische Meister konnte die Harmonie der Sphären vernehmen, das konsonante Summen der Planeten, die auf ihren Kreisbahnen um die Erde sausen. Pythagoras (oder seine Anhänger) schlugen vor, dass die gleichen mathematischen Verhältnisse, die zwischen ganzen Zahlen und harmonischen Klängen gelten, auch für die Abstände der Himmelsbahnen gelten. So wie zwei Gitarrensaiten, von denen eine doppelt so lang ist wie die andere, die also in einem Verhältnis von 2:1 stehen, wenn sie gemeinsam gezupft werden, eine wohlklingende Oktave hervorbringen, ist der Saturn ungefähr doppelt so weit von der Sonne entfernt wie der Jupiter, sodass ihre Abstände ebenfalls in einem Verhältnis von 2:1 stehen.[10]

Die Pythagoreer behaupteten, dass Zahlen die Natur vereinigten, und dass der menschliche Verstand, mit seiner erstaunlichen Fähigkeit, Zahlenverhältnisse zu erkennen und zu verstehen, das versteckte Gesetz der Natur entschlüsseln könnte. Da die Macht eines Mythos letztlich nicht daher rührt, ob er richtig oder falsch ist, sondern, ob ihm Glauben geschenkt wird oder nicht, ist für uns das Vermächtnis Pythagoras' von Interesse und weniger die Frage, welche Arbeit von Pythagoras selbst stammt oder nicht. In der kollektiven Vorstellung wurde der mathematische Mystizismus Pythagoras' zur Brücke zwischen menschlicher Logik und göttlicher Intelligenz. Während der Spätrenaissance inspirierte er die Arbeit des Mannes, der den Kosmos auf den Kopf stellte.

7

Die Verwirklichung des platonischen Traums

Am Tag seines Todes, dem 24. Mai 1543, bekam der ans Bett gefesselte, halbseitig gelähmte Nikolaus Kopernikus endlich eine druckfrische Ausgabe *Von den Umdrehungen der Himmelskörper* zu sehen, das sein gesamtes Schaffen in der Astronomie zusammenfasste. Was der glücklichste Tag seines Lebens hätte sein können, war so mit einer unerträglichen Tragödie verquickt. 40 Jahre lang war Kopernikus im Stillen davon überzeugt gewesen, dass alle, von den Babyloniern bis zu Aristoteles, vom großen Ptolemäus bis zu den beeindruckenden muslimischen Astronomen, die das Feuer der Griechen über das dunkle Mittelalter hinweg am Leben gehalten hatten, ausnahmslos alle, die Weisen genau so wie die Unwissenden, bezüglich des Himmels falsch lagen. Der geliebte zwiebelartige Kosmos, in dem die Sonne, der Mond, die Planeten und die Sterne sich auf hübschen, konzentrischen Kreisen um die Erde drehen, war ein falsches Bild der Wirklichkeit. Kopernikus verstand, dass die Erde kein Zentrum des Kosmos, kein Mittelpunkt der Schöpfung war: Sie war auch nur ein kosmischer Reisender und kreiste mit den anderen Planeten huldvoll um die Sonne, die Quelle allen Lichts. 4000 Jahre lang hatte die Welt eine Lüge gelebt.

Als Folge unserer Perspektive, die von der Erde ausgeht, scheint sich der Himmel um uns zu drehen. Man kann unseren Vorfahren nicht vorwerfen, das auch so gesehen zu haben. Damals wie heute bestimmt das, was wir sehen und messen können, unsere Sicht auf die Welt. Unsere Fantasie kann uns vorausgehen und die Möglichkeiten des Realen ausloten, aber Ideen bleiben bloße Ideen, bis sie bestätigt werden. Und da wir – trotz unserer großartigen Messinstrumente – niemals alle Informationen über die Welt haben werden, wird unsere Sicht der Wirklichkeit immer begrenzt bleiben. Wir werden immer in unserem Goldfischglas gefangen bleiben, auch wenn es mit der Zeit immer größer wird.

Kopernikus wusste von einigen wackeren Griechen, darunter Herakleides Pontikos und Aristarchos von Samos, die Alternativen zum geozentrischen Weltbild vorgeschlagen hatten. Er wusste ebenfalls, dass ihre Ideen sich gegen die aristotelische Sturmflut nicht hatten halten können und dass die Sache nun, nachdem 1500 Jahre christlicher Theologie die Erde genau im Mittelpunkt der Schöpfung festgenagelt hatten, nur noch schwieriger sein würde. Es ist kein Wunder, dass Kopernikus so lange brauchte, den Mut zu fassen, die Welt mit ihrem großen Irrtum zu konfrontieren. Die Einsätze waren wahrlich hoch. Eine andere Kosmologie bedeutete ein anderes Weltbild; ein anderes Weltbild bedeutete für den Menschen einen anderen Platz im Kosmos, eine andere Erklärung, wer wir sind, und für den Sinn unseres Lebens. Wenn der Mensch nicht im Mittelpunkt der Schöpfung stand, war er dann immer noch von Gott auserwählt? Wenn die Erde einfach nur ein Planet war, gab es dann auch Leben auf anderen Planeten? Mussten auch sie erlöst werden, von unserem Herrn Jesus oder von ihrem eigenen? War unser Himmel der gleiche wie der ihre?

Was die Sache noch komplizierter machte, war, dass Kopernikus keine physikalischen Gesetze im Rücken hatte. Zwar bedeutete es eine gewaltige Vereinfachung, die Planeten gemäß der Zeit, die sie für einen Umlauf um die Sonne benötigten, anzuordnen, und verlieh dem Ganzen zudem eine ästhetische Schönheit, was an diesem Punkt der Renaissance unglaublich schick war: Der Merkur, der schnelle Planet, musste am nächsten bei der Sonne sein, da er nur drei Monate für einen ganzen Umlauf benötigte. Die Venus, mit acht Monaten, kam danach. Die Erde, mit einem Jahr, als dritte, gefolgt vom Mars, mit zwei Jahren. Die Riesen Jupiter und Saturn vervollständigten das Sextett mit zwölf bzw. 29 Jahren. Aber reichte Ästhetik als alleiniger Grund aus, um andere zu überzeugen?

Kopernikus war sich darüber im Klaren, dass sein Modell längst nicht vollkommen war. Erstens waren seine Vorhersagen der Lage der Planeten nicht genauer als die, die Ptolemäus 13 Jahrhunderte vorher mit seiner ausgeklügelten Choreographie von Epizykeln erstellt hatte.[11] Aus praktischer Sicht kam es vor allem auf genaue Vorhersagen an, weil sie die Qualität astrologischer Prognosen bestimmten: Je genauer die zukünftigen Lagen der Planeten bekannt waren, desto zuverlässiger die Prognosen. Das Gleiche galt für das Erstellen von Kalendern, in jener Zeit eine weitere Herausforderung. Zweitens konnte Kopernikus keine Alternative zu Aristoteles' intuitiver Physik bieten, die sein heliozentrisches Modell gerechtfertigt hätte: Falls die Erde sich nicht im Mittelpunkt befand, warum sollten die Dinge dann auf den Boden fallen? Warum sollte der Mond sich um die Erde drehen, die Sonne und die anderen Planeten aber nicht? Zudem warf die Drehung der Erde um sich selbst Probleme auf: Falls sie sich tatsächlich dreht, müssten Wolken und Vögel dann nicht zurückbleiben? Drittens deuteten damalige Beobachtungen darauf hin, dass sich Himmelskörper, im Gegensatz zu den Verbindungen von Erde, Wasser, Luft und Feuer, die auf Erden für materiellen Wandel sorgen, niemals zu verändern schienen. Auch wirkte es, als schienen sie mit ihrem eigenen Licht. Aristoteles hatte durchaus vernünftig behauptet, sie müssten aus einer anderen Art von Materie bestehen, einem leuchtenden und unvergänglichen fünften Element, das auf der Erde nicht vorkam. In seinem Werk *Von den Umdrehungen der Himmelskörper* widersprach Kopernikus der aristotelischen Physik in manchen Punkten. Aber er bot keinen neuen physikalischen Rahmen, sondern verließ sich hauptsächlich auf den ästhetischen Reiz seiner Ideen, um sein neues Modell des Kosmos zu rechtfertigen.

Die Tatsache, dass die Vorhersagen auch nicht genauer waren als die von Ptolemäus, und das Fehlen einer physikalischen Basis könnten dazu beigetragen haben, dass Kopernikus sich so lange dagegen sträubte, sein heliozentrisches Modell zu veröffentlichen. Als er es dann schließlich tat, waren Vorhersagegenauigkeit und eine neue Physik, wenn auch sehr bedeutsam, nicht der entscheidende Grund. Kopernikus war entschlossen, den platonischen Traum zu leben: Er stellte sich einen Kosmos vor, in dem Planeten den Himmel mit konstanter Geschwindigkeit auf kreisförmigen Bahnen auf immer bis zum Tag des Jüngsten Gerichts durchqueren, ein Modell von erhabener Schlichtheit und Schönheit. Welche andere Form außer dem vollkommen symmetrischen Kreis hätte der göttliche Erbauer anwenden sollen? Wie sonst könnten die Planeten über den Himmel ziehen als mit konstanter Geschwindigkeit und in geordneten Mustern? Platos Gottheit, der manchmal Demiurg genannte kosmische Architekt, wurde zum christlichen Gott Kopernikus'. Der Kosmos war die Verkörperung des göttlichen Verstandes und musste seine Vollkommenheit daher widerspiegeln. „Die Hauptsache [zu] folgern – nämlich die Gestalt des Universums und die unveränderliche Symmetrie seiner Teile" war die selbsternannte Mission Kopernikus'. Seit der Antike hatte niemand versucht, eine stärkere Brücke zwischen den ästhetischen und den religiösen Ansprüchen der Menschen zu bauen.

Nach qualvollen Jahrzehnten und unter dem stetigen Druck seiner wenigen Freunde, entschied sich Kopernikus, sein Modell herauszubringen, auch wenn es noch nicht perfekt war. Die Einzelheiten würden sich später schon finden, wenn genauere Beobachtungen vorlägen.

Das Buch sah denn auch sehr schön aus, ein hübsch illustrierter Wälzer. Doch es barg eine üble Überraschung. Ein neues Vorwort, ein Text, der nicht aus Kopernikus' Feder stammte, war eingefügt worden – genau hinter seiner aufrichtigen Widmung an niemand geringeren als Papst Paul III., in der er mutig seiner Ansicht Ausdruck verlieh, die heilige Schrift solle nicht dazu verwendet werden, die Anordnung des Kosmos zu bestimmen. Zu seinem Schrecken war es eine Erklärung, die besagte, das heliozentrische Modell brauche nicht und solle auch nicht mit der wirklichen Welt übereinstimmen – ein Zunichtemachen der Arbeit seines ganzen Lebens. Die Worte müssen sein Herz wie tausend Dolche durchbohrt haben. Sie besagten rundheraus, dass alle entscheidenden Ideen des Buches Hypothesen seien, „die nicht unbedingt wahr sein müssen; nicht einmal wahrscheinlich zu sein brauchen“. Der Text war unsigniert und erweckte so den Anschein, als hätte Kopernikus ihn selbst verfasst. Erst 1609 enthüllte Kepler den wahren Autor, den evangelischen Theologen Andreas Osiander, der auf Grund einer Reihe von Missgeschicken für den endgültigen Druck des Buches zuständig war. Trotz Osianders Vorwort beeindruckte *Von den Umdrehungen der Himmelskörper* viele der einflussreichen Denker Europas.[12] Unter ihnen war auch Michael Mästlin, Keplers Astronomielehrer an der evangelischen Universität in Tübingen.

8

Gott, die Sonne

In Peter Shaffers berühmtem Theaterstück (und Drehbuch) *Amadeus* hat das Aufeinandertreffen von Mittelmaß und Genie, von Konformismus und bahnbrechender Kreativität tragische Folgen, als der verzweifelte Antonio Salieri den kränklichen Mozart bis in den Tod terrorisiert. Salieris ruhige Beherrschung zerbröckelt, da er immer wieder Zeuge der unsterblichen Schönheit der Musik Mozarts wird. In einer erschütternden Szene präsentiert Salieri seinem Mäzen, dem Erzherzog von Österreich und römisch-deutschen Kaiser Joseph II., voller Stolz einen Marsch. Mozart, der als wilder Jugendlicher mit einem aufreizenden, wahnsinnigen Lachen dargestellt wird, kommt dazu und bietet an, den Marsch zu spielen. Zum allgemeinen Erstaunen schmückt Mozart die triviale Melodie auf der Stelle mit seinen eigenen Improvisationen aus und macht sie zu einem Kunstwerk. Salieris verletzter Gesichtsausdruck verrät seine Verzweiflung: Wie konnte der Herr einem solchen Trampel so ein göttliches Talent schenken, während er für mich, seinen ergebenen Diener, nichts als Bedeutungslosigkeit übrig hatte? Sterblichkeit und Anonymität überschatten die Figur Salieris. Mästlin muss in seinen trübsten Phasen Opfer der gleichen Ängste gewesen sein.

Kopernikanismus war im Jahr 1589, als Kepler Mästlins Kurs in Astronomie belegte, in evangelischen Kreisen ein Unwort. Martin Luther hatte das heliozentrische Weltbild zuerst und noch heftiger als die katholische Kirche als heidnischen Irrtum zurückgewiesen.

Mästlin, der Konfrontationen mied, hatte eine Schrift über Astronomie verfasst, in der sich praktisch weder eine Erwähnung Kopernikus' findet noch irgendeine Verteidigung einer heliozentrischen Astronomie oder einer sich bewegenden Erde. Und doch hatte er die Bewegung des großen Kometen von 1577 gemessen und somit – in direktem Widerspruch zur Aristotelischen Doktrin der unbeweglichen Himmelskörper – gezeigt, dass er sich deutlich außerhalb der Sphäre des Mondes befand. Als Ausgleich für seine selbst auferlegte intellektuelle Beschneidung erzählte Mästlin seinen besten Schülern von Kopernikus und seinen alternativen Ideen. Vielleicht hoffte er insgeheim, dass einer von ihnen den Mut haben würde, der ihm fehlte, um das neue Weltbild zu verfechten. Wahrscheinlich hätte er sich im Traum nicht vorstellen können, wie weit Kepler sein halbherziges Unterfangen voranbringen würde.

Vor einigen Jahren reiste ich nach Deutschland und Prag, um Keplers Leben zu recherchieren. Kein Wissenschaftler in der gesamten Geschichte – nicht einmal Galilei und sein berühmter Zusammenstoß mit der Inquisition – verkörpert für mich so dramatisch den Archetyp des einsamen Helden in seinem Kampf, die Wahrheit zu entdecken. Ich wollte den Ursprung von Keplers Stärke verstehen, seines lebenslangen Strebens und seines Vertrauens in den Begriff des Einsseins. Ich hatte vorher keine Ahnung gehabt, dass meine Suche eine einschneidende Änderung meines eigenen Weltbildes auslösen würde.

Keplers Leben war eine endlose Aneinanderreihung von Tragödien, die an manchen Stellen von Momenten höchster Offenbarung unterbrochen wurde. Als Sohn eines Söldners und einer hysterischen Mutter, die beinahe auf dem Scheiterhaufen als Hexe verbrannt worden wäre, zwang ihn die brutale Rivalität zwischen Katholiken und Protestanten, die zum Dreißigjährigen Krieg führte, von Ort zu Ort durch Mitteleuropa zu ziehen. Von Krankheit und erschütternden emotionalen Verlusten geplagt, machte sich Kepler, als wahrer Pythagoreer, mit einem Eifer auf die Suche nach einer kosmischen Ordnung, die rückblickend als beinahe verzweifelt erscheinen kann. Was das Leben ihm verwehrte, das würde er im Himmel finden.

Für Mitte Oktober schien die Sonne erstaunlich kräftig, als ich mit dem Zug in Weil der Stadt, Keplers Geburtsort, ankam. Mit seiner befestigten Steinmauer, entlang derer sich Wehrtürme verteilten, hatte der kleine Ort etwas von einem Kind, das versucht, stärker auszusehen, als es eigentlich ist. Im Zentrum verbanden enge Gassen dicht gedrängte Häuser, ein jedes von geometrisch angeordneten und in lebendigen Farben gestrichenen Balken geziert, wie für die Gegend typisch. Als ich vom Bahnhof zu meinem Hotel ging, konnte ich die Aura Keplers beinahe spüren. Bis auf die Autos und elektrischen Leitungen und die Teenager mit gefärbten Haaren und gepiercten Lippen konnte man leicht vergessen, dass man sich im einundzwanzigsten Jahrhundert befand. Ich sah mich bedachtsam um, mir bewusst, dass Kepler vor vierhundert Jahren durch genau diese Straßen ging, als auf dem Marktplatz, dem zentralen Platz von Weil, noch Hexen verbrannt wurden.

Bei meiner Ankunft im reizenden Hotel Krone Post fragte ich nach einem Zimmer mit Blick auf den Marktplatz. Als ich die Fenster öffnete, war Kepler direkt vor mir und sah mich an. Seine riesige Statue thront über dem Platz und lässt keinen Zweifel, dass Weil die Stadt Keplers ist. Er sitzt friedlich, mit wissendem Blick, und hält in der linken Hand ein Manuskript, wahrscheinlich die *Astronomia Nova*, das Buch, das die Astronomie neu definierte, und in der rechten zwei Kompasse. Die Statue ruht auf einem achteckigen Sockel, in deren Seiten weitere bedeutende Naturphilosophen in Nischen dargestellt sind. Unter ihnen ist auch Tycho Brahe, der dänische Astronomenprinz, dessen akribische Beobachtungen Kepler die Munition lieferten, um die kopernikanische Revolution in ihrer vollen Kraft zu entfesseln. Und natürlich hat auch Michael Mästlin, Keplers Mentor, seinen Platz. Während Tycho Brahe in arroganter Pose dargestellt ist und unbeirrt nach oben zeigt, ist der düstere Mästlin in einen langen Umhang gehüllt, den er mit beiden Fäusten umklammert hält, so als ob er etwas darunter versteckte. Der Bildhauer hätte die beiden Persönlichkeiten nicht besser herausarbeiten können.

Nachdem ich die Statue mehrmals andächtig umrundet hatte, überquerte ich den Platz in Richtung des Hauses von Kepler, das inzwischen ein Museum ist. Obwohl der ursprüngliche Bau 1648 niedergebrannt war, versicherte man mir, dass es originalgetreu wiederaufgebaut worden sei. Frau Gnad, die Verwalterin und Empfangsdame, begrüßte mich begeistert. Ihre Augen leuchteten auf, als ich erklärte, dass ich Physiker wäre und Recherchen über Keplers Leben anstellte. Sie zeigte mir jedes Zimmer und insbesondere die Badewanne, die Kepler niemals benutzt hatte (angeblich hatte er in seinem Leben nur ein einziges Bad genommen, das ihn, so beschwerte er sich, krank gemacht hatte). Dann zeigte sie mir ein Messingmodell des Mysterium Cosmographicum.

Das Mysterium Cosmographicum war Keplers bemerkenswerter Versuch, den Kosmos unter einem einzigen Rahmen zu vereinen: eine eigenartige Ineinanderschachtelung von fünf geometrischen Körpern, jeweils abgeteilt durch dazwischen gelagerte Kugeloberflächen, die die Struktur des Sonnensystems nachbilden sollte. Ich hatte Zeichnungen davon gesehen, aber noch nie eine komplette dreidimensionale Ausfertigung. Hier sah ich, was Kepler für den Bauplan der Schöpfung hielt, eine Momentaufnahme des Verstandes Gottes. Frau Gnad, die meinen tranceartigen Zustand bemerkt hatte, überließ mich still meinen Gedanken.

Noch während seiner Zeit in Tübingen übernahm Kepler die kopernikanische Sache mit einem Eifer, der sich nur als aufopferungsvoll beschreiben lässt. Kepler machte da weiter, wo Kopernikus aufgehört hatte, und kam zu der Überzeugung, dass der heliozentrische Kosmos das Werk Gottes war. Somit musste alles im perfekten Verhältnis miteinander sein, von übermenschlicher Schönheit. Er ging so weit, das neue astronomische Modell mit der Heiligen Dreifaltigkeit zu vergleichen: im Zentrum Gott, die Sonne, von der das Licht der Schöpfung in alle Richtungen strahlt; die äußere Sphäre mit den Sternen der Sohn; und der Raum dazwischen, die Verbindung zwischen Vater und Sohn, das Medium durch das das Licht sich im Kosmos ausbreitet, der Heilige Geist. Mit brillantem Weitblick sah Kepler das Sonnenlicht als den Ursprung der Kraft, die die Planeten in ihren Bahnen lenkt, und nannte es die „Seele des Bewegers“ (*anima motrix*).

Ferne Planeten, bei denen weniger Kraft ankäme, bewegten sich somit langsamer. Selbst wenn das Licht nicht die richtige Lösung war, hatte jemand zum ersten Mal in der Geschichte der Astronomie behauptet, dass eine Wechselwirkung zwischen der Sonne und den Planeten die Erklärung für die Bewegungen im Sonnensystem wäre. Kräfte und nicht kristalline Sphären hielten den Kosmos zusammen.

Es war ein weiter Weg, ausgehend vom geozentrischen Kosmos Aristoteles’, so lebendig veranschaulicht in Dantes *Göttlicher Komödie*. Die Astronomie und die Theologie waren an der Schwelle zu einer neuen Vereinigung. Kepler suchte mit aller Macht nach der Lösung für die durch Kopernikus gestellte Aufgabe, der Lösung für das Mysterium Cosmographicum: „die Hauptsache [zu] folgern, nämlich die Gestalt der Welt und die tatsächliche Symmetrie ihrer Teile“.

Es ist wenig verwunderlich, dass Keplers neuartige Ideen Widerspruch innerhalb der konservativen Tübinger Fakultät erregten. Mästlin hatte ein Feuer entfacht, das sich schnell ausbreitete und das er nicht mehr unter Kontrolle hatte. Hin- und hergerissen zwischen seiner heimlichen Zustimmung für seinen Schüler, einem wachsenden Neid auf seine Genialität und seiner öffentlich bekundeten Unterstützung des Status Quo, heckten Mästlin und seine Kollegen einen Plan aus, um den jungen Störenfried zum Schweigen zu bringen. So wurde Kepler zu seinem Ärger wenige Monate vor seinem Abschluss nach Graz geschickt, um dort an der protestantischen Stiftsschule Mathematik zu unterrichten. Die Lehrmeister, die er so hoch geschätzt hatte, zerstörten seinen Lebenstraum Pastor zu werden.[13] Ihre Ränke verfehlten ihr Ziel jedoch drastisch. Kepler fand eine neue Berufung, als er gezwungen war, seine Zukunft zu überdenken. Wenn er Gott nicht von der Kanzel dienen durfte, dann würde er dies durch die Astronomie tun, indem er die Gesetze der Natur entschlüsselte. So schrieb er in einem Brief an Mästlin: „Ich wollte Theologe werden; lange war ich in Unruhe. Nun aber sehet, wie Gott durch mein Bemühen auch in der Astronomie gefeiert wird.“

9

Den Kosmos mit dem Verstand zu entschlüsseln ...

Als Kepler eine schläfrige Klasse in Astronomie unterrichtete, kam ihm die Idee, die sein Leben verändern sollte. Während er die Bewegungen von Jupiter und Saturn erläuterte, wurde ihm – in typisch pythagoreischem Denken – plötzlich klar, dass die Abstände zwischen den Planeten kein Zufall sein konnten. Wenn Gott wirklich den Kosmos gestaltet hatte, und daran zweifelte Kepler nicht, dann musste es für alles eine rationale Erklärung geben. Warum sechs Planeten? Warum nicht drei oder fünfundzwanzig? Was bestimmte das Verhältnis ihrer Entfernungen von der Sonne?[14] Die Antwort musste einfach in der Geometrie zu finden sein.

Kepler mühte sich tagelang ab, wurde immer frustrierter und verzweifelter; doch dann hatte er eine plötzliche Eingebung und verstand. Die Geometrie bestimmte tatsächlich die Struktur des Kosmos. Es gab genau fünf vollkommene, auch platonisch genannte räumliche Körper: den Würfel (sechs Quadrate) und die Pyramide (vier gleichseitige Dreiecke) und die weniger geläufigen Oktaeder (acht gleichseitige Dreiecke), Dodekaeder (12 regelmäßige Fünfecke), und den Ikosaeder (20 gleichseitige Dreiecke). Kein anderer räumlicher Körper, der aus den gleichen, regelmäßigen Flächen besteht, ist in sich geschlossen. In Keplers Vorstellung ruhten die fünf Körper ineinander wie ein dreidimensionales Puzzle. Zwischen jedem Paar von Körpern lag je eine Kugelschale, auf denen sich die Planeten bewegten. Fünf Körper bedeuteten sechs Kugeloberflächen, und somit Bahnen für sechs Planeten: die Sonne in der Mitte – Kugel (Merkur) – Körper – Kugel (Venus) – Körper – Kugel (Erde) – Körper – Kugel (Mars) – Körper – Kugel (Jupiter) – Körper – Kugel (Saturn). Zudem bestimmte die Geometrie die Abstände, indem die Körper genau in die Kugelschalen hineinpassten. Zu seinem Entzücken fand Kepler nach einigem Probieren eine Anordnung, in der die Abstände zwischen den Körpern erstaunlich gut mit den bekannten Planetenabständen übereinstimmten.[15]

Mit einem Schwung hatte Kepler das größte astronomische Rätsel aller Zeiten „gelöst“ und konnte nicht nur *a priori* erklären, warum es nur sechs Planeten gab, sondern auch direkt ihre Entfernungen von der Sonne bestimmen. Von Keplers System ging eine geradezu verführerische Faszination aus: Die Geometrie bestimmt den kosmischen Bauplan *eindeutig*; es gibt nur eine Lösung für das Mysterium der Schöpfung, und die ist so symmetrisch, wie sie nur sein kann, und spiegelt somit die Vollkommenheit Gottes wider.

Man kann höchstens ahnen, welch brisante Wirkung diese Entdeckung auf Keplers Psyche hatte. Er hatte den Kosmos mit seinem Verstand entschlüsselt ... Mit 26 glaubte er, das vollbracht zu haben, was keiner vor ihm vollbracht hatte: einen Blick in das innerste Heiligtum der Schöpfung, auf den Verstand Gottes. Sogar Mästlin war beeindruckt von Keplers apriorischer geometrischer Erklärung des Kosmos und half seinem Schüler, sie in einem Buch zu veröffentlichen, dem *Mysterium Cosmographicum*, das 1596 erschien.

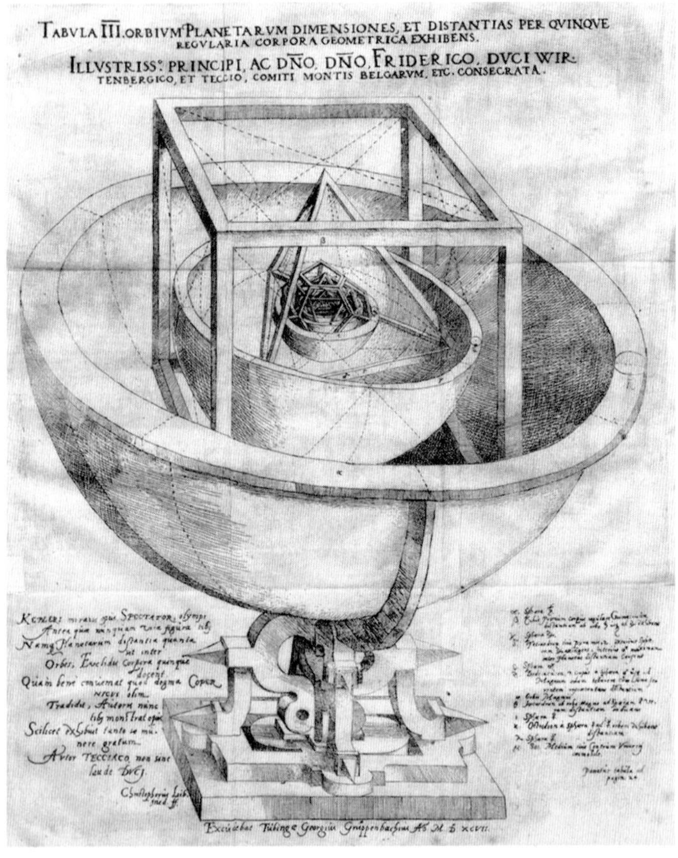

Keplers Mysterium Cosmographicum (Mit freundlicher Genehmigung der Herzog August Bibliothek Wolfenbüttel: 40 Astron.)

10

Keplers Fehler

Ich trat einen Schritt zurück. Vor mir sah ich den halbverrückten Traum einer endgültigen Theorie, einer apriorischen Lösung der Struktur des Kosmos. Die Ordnung, die Symmetrie, die exakten Verhältnisse – sie spiegelten die Herrlichkeit des Verstandes Gottes wider. Kepler behielt die Vorstellung eines geometrischen Kosmos sein Leben lang, auch nachdem er die Astronomie mit seiner Entdeckung, dass die Umlaufbahnen der Planeten nicht Kreise, sondern Ellipsen sind, für immer verändert hatte. 1621 veröffentlichte Kepler eine neue Auflage des *Mysterium* mit zusätzlichem Kommentar. Auch als reifer Astronom, der er nun war, hatte sich an seiner Überzeugung nichts geändert, dass „Gott bei der Erschaffung der Welt und der Verteilung der Himmel [an] jene fünf regelmäßigen Körper, die seit Pythagoras und Plato bis auf unsere Tage so hohen Ruhm gefunden haben", gedacht hatte. Er gab den pythagoreischen Traum bis an sein Lebensende nicht auf. Mehr noch, die Suche nach dem Einklang der Welt *war* sein Leben.

Wie konnte jemand, der so irrte, so absolut davon überzeugt sein, Recht zu haben? Es gibt für uns eine Menge aus Keplers Fehlern zu lernen. Rückblickend fällt es leicht, sein Werk abzutun. Schließlich gibt es nicht sechs Planeten, sondern acht.[16] Hätte er sie mit dem bloßen Auge sehen können, hätte er sein Modell nie aufgestellt und seine Laufbahn wäre anders verlaufen. Dass Kepler sie nicht sehen konnte, war sein Segen. Er konstruierte ein Modell der Welt aus den Daten, die ihm zur Verfügung standen. In jedweder Zeit, unsere mit eingeschlossen, ist das das Beste, was man erreichen kann. Unser Bild der Wirklichkeit wird immer beschränkt sein durch die Grenze dessen, was wir auch messen können. Keplers Fehler war es, seiner Vorstellung der Wirklichkeit eine Endgültigkeit beizumessen, die sie nicht verdiente. Einen Blick auf die der Natur zu Grunde liegenden Gesetze zu werfen, hatte auf ihn einen derart erlösenden Effekt, dass er sich verleiten ließ, seinen Glauben als die Wahrheit anzusehen. Keplers Fehler war es zu vergessen, dass es keine endgültige Theorie geben kann, weil wir niemals alles über die Wirklichkeit wissen können. Damals wie heute muss uns jede Wissenschaft, die mit blindem Glauben behaftet ist, in die Irre führen. Ich blickte wieder auf Keplers Werk: ein ineinander geschachtelter, endlicher Kosmos, ein geometrischer Traum, geordnet und exakt. In diesem Moment wurde mir klar, dass meine Zeit als „Vereiniger" vorbei war.

Wie aber lässt sich dann Keplers Ruhm erklären? Mit seiner Suche. Der Glaube an die eigenen Ideen ist eine Grundvoraussetzung, um sie zu verfolgen. So wie der Reisende, der sich das gelobte Land vorstellt, beim Versuch, es zu finden, Neuland entdeckt, haben Wissenschaftler im Ergebnis dieses Strebens viel erreicht. Die Vision liegt in der Ferne, und wir tun, was wir können, um sie zu erreichen. Kepler ist auch hierfür ein perfektes Beispiel. Als er Tychos Daten verwendete, um die Genauigkeit seiner Polyederhypothese zu verbessern, entdeckte er die drei Gesetze der Planetenbewegung, die das Fundament der modernen Astronomie wurden.[17] Um wieder Holton zu zitieren: „Die Suche nach einer großen, architektonischen Struktur ... ist ein uralter Traum. In den schlimmsten Fällen hat sie bisweilen autoritäre Visionen hervorgebracht, die wissenschaftlich so inhaltslos sind wie ihre Pendants in der Politik gefährlich. In den besten Fällen hat sie den Vorstoß zu verschiedentlichen, großartigen Synthesen vorangetrieben, die aus der monotonen Landschaft analytischer Wissenschaft herausragen."[18]

Keplers Synthese bestand darin, physikalische Logik in die Astronomie einzubringen und sie so über das bloße Aufzeichnen der Bewegungen der Himmelskörper hinaus zu erweitern. Wir hatten bemerkt, dass er im *Mysterium* die Idee dargelegt hatte, dass eine der Sonne entspringende *anima motrix* für die Planetenbahnen verantwortlich wäre. In der *Astronomia Nova* verfeinerte Kepler diese Idee, indem er eine magnetische Kraft zwischen der Sonne und den Planeten vorschlug. Diese ersten Andeutungen der Schwerkraft sollten im Weiteren für die Entwicklung Newtons entscheidend sein. „Keine andere Herangehensweise", prophezeite Kepler, „würde Erfolg bringen als diejenige, die auf den wahren physikalischen Ursachen der Bewegungen beruht". Selbst wenn Keplers pythagoreischer Traum, eine geometrische Lösung für die Struktur des Kosmos zu finden, eine religiös motivierte Einbildung war, entdeckte er bei seiner Suche die ersten mathematischen Gesetze zur Beschreibung der Himmelsmechanik. Es ist paradox, aber lehrreich, dass der Mann, der sich so stark nach Symmetrie sehnte, dem Kreis die Hauptrolle in der Astronomie wegnahm. Jeder Planet hat seine eigene, elliptische Umlaufbahn, mit einer größeren oder kleineren Elongation, die aus der jeweiligen Entstehungsgeschichte resultiert: was nicht gerade für einen perfekt angeordneten Kosmos spricht. Kepler brachte uns einen hässlicheren Kosmos, aber im Gegenzug exakteres Wissen. Unvollkommenheit war der Preis für Präzision, dafür, der Wahrheit näher zu kommen. Heute wissen wir, dass Keplers Gesetze nicht nur die Bewegungen in diesem, sondern auch in anderen Sonnensystemen beschreiben also die von Planeten, die um andere Sterne kreisen. Selbst wenn er schockiert gewesen wäre zu erfahren, dass es in unserem Sonnensystem mehr als sechs Planeten gibt, hätte es ihn ohne Zweifel erfreut zu sehen, dass seine Gesetze im gesamten Kosmos gelten. „Diese Gesetze“, hätte er gesagt, „sind die wahren Kennzeichen der Schöpfung.“

Der ionische Zauber trieb auch nach Kepler den Traum von der Vereinheitlichung weiter an. Im achtzehnten Jahrhundert – hauptsächlich auf Grund des Erfolgs der Mechanik Newtons – sah man in den Bewegungen der Planeten (und vieler anderer Körper) das Wirken allgemeiner physikalischer Grundsätze, wie Energie- und Impulserhaltung. Dadurch verlagerte sich die Suche nach Einheit von der Geometrie auf die Gesetze der Natur, das gesammelte Wissen darüber, wie Materie sich selbst in verschiedene Muster ordnet, vom ganz Kleinen bis zum ganz Großen. Gott wurde der kosmische Gesetzesschmied und Wissenschaft das Streben nach seinen Gesetzen.

Als ich Keplers Haus verließ, sprach mich Frau Gnad höflich an. An diesem Abend sei ganz zufällig eine Veranstaltung im örtlichen Gymnasium, das selbstverständlich Johannes Kepler-Gymnasium hieß, zur Feier der Fertigstellung eines neuen 14-Zoll-Teleskops. Neben den Reden lokaler Würdenträger gäbe es auch eine Überraschung, die mir ganz sicher gefallen würde. Ob ich nicht teilnehmen wollte?

Pünktlich um 19 Uhr holten mich Frau Gnad und ein Freund von ihr im Hotel ab. Ich bangte um mein Leben, während der schwarze Mercedes durch die Hügel in der Umgebung von Weil schoss, als sei es die Autobahn von München nach Frankfurt. Doch wir kamen wohlbehalten an, wenige Minuten vor dem Beginn. Der Saal war voll Eltern, Schülern, Lehrern, Politikern, alle um ihr neues Fenster zum Himmel zu feiern. Es war alles sehr förmlich. Unnötig lange Reden und ein Duo mit Geige und Trompete, das steife Märsche spielte, die ganz im Gegensatz zur lyrischen Harmonie der Sphären zu stehen schienen, bereiteten den Weg für einen schönen Vortrag über das Sonnensystem und die Galaxis. Eine junge Frau mit einer wunderbaren Stimme sang zu meinem Erstaunen den Hit „The Rose“, der mit den Worten „Some say love, it is a river ...“ beginnt, zum Auftakt der Krönung des Abends, der Überraschung, die Frau Gnad angekündigt hatte: einem szenisch dargestellten Dialog zwischen Kepler, einem Aristoteliker und einem protestantischen Theologen, die eine hitzige Diskussion über das Für und Wider eines heliozentrischen Kosmos führten, aus der Kepler natürlich als der triumphierende, aber auch erschöpfte Sieger hervorging. Beim Betrachten der voll kostümierten Schauspieler auf der behelfsmäßigen Bühne und dem Widerklingen ihrer Stimmen in der stillen Nacht konnte ich nicht anders, als diesem großartigen Mann nachzutrauern, der sich so unglaublich nach dem Einklang der Dinge gesehnt hatte.

Teil II:

Die Asymmetrie der Zeit

11

Die Bestätigung des Urknalls

In dem Jahr, in dem meine Mutter starb, 1965, veröffentlichten die Physiker Arno Penzias und Robert Wilson ihre Erkenntnisse über das, was der unwiderlegbare Beweis dafür werden sollte, dass unser Universum in den frühsten Stadien seiner Existenz extrem heiß und dicht war. Damals war ich sechs Jahre alt, und während mein Leben eine drastische Wendung zur Finsternis nahm, hatte ich keine Ahnung, dass die Kosmologie in ein goldenes Zeitalter der Entdeckungen eintrat. Penzias und Wilson stellten fest, dass der Kosmos ein riesiger Mikrowellenherd ist, dessen Strahlungstemperatur nur 2,73 Grad über dem absoluten Nullpunkt liegt, also –270,42 Grad Celsius beträgt. Zu ihrem Erstaunen stellten die beiden fest, dass Theoretiker zuvor schon berechnet hatten, dass ein heißer Urknall Strahlung erzeugt hätte, die nach Milliarden von Jahren kosmischer Expansion und Auskühlung heute genau mit den Mikrowellen übereinstimmen würde, die sie mit ihrer Antenne gemessen hatten. Sie hatten ein Fossil des Urknalls gefunden.[1]

Bis heute kann keine andere Theorie – auch nicht der Erzrivale des Urknalls, das Modell eines stationären Kosmos, das einen ewigen unveränderlichen Kosmos bevorzugt – die Existenz der allgegenwärtigen Strahlung erklären. Die Schlussfolgerungen sind von mythischen Ausmaßen: Genau wie wir Menschen hat unser Universum eine Geschichte, eine Geburt, gefolgt von einer Phase der Expansion, die noch nicht abgeschlossen ist. Die Tage des alten, statischen Kosmos Kopernikus' und Keplers waren vorbei. Die kosmische Expansion impliziert eine Richtung der Zeit, was bedeutet, dass die Zeit, während sich das Universum entwickelt, vorwärts und ausschließlich vorwärts läuft. Die Zeit ist auf einmal mehr als ein Instrument zum Messen des Wandels um uns herum; sie ist eine kosmische Vorgabe, die entschieden in die Zukunft weist. Die Folgerungen aus dieser scheinbar offensichtlichen Tatsache sind tiefgreifend. Unter anderem ergibt sich aus der Asymmetrie der Zeit eine Basis zur Klärung des Ursprungs der Materie und schließlich auch des Ursprungs des Materials, aus dem das Leben gemacht ist. Wir sind auf eine ganz konkrete Art das Produkt von Asymmetrien, die tief in der Gesetzmäßigkeit der Natur verankert sind.

12

Die Welt in einem Sandkorn

Unter den vielen Mentoren, die ich zu meinem Glück hatte, schulde ich meinem Lehrer in Elektromagnetismus, Professor Gilson Carneiro, damals an der Päpstlichen Katholischen Universität von Rio de Janeiro, an der ich auch meinen Bachelorabschluss machte, ganz besonderen Dank. Professor Carneiro, ein kluger Mann, gab uns über die gewöhnlichen Übungsaufgaben und Examen hinaus ein Abschlussprojekt auf. Die Studenten sollten einen Seminarvortrag zu einem Thema ihrer Wahl halten. Die einzige Auflage war, dass es irgendeine Verbindung zum Elektromagnetismus aufweisen musste. Zu dieser Zeit, 1980, war ich bereits sehr an der Kosmologie interessiert. Genaugenommen war ich das auf eine träumerische Art schon länger, seit ich herausgefunden hatte, dass Kosmologie sich mit dem größten Mysterium überhaupt, dem Ursprung von allem, beschäftigt. „Da gibt es dieses neue Buch von Steven Weinberg", sagte Professor Carneiro, „es heißt *Die ersten drei Minuten*. Anscheinend ist es allgemeinverständlich geschrieben und beschäftigt sich mit dem, was Du suchst. Es geht darum, dass das ganze Universum in ein Meer von Mikrowellen, eine Form elektromagnetischer Strahlung, getaucht ist. Lies es doch und halte einen Vortrag darüber."

Ich war begeistert. Weinberg hatte gerade im Jahr zuvor für seine Arbeit über die Vereinigung der elektromagnetischen und der schwachen Kraft, zwei der vier bekannten Kräfte in der Natur, den Nobelpreis für Physik bekommen. Was könnte noch faszinierender sein, als von einem Nobelpreisträger und „Vereiniger“ Kosmologie erklärt zu bekommen? Weinbergs Buch beeindruckte mich nachhaltig. Nachdem ich es gelesen hatte, gab es keine Frage mehr, ich *musste* in der Kosmologie und ihrer Verbindung zur Vereinheitlichung arbeiten. Die Vorstellung, dass die Physik des ganz Großen und des ganz Kleinen tief miteinander verstrickt sind, beflügelte an der Schwelle zum Erwachsenwerden meine Fantasie. Meine Gedanken sprudelten förmlich vor Aufregung.

Aus dem Urknallmodell folgt unmittelbar, dass das Universum bei seiner Entstehung dichter und heißer war. Kurz nach dem Anfang der Zeit waren die Abstände so winzig und die Temperaturen so hoch, dass nur die Physik des ganz Kleinen, die Teilchenphysik, beschreiben kann, was passierte. Mein Vater, der gerne zu philosophieren begann, wenn er durch den Garten ging, erzählte mir einmal, dass das Makro- und das Mikroskopische auf mysteriöse Weise miteinander verbunden seien. „Siehst Du dieses Sandkorn? In ihm steckt das ganze Universum!“ Kannte er die berühmten Zeilen William Blakes?

> Um die Welt in einem Sandkorn zu sehn und den
> Himmel in einer wilden Blume,
> halte die Unendlichkeit auf deiner flachen Hand und die
> Stunde rückt in die Ewigkeit.

Wie so viele meiner Fragen an meinen Vater blieb auch diese unbeantwortet. Schon als Kind hatte ich das Gefühl, dass er Recht hatte, obwohl ich nicht sagen konnte, warum. Nun wusste ich es. Die Antwort lag zwischen Kosmologie und Teilchenphysik. Was gäbe es Aufregenderes als die beiden zu verbinden, den Ursprung des Universums und die Vereinheitlichung aller Kräfte? Wie könnte der Mensch tiefer ins Innere der Natur blicken? Weinbergs Buch hatte mir den Weg gewiesen: die Physik des frühen Universums. Sie war meine Berufung. Und ich war bereit.

13

Das mysteriöse Verhalten des Lichts

Aller Anfang ist schwer. Um die Besteigung des steilen Hanges in Richtung wissenschaftlicher Erkenntnis zu beginnen, musste ich zunächst lernen, was es mit der elektromagnetischen Strahlung und den Mikrowellen, die das Universum durchfluteten, auf sich hatte. Auf den nächsten Seiten finden Sie einen Überblick über einige der Grundideen. Sie alle sind Teil unseres aktuellen Bildes des Kosmos.

In einführenden Lehrbüchern der Physik lernt man, dass Licht für das menschliche Auge sichtbare elektromagnetische Wellen sind. Bald erfährt man auch, dass sich Lichtwellen in einem Punkt von den gewohnten Wellen unterscheiden, etwa von denen, die sich in Wasser ausbreiten, oder von den Schwingungen des Luftdrucks, die wir erzeugen, wenn wir sprechen. Diese gewöhnlichen Wellen bewegen sich in etwas, sie breiten sich durch ein materielles Medium aus. Jede Welle, Licht mit eingeschlossen, ist eine Störung, die Energie (und Impuls) durch den Raum transportiert. Wirft man einen Stein in einen Teich, wird die Energie des Aufschlags in konzentrischen Kreisen nach außen transportiert. Wenn wir mit der Lunge Luft durch die

Kehle pressen, die dann von den Stimmbändern moduliert wird, entstehen Schwingungen, die im Trommelfell als Töne wahrgenommen werden.

1905 behauptete der 26-jährige Einstein, dass sich Licht – und jede Art elektromagnetischer Strahlung im Allgemeinen, ob wir sie sehen können oder nicht – von anderen Wellen grundsätzlich unterscheidet. Dem damaligen technischen Sachverständigen des Berner Patentamtes zufolge benötigt Licht kein materielles Medium. Es breitet sich von allein aus, im leeren Raum. Die Behauptung war ein Paukenschlag. Wie konnte das sein? Einige der größten Wissenschaftler des neunzehnten Jahrhunderts hatten die Vermutung aufgestellt, dass sich Licht in einem als sehr mysteriös berüchtigten Medium ausbreitete, das in Anlehnung an die Substanz, die bei Aristoteles das Nichts im Universum ausfüllt, Lichtäther genannt wurde. Sein einziger Zweck war es, als materieller Träger von Lichtwellen zu dienen. Und bizarr war es wirklich: Um die sehr schnelle, ungehinderte Ausbreitung zu ermöglichen, musste es Millionen mal härter als Stahl sein und trotzdem ein Fluid; schwerelos und reibungslos, damit es die Planetenbahnen nicht störte; und natürlich durchsichtig, schließlich konnte man weit entfernte Sterne sehen. Dieser magischen Kombination physikalischer Eigenschaften zum Trotz waren alle davon überzeugt, dass es den Äther tatsächlich gab. Er war die einzige sinnvolle Möglichkeit, wie die Natur funktionieren konnte.

Dass der Äther so gänzlich hingenommen wurde, zeigt, dass der Wille etwas zu glauben nicht nur in der Religion das Unmögliche auf einmal plausibel erscheinen lässt. Bitter wurde es erst, als Albert Michelsons und Edward Morleys Experiment scheiterte, den Äther aufzuspüren. Wenig überraschend kamen sofort Erklärungsversuche auf, warum das Experiment die mysteriöse Substanz nicht fand. Es *musste* sie geben. Die Natur konnte nicht so störrisch sein. Oder etwa doch?

Sie konnte. Der junge Berner Patentamtsangestellte hatte recht. Den Lichtäther gibt es nicht, auch wenn er sich mit aller Kraft dagegen sträubte, das Feld zu räumen. Sein Ende bedeutete eine schmerzhafte Lektion für die Physiker, die in blinder Zuversicht erwartet hatten, dass die Natur ihren Vorstellungen entsprechen würde. Michelson starb 1931, ohne jemals die Folgerungen aus seinem eigenen Experiment akzeptiert zu haben. Das zeigt, dass das Wort Irrglaube nicht nur den Religionen vorbehalten sein sollte. Der gravierende Unterschied – das zeigt uns die Äthergeschichte auch – besteht darin, dass der Irrglaube in der Wissenschaft im Allgemeinen nicht so lange überleben kann wie in der Religion; früher oder später kommen Daten hinzu, unterschiedliche Theorien werden überprüft und verglichen, und es kommt zu einer Entscheidung. Nur so kann die Wissenschaft funktionieren. Eine Theorie oder ein Modell, das nicht getestet werden kann oder das immer weiter angepasst werden und sich so jedem Test entziehen kann, widerspricht diesem Grundsatz der Wissenschaft. Damit teilt der Lichtäther das Schicksal des Phlogistons und Caloricums und vieler weiterer nichtexistenter magischer Substanzen, die Wissenschaftler beim Versuch, die Natur zu verstehen, hervorgebracht haben. Wir täten gut daran, aus dem verheerenden Kollaps solcher vermeintlicher Gewissheiten zu lernen und Behauptungen über seltsame Stoffe und Materialien mit einer ordentlichen Portion Skepsis zu begegnen. Wie wir bald sehen werden, deuten moderne astronomische Erkenntnisse erneut darauf hin, dass wir von rätselhaften Substanzen umgeben sind. Selbst wenn die Indizien überwältigend erscheinen, sollte ihre Existenz niemals als gegeben angesehen werden, bevor sie wirklich bestätigt sind.

Letztendlich sah die Fachwelt ein, dass Licht elektromagnetische Wellen sind, die sich im leeren Raum ausbreiten. Doch was wogt dann auf und ab, wenn die Welle sich ausbreitet? Die Antwort lautet: ein elektrisches und ein magnetisches *Feld*, oder genauer, ein elektromagnetisches Feld. Stellt man sich eine kleine Kugel mit elektrischer Ladung vor, dann erzeugt die Ladung in ihrer Umgebung ein elektrisches Feld, was einfach bedeutet, dass andere elektrische Ladungen, die in ihre Nähe kommen, ihre Gegenwart spüren; je näher sie der geladenen Kugel kommen, desto stärker spüren sie sie. Eine Ladungsquelle manifestiert sich durch ihr Feld im Raum. Eine heiße Herdplatte erzeugt ein Temperaturfeld in ihrer Umgebung: Je näher man der Platte kommt, desto heißer wird es. Jede elektrische Ladung erzeugt ein elektrisches Feld (oder ist, damit gleichbedeutend, seine Quelle). Stellt man sich nun eine geladene Kugel vor, die wie ein Basketball springt, dann springt das Feld mit. Im neunzehnten Jahrhundert erkannten die Physiker, dass das Springen, oder allgemeiner alle sich bewegenden elektrischen Ladungen, Magnetismus erzeugen. Einfache Magneten, mit denen man zum Beispiel Bilder und Postkarten an Kühlschränken befestigt, verdanken ihren Magnetismus unzähligen kreisenden elektrischen Ladungen auf atomarer Ebene. Die geladenen Kugeln sind hier negativ geladene Elektronen. Indem sie um den Atomkern kreisen, erzeugen sie ein schwaches Magnetfeld. Dazu kommt, dass sie sich um sich selbst drehen, wie winzige Kreisel. Wenn man beides zusammennimmt und die Wirkung von zahllosen Elektronen, die sich alle um die gleiche Achse drehen, summiert, dann ist das Ergebnis ein kollektiver, makroskopischer Effekt: Magnetismus ist Elektrizität in Bewegung.[2]

1831 entdeckte der bedeutende englische Physiker Michael Faraday, dass auch die Umkehrung davon gilt: Bewegte Magnetfelder erzeugen elektrische Felder. Formt man zum Beispiel ein Stück Draht zu einer Schleife und bewegt einen Stabmagneten hinein und heraus, dann entsteht in der Schleife ein elektrischer Strom. Das wechselnde Magnetfeld (infolge der Bewegung des Magneten) erzeugt nämlich ein wechselndes elektrisches Feld, das die Ladungen durch den Draht wandern lässt. Die Hin- und Herbewegung des Magneten lässt die Ladungen abwechselnd im und gegen den Uhrzeigersinn durch die Schleife strömen und erzeugt so einen Wechselstrom, wie er auch aus der Steckdose kommt. Faradays Entdeckung offenbarte einen grundlegenden Zusammenhang zwischen Elektrizität und Magnetismus: Eine hin- und herschwingende elektrische Ladung erzeugt elektrische und magnetische Felder. Während sich die beiden Felder durch den Raum fortbewegen, erregen sie sich gegenseitig und erzeugen eine elektromagnetische Welle, die sich ausbreitet. Durch seine Entdeckung verzückt, drückte Faraday seinen Glauben in eine tiefgründige Einheit der Natur aus: „Längst hegte ich, wie ich glaube, in Gemeinschaft mit vielen anderen Freunden der Naturwissenschaft, die fest an Überzeugung grenzende Meinung, dass die verschiedenen Formen, unter denen die Naturkräfte sich offenbaren, einen gemeinsamen Ursprung haben oder, mit anderen Worten, in so unmittelbarer Verwandtschaft und gegenseitiger Abhängigkeit stehen, dass sie sich gleichsam ineinander verwandeln können und ihre Wirkung sich in äquivalenten Größen äußert." Jahrelang versuchte er, die Schwerkraft in die Vereinheitlichung von Elektrizität und Magnetismus mitaufzunehmen, bis er schließlich aufgab: „Hiermit enden für jetzt meine Versuche; ihre Resultate sind negativ. Allein wiewohl sie keinen Beweis für das Dasein einer Beziehung zwischen Gravitation und Elektrizität liefern, so haben sie doch meinen festen Glauben daran nicht zu erschüttern vermocht." Faraday gehörte der Sandemanierkirche an, einer orthodoxen christlichen Sekte mit sehr strengen Bräuchen. Die Einheit, die er in der Wissenschaft suchte, spiegelte seinen monotheistischen Glauben an den einen Gott und Schöpfer wider. Selbst wenn der christliche Gott Faradays dabei zur Metapher für die versteckte mathematische Grundstruktur der Natur wird, liegt diese Vorstellung auch der heutigen Suche nach einer Vereinheitlichung zu Grunde.

14

Die Unvollkommenheit des Elektromagnetismus

Der Elektromagnetismus wird häufig als Musterbeispiel dafür angeführt, wie zwei augenscheinlich ganz unabhängige Kräfte als Erscheinungsform einer einzigen, vereinheitlichten Kraft angesehen werden können. Demnach entpuppt sich das, was oberflächlich betrachtet nichts miteinander zu tun hat, als eins, wenn wir nur tiefer in die Wirklichkeit hineinblicken. In den frühen 1860er Jahren leitete der schottische Physiker James Clerk Maxwell in einer außergewöhnlich genialen Arbeit die Gleichungen her, die alle elektromagnetischen Phänomene beschreiben, die von Faraday und vielen anderen beobachtet worden waren. Indem er die tiefe mathematische Verbindung zwischen Elektrizität und Magnetismus entschlüsselte, kam Maxwell zu einem bahnbrechenden Ergebnis: Licht sind oszillierende elektromagnetische Wellen, die sich durch den Raum ausbreiten. Ihre Geschwindigkeit im leeren Raum beträgt schwindelerregende dreihunderttausend Kilometer pro Sekunde, eine Zahl, die unsere Vorstellung übersteigt.[3] Innerhalb nur einer Sekunde bewegt sich das Licht siebeneinhalb Mal um die Erde. Wir wissen nicht, warum Licht sich mit genau dieser Geschwindigkeit ausbreitet. Wir wissen auch nicht, warum sie immer dieselbe ist: Ob seine Quelle sich bewegt oder nicht oder ob sein Beobachter sich relativ zur Quelle bewegt oder nicht (im Grunde ohnehin dasselbe) – die Lichtgeschwindigkeit bleibt immer gleich. Darum ist sie eine „Naturkonstante", eine Größe, die wir messen können, aber nicht erklären – zumindest bisher nicht. Was wir allerdings wissen – wilde Science-Fiction-Szenarien ausgenommen – ist, dass sich nichts schneller als Licht bewegen kann. Es gibt kein Anzeichen, dass diese einfache Regel jemals verletzt worden wäre oder dass das – unter realistischen physikalischen Voraussetzungen – geschehen könnte. Die Orientierung der Zeit hängt davon ab.

Die konstante Geschwindigkeit des Lichts ist der Grundstein von Einsteins spezieller Relativitätstheorie. Entgegen der allgemeinen Vorstellung basiert die spezielle Relativitätstheorie eigentlich auf etwas, das absolut ist, genaugenommen sogar auf zwei Dingen, die absolut sind. Die Konstanz der Lichtgeschwindigkeit ist das zweite Postulat der Theorie. Das erste besagt, dass die Naturgesetze für alle Beobachter, die sich in Bezug zueinander mit konstanten Geschwindigkeiten bewegen, genau gleich aussehen. Wissenschaft wäre unmöglich, wenn es Menschen in einem Auto und Menschen in einem Labor mit unterschiedlichen Naturgesetzen zu tun hätten. Zehn Jahre später verallgemeinerte Einstein diese Regel in seiner allgemeinen Theorie auf *jede* relative Bewegung, anstelle ausschließlich konstanter Bewegungen.

Trotz der wunderschönen Verbindung zwischen der elektrischen und der magnetischen Kraft bleibt ein grundlegender Unterschied: Während positive und negative elektrische Ladungen voneinander getrennt auftreten können, wie im Fall eines Elektrons, hat noch niemand eine isolierte magnetische Ladung beobachtet. Magneten treten nur mit zwei „Ladungen" zusammen auf, die man Pole nennt. Wird ein Stabmagnet auseinandergebrochen, um die zwei Pole voneinander zu trennen, so entstehen stattdessen zwei kleine Magneten, jeder mit seinem eigenen Paar von Polen, die üblicherweise mit Nord und Süd bezeichnet werden. Wenn man einen Magneten immer weiter bis in seine Atome aufteilt, sieht man, dass jedes Atom ein winziger Magnet mit seinen eigenen zwei Polen ist. Auf der anderen Seite ist die ganze Erde ein riesiger Magnet, mit einem magnetischen Nord- und Südpol, die sehr dicht bei den geographischen Polen liegen, wenn auch nicht genau darauf.[4]

Die Abwesenheit von „magnetischen Monopolen", isolierten, ladungsartigen Quellen magnetischer Felder, hat viele Leute zur Verzweiflung gebracht. Sie ist eine Narbe im Antlitz der elektromagnetischen Vereinheitlichung und befleckt die Vollkommenheit ihrer Einheit: Wenn es überall elektrische Monopole gibt, warum dann keine magnetischen? Wie könnte man zwei Felder als wirklich vereinheitlicht bezeichnen, wenn so ein gravierender Unterschied bestehen bleibt? Ich kann mich an meine Enttäuschung erinnern, als ich das zum ersten Mal in Professor Carneiros Unterricht hörte. Es fühlte sich an, wie wenn von einem ansonsten perfekten, runden Kuchen ein einziges Stück fehlt. Ein leichtes Unbehagen machte sich breit, der erste schiefe Ton in meiner Vorstellung der Vereinheitlichung. Könnte es sein, dass etwas an meinen Träumen von einer endgültigen Theorie nicht stimmte? Damals ignorierte ich die Sache. Ich hatte noch zu viel zu lernen.

1931 erbrachte der berühmte britische Physiker Paul Adrian Maurice Dirac den mathematischen Beweis, dass magnetische Monopole mit der Quantenmechanik, also mit der physikalischen Theorie, die Atome und ihre Bestandteile beschreibt, vereinbar sind. Er zeigte sogar, wie sich die magnetische Ladung „quantisieren" ließe, d. h. in ganzzahligen Vielfachen einer kleinsten Einheit aufträte, genauso wie elektrische Ladungsverteilungen immer Vielfache der Ladung eines Elektrons sind oder Eurobeträge immer ein Vielfaches eines einzelnen Cent. Es gibt kein grundlegendes Naturgesetz, das die Existenz magnetischer Monopole verbieten würde, zumindest keines, von dem wir wüssten. Doch nach fast einem Jahrhundert der Suche hat sich noch kein magnetischer Monopol auffinden lassen.[5] Am 14. Februar 1982 dachte der Physiker Blas Cabrera an der Universität Stanford, sein Detektor habe den Durchgang eines magnetischen Monopols aus dem All aufgezeichnet. Die Physikwelt geriet in helle Aufregung. Die Suche wurde verstärkt. Auf der ganzen Welt schalteten Forschungseinrichtungen ihre Geräte zur Jagd auf Monopole ein. Leider wurde nie ein weiterer Monopol entdeckt, weder in Stanford noch sonst wo, auch nicht mit empfindlicheren Detektoren. Niemand weiß wirklich, warum Cabrera das sah, was er sah. Möglicherweise war der Grund eine Störung im Detektor oder ein Fehler beim Kalibrieren. Auch wenn es unserem Sinn für die ästhetische Schönheit physikalischer Theorien widerspricht, scheinen einfache magnetische Monopole nicht zu existieren. Selbst wenn es sie gibt, sind sie offensichtlich extrem selten. Wenn die Natur uns sagt, dass die Vereinheitlichung von Elektrizität und Magnetismus unvollkommen ist, dann sollten wir zuhören.

15
Die Geburt der Atome

Um kurz zusammenzufassen: Was wir Licht nennen, ist einfach eine Art elektromagnetischer Wellen oder Strahlung. Das Spektrum elektromagnetischer Wellen ist riesig und erstreckt sich über den ganzen Bereich von langwelliger Radiostrahlung bis zu kurzwelliger Gammastrahlung. Sichtbares Licht ist ein winziges Fenster in diesem Spektrum, dessen Wellenlängen im Bereich um einen halben millionstel Meter liegen.[6] Wir sind umgeben von unsichtbaren elektromagnetischen Wellen. Es wäre ein komplettes Chaos, wenn wir das alles sehen könnten, die Vielzahl von Wellen, die Radiosender und Telefonmasten aussenden, oder die Infrarotstrahlung, die von warmen Gegenständen und den Menschen um uns herum abgestrahlt wird. Das menschliche Auge (wie das aller Tierarten) ist dazu entwickelt, die wichtigsten visuellen Informationen zu erfassen, die das Gehirn benötigt, um ein kohärentes Bild der Wirklichkeit zu erzeugen und damit unsere Überlebenschancen zu maximieren. Wir sind Geschöpfe der Sonne, und die Sonne strahlt hauptsächlich im visuellen Teil des Spektrums (mit dem Maximum bei etwa 500 nm). Unser Auge hat sich auf die vorherrschende Art von Strahlung in unserem Lebensraum eingestellt. Eine Menge bleibt für uns unsichtbar, entweder weil die Strahlung außerhalb des sichtbaren Teils des elektromagnetischen Spektrums liegt oder weil ihre Quelle zu weit weg oder zu klein ist. Um die Natur in ihrer ganzen Pracht zu sehen, brauchen wir Werkzeuge, um unsere Wahrnehmung für neue Kanäle zu öffnen und um das zu „sehen", was unsere Augen nicht wahrnehmen können. Die moderne Astronomie verwendet Teleskope, die ferne Himmelskörper in allen Bereichen elektromagnetischer Strahlung, von Radiowellen über Infrarot und Ultraviolett bis hin zu Gammastrahlung, „sehen" können. Das andere Extrem, die unsichtbare Welt des ganz Kleinen, „sehen" Wissenschaftler durch mächtige Mikroskope und Teilchenbeschleuniger, die in winzige Strukturen aller Art hineinblicken, von Mikroben über Atome und bis weit in Atomkerne hinein.

Zurück zu Weinbergs Buch: Seine Hauptaussage ist die bahnbrechende Entdeckung der modernen Kosmologie, dass das ganze Universum in einem Meer elektromagnetischer Mikrowellenstrahlung mit Wellenlängen um zwei Millimeter schwimmt. Interessanterweise ist der Äther, das Medium, das die Leere des Raums füllt, das Licht selbst! Kein sichtbares Licht zwar, aber immerhin sein langwelliger Verwandter. Und was noch erstaunlicher ist: Diese Strahlung ist ein wahrhaftiges Fossil einer fernen Vergangenheit, als der Kosmos so heiß und dicht war, dass noch keine der uns bekannten materiellen Strukturen existierten: keine Galaxien, keine Planeten, nicht einmal große Moleküle. Alles, was es gab, war Strahlung, die Grundbausteine der Atome – Protonen, Neutronen und Elektronen – und die Kerne der leichtesten chemischen Elemente und deren Isotope (Kerne mit gleicher Anzahl von Protonen aber unterschiedlicher Anzahl von Neutronen): die Wasserstoffisotope Deuterium (ein Proton und ein Neutron), Tritium (ein Proton und zwei Neutronen); Helium 3 (zwei Protonen und ein Neutron); Helium 4 (zwei Protonen und zwei Neutronen) und Lithium 7 (drei Protonen und vier Neutronen). Die Liste wird vervollständigt durch Neutrinos, Elementarteilchen, die im Zusammenhang mit dem radioaktiven Zerfall entstehen. In Teil III werden wir uns noch ausgiebiger mit den schwer zu beobachtenden Neutrinos beschäftigen.[7]

In den 1960er und 1970er Jahren wurde deutlich, dass das Universum eine Geschichte hat: So wie wir hat es ein Geburtsdatum und ist seitdem gewachsen. Mit der Zeit hat es sich aus einem sehr heißen und dichten Frühstadium heraus zu dem entwickelt, was es heute ist – ein kalter leerer Raum, der sich aufbläht und über den Galaxien wie einzelne Punkte verteilt sind. Die kosmische Geschichte beschreibt einen stetigen Anstieg der Komplexität der Materie, beginnend mit einer Ursuppe ihrer einfachsten unteilbaren Bausteine, den Elementarteilchen, über ihre schrittweise Zusammensetzung zu geordneteren Atomkernen, Atomen und Molekülen, die schließlich zu Sternen, Pflanzen, Tieren und Menschen führt. Die Rekonstruktion dieser Geschichte, wie Materie und Kosmos sich vom Einfachen zum Komplexen entwickelten, ist das zentrale Thema der Kosmologie.

1946 stellte das russisch-amerikanische *enfant terrible* der Physik, George Gamow, die Idee des Urknalls vor. Dank Edwin Hubbles bemerkenswerter Entdeckung, dass ferne Galaxien sich mit einer Geschwindigkeit voneinander fortbewegen, die mit ihrer Entfernung zunimmt, war seit den späten 1920er Jahren bekannt, dass sich das Universum ausdehnt. Hier ist eine didaktische Unterbrechung angebracht. Was bedeutet die Aussage, das Universum *dehnt sich aus*? Es scheint verlockend, sich den Urknall als eine Art Explosion mit den Galaxien als Granatsplitterstückchen vorzustellen, die vom Urknall wegfliegen. Diesem Bild liegt die falsche Annahme zu Grunde, dass der Raum fest ist, und die Kraft der Explosion die einzelnen Granatsplitter auseinanderfliegen lässt. Zudem beruht es auf der ebenfalls falschen Annahme, dass es ein Zentrum gibt, von dem alles ausgeht, das Zentrum des Universums. Der Raum ist in der Kosmologie aber nicht fest: Er ist elastisch und kann sich ausdehnen und zusammenziehen wie ein Luftballon. Hubble zeigte, dass wir in einer Epoche der kosmischen Ausdehnung leben. Stellt man sich die Galaxien wie altmodische Straßenlaternen an den Straßenecken einer großen Stadt vor, dann trägt die Ausdehnung des Raums die Galaxien voneinander weg, als würden sich die Straßen selbst ausdehnen. Zudem ist kein Punkt bedeutender als irgendein anderer. Gleich, an welcher Straßenecke man sich befindet, die Straßen dehnen sich aus, und die Straßenlaternen entfernen sich. (Falls Sie diese Vorstellungen sonderbar finden, machen Sie sich keine Sorgen, auch Physiker haben damit zu kämpfen.)

Gamow nahm an, dass das Universum, wenn es sich ausdehnt, früher kleiner gewesen sein müsste. Kleiner bedeutet dichter und heißer, da Materie in immer kleinere Volumen gepresst würde. Gamow vermutete, dass Hitze und heftige Stöße die Materie in früheren Zeiten in einfacheren Strukturen gehalten hätten. Ginge man von einer Zeit, in der Atome existierten, rückwärts, sähe man die Aufspaltung von Atomen in freie Elektronen und Atomkerne. Das geschah sehr früh, nur 400 000 Jahre nach dem Urknall. Warum gerade dann? Davor schlug intensive Strahlung beständig auf die Elektronen und verhinderte, dass sie sich mit den Protonen zu Atomen verbinden konnten: Darum konnten Atome vorher nicht existieren.

Man kann es als eine Dreierbeziehung betrachten: Elektronen und Protonen, mit entgegengesetzten Ladungen, versuchen alles, um einander näher zu kommen und sich zu verbinden, aber die unbefriedigte Strahlung kommt ständig dazwischen und stößt die Elektronen weg. Mit der Zeit wird die Strahlung jedoch schwächer und kann das Unvermeidliche nicht mehr aufhalten. Schließlich lässt sie von den Elektronen und Protonen ab, die ihr elektrisches Verhältnis nun besiegeln können. Dieser Abschnitt stellt eine Grenze dar: Davor gab es keine Atome, nur Teilchen und Strahlung. Danach war der Kosmos voller Atome und Strahlung. Diese Strahlung, die nun nicht mehr mit den Elektronen zusammenstieß, bewegte sich frei durch den Raum und reagierte nur noch auf die Schwerkraft großer Materieansammlungen, wie sie hier und da vorkamen. Obwohl sie immer noch hochenergetisch war, hauptsächlich im Sichtbaren und Ultravioletten – das Universum leuchtete damals –, kühlte sie sich mit der kosmischen Expansion immer weiter ab, vom Sichtbaren ins Infrarote und Milliarden Jahre später zu den Mikrowellen der Gegenwart. Gamow behauptete, diese Strahlung müsste ein Überbleibsel aus der Zeit der Entstehung der Atome sein. Als Arno Penzias und Robert Wilson sie 1965 entdeckten, bekam der Urknall den Schub, den er brauchte. Nachdem seine wichtigste Vorhersage bestätigt worden war, war er mehr als nur eine spekulative Theorie. Gamow und seine Mitstreiter, Ralph Alpher und Robert Hermann, wurden für ihre Leistungen anerkannt, auch wenn sie nie in weiterem Rahmen gewürdigt wurden.[8]

Nachdem die wichtigste Idee des Urknalls – dass das Universum in der Vergangenheit heißer, dichter und kleiner war – bestätigt worden war, drängte sich eine naheliegende Frage auf. Was geschah *ganz* früh, das heißt vor der Entstehung der Atome vor 400 000 Jahren? Wie weit können wir die Uhr zurückdrehen? Vielleicht bis ganz zurück, bis zum Anfang der Zeit? Kann die Wissenschaft endlich die Schöpfung in den Griff bekommen? Und wenn sie das kann, werden die Ideen von einer Vereinigung recht behalten?

16

Von Schöpfungsmythen zur Quantentheorie: Eine kurze Geschichte

Schöpfung ist ein Wort mit starken Konnotationen. Für unterschiedliche Leute hat es eine unterschiedliche Bedeutung. Der Gedanke an eine Zeit vor dem Menschen, vor dem Leben selbst, eine Zeit außerhalb unserer Kontrolle, verloren in einer Vergangenheit, in der es keine Erde oder Sonne gab, eine Zeit vor den Sternen, hat etwas Beängstigendes.

Jahrtausendelang haben wir uns Geschichten über diese längst vergangene Zeit ausgedacht. Unsere Vorfahren sahen sich um, sahen, wie die Dinge waren und wie die Natur funktionierte, und schufen Erzählungen, die all dem einen Sinn geben und ihre Wirklichkeit erklären sollten. Völker, die am Meer lebten, erzählten sich, wie das Wasser aus dem Himmel kam und wie die Götter das Wasser und das Land trennten. Völker, die im Wald zu Hause waren, erzählten von Bäumen, die den Himmel berührten und wie die Götter Tiere und Menschen schickten, um unter ihrem Schutz zu leben. Völker, deren Heimat die Wüste war, erzählten, wie die Götter Lebewesen aus Lehm formten. Einer von ihnen, der Gott der Semiten, hauchte einer Lehmfigur Leben ein – so steht es in der Genesis – und beseelte so den ersten lebendigen Menschen.

In Anbetracht der ungeheuren Ausmaße der Schöpfung schien es diesen Kulturen klar, dass der Übergang von einem zeitlosen Nichts zu der wundervollen Vielfalt der Welt, von der Leblosigkeit zum Leben, nur von einer ehrfurchtgebietenden Macht inszeniert worden sein konnte, jenseits dessen, was einfache Menschen beeinflussen könnten. Diese Macht musste *über*natürlich – jenseits des Natürlichen – sein, um die Natur zu der Welt zu formen, in der wir leben.

Eines der Probleme mit Schöpfungsmythen besteht darin, dass die Götter verschiedener Völker unterschiedliche Dinge an unterschiedlichen Orten taten. Es gibt hunderte von Schöpfungsgeschichten. Die Götter jedes Glaubenssystems hatten die alleinige Macht darüber, was ist und was sein kann. Dieser Glaube war so tief verankert, so lebensbestimmend, dass es unvorstellbar war, dass der eigene Gott möglicherweise den Göttern anderer unterlegen sein könnte. Diese Art von Radikalismus konnte nur zu rücksichtsloser Konfrontation führen, und so kam es dann auch.[9]

Schließlich begann die moderne Wissenschaft: Wir wählen 1609 als das Jahr des großen Beginns. In Italien baute Galileo Galilei sein Teleskop und durchsuchte damit den Himmel, wie es keiner vor ihm getan hatte. 1610 veröffentlichte er sein Werk *Sidereus Nuncius (Sternenbote)*, und unterrichtete die Welt darüber, dass der Kosmos völlig anders ist, als man sich das immer vorgestellt hatte. Mit seinem neuen Instrument sammelte Galilei Beweise, dass die Sonne – und nicht die Erde – das Zentrum des Kosmos bildet, genau wie

Kopernikus das ein halbes Jahrhundert vorher nahegelegt hatte. Nach dreitausend Jahren der geozentrischen Astronomie wurden wir aus der Zentrale verbannt und zu einem einfachen Himmelsreisenden wie der Venus oder dem Mars degradiert. Die Menschen waren perplex. Konnte die Sonne, die Licht und Leben spendete, in heidnischen Riten verehrt und von der Kirche verachtet, wahrhaftig der Mittelpunkt des Alls sein?

Die Zeiten änderten sich. Neue Ideen kochten so schnell auf, dass sie die meisten Leute nicht verdauen konnten. Bevor die kosmische Ordnung durchgerüttelt wurde, hatte alles einen Sinn ergeben: Die Erde stand bewegungslos im Mittelpunkt; Menschen, Gestein, Wolken, alles bestand aus den vier Elementen Erde, Wasser, Luft und Feuer. Die kreisförmige Laufbahn des Mondes markierte die Grenze zwischen allem Irdischen und allem Himmlischen. Die Himmelskörper, der Mond miteingeschlossen, bestanden aus einem fünften Element, dem Äther, vollkommen und unveränderlich. Der Kosmos glich einer Zwiebel: Die Planeten, die Sonne und die Sterne umliefen alle auf konzentrischen Kugelschalen die Erde, die im Mittelpunkt stand. Auf der äußersten Kugelschale befand sich das himmlische Firmament, die Gefilde Gottes und seiner Engel. Es war das Ziel im Leben, fromm und rein zu sein, um nach dem Tod in die Gnade des ewigen Himmelreichs aufzusteigen. Die vertikale Anordnung des Kosmos spiegelte sich im Leben der Menschen und in ihren Ambitionen wider.

Im selben Jahr, 1609, veröffentlichte Johannes Kepler seine *Astronomia Nova (Neue Astronomie)*, in der er anhand der extrem genauen Daten, die der dänische Astronom Tycho Brahe gesammelt hatte, zeigte, dass der Mars die Sonne auf einer elliptischen Bahn umläuft. Einige Jahre später demonstrierte er, dass das gleiche auf alle Planeten zutrifft, die Erde miteingeschlossen. Der Kreis, die vollkommenste aller Formen, seit der Antike für seine wunderschöne Symmetrie verehrt, war nicht mehr die selbstverständliche Laufbahn der Himmelskörper. Der Himmel war nicht mehr vollkommen.

Als Newton 1687 seine *Philosophiae Naturalis Principia Mathematica* veröffentlichte, war das neue naturwissenschaftliche Paradigma besiegelt. Die *Principia*, wie das Buch meist bezeichnet wird, war die Dämmerung einer neuen Sichtweise der Wirklichkeit und unseres Platzes in ihr, einer Sichtweise, die der Religion nur noch wenig Raum ließ. Obwohl Kepler, Galileo und Newton, jeder auf seine eigene Weise, zutiefst religiös waren, hinterließen sie eine Welt, die immer weniger auf das Wirken Gottes angewiesen war. Je besser die Wissenschaft die Natur erklärte, desto weniger wurde Gott gebraucht. Viele fühlten sich ihres Glaubens beraubt und sahen ihren geliebten, allmächtigen Gott in immer engere Schranken gewiesen. Allerdings blieb ein Bereich, für den es keine solchen Schranken gab: das Wunder der Schöpfung. Auch die Deisten, wie Voltaire, Benjamin Franklin oder Thomas Jefferson, die jede direkte göttliche Intervention bestritten, räumten ein, dass Gott für die Schöpfung verantwortlich war. Ihr Gott glich einem Uhrmacher – ein Schöpfer des Kosmos und der Gesetze, die das Verhalten der materiellen Dinge bestimmen. Ziel der Wissenschaft war es, das versteckte Gesetz der Natur zu enthüllen.

Am Beginn des 19. Jahrhunderts, im ausgehenden Zeitalter der Aufklärung, präsentierte der berühmte französische Mathematiker Pierre Simon de Laplace Napoleon eine Ausgabe seiner meisterhaften *Himmelsmechanik*. Darin lieferte Laplace eine Beschreibung der verschiedenen Bewegungen im Sonnensystem, darunter auch Einzelheiten über die Planetenbahnen und deren Stabilität. Er schlug sogar ein Modell vor, wie das schwerkraftgebundene System von Sonne und Planeten aus dem Kollaps einer riesigen Materiewolke hervorgegangen sein könnte. Rund einhundert Jahre zuvor hätte Newton so etwas wie die Entstehung des Sonnensystems für undenkbar gehalten. Für ihn war es das Werk Gottes, die Planeten in ihre Umlaufbahnen und in Bewegung zu setzen. Die Arbeit von Laplace war die Verkörperung des Universums als Uhrwerk, in dem alle Aspekte des Daseins auf eine Anzahl exakter mathematischer Gleichungen zurückgeführt werden konnten. Er ist berühmt für seine Aussage, ein übergeordneter Verstand, Weltgeist genannt, dem es möglich wäre, alle Orte und Geschwindigkeiten von allen Atomen im Kosmos zu einem bestimmten Zeitpunkt zu kennen, könnte die Zukunft von allem, was existiert, Menschen und der Verlauf ihres Lebens eingeschlossen, vorhersagen. Der Weltgeist hätte vorhersagen können, dass ich dieses Buch schreibe und dass Sie es lesen. Viel Raum für Improvisation bleibt da nicht. In Anbetracht einer solch düsteren Aussicht kann man es den Romantikern kaum verdenken, dass sie gegen diesen Missbrauch des Vernunftdenkens aufbegehrten. Wo hätten Liebe und Spiritualität ihren Platz in so einem maschinenartigen, deterministischen Kosmos? Hätte das Leben noch eine Bedeutung ohne all seine schwierigen Entscheidungen und die Möglichkeit, Fehler zu begehen?

Nachdem Napoleon Laplace zu seiner großartigen intellektuellen Errungenschaft gratuliert hatte, soll er gefragt haben, warum Gott in dem Buch keine Erwähnung fände. „Sire, dieser Hypothese bedurfte ich nicht“, antwortete Laplace. Was für ein Schlag! Der allmächtige jüdisch-christliche Gott wurde zu einer bloßen „Hypothese“ gestutzt.

Ich frage mich, wie Napoleon darauf reagiert haben könnte. Wahrscheinlich war ihm klar, dass Laplace hochstapelte; selbst wenn die Entstehung des Sonnensystems aus einer sich drehenden und zusammenziehenden Riesenstaubwolke erklären konnte, war dem französischen Mathematiker sicherlich klar, dass er nicht sagen konnte, woher die Wolke kam oder was zu ihrem Kollaps geführt hatte. Laplace war wie so viele vor und nach ihm ziemlich hochmütig geworden, was die Grenzen seiner Theorie betraf.

Der Triumph des Determinismus war nicht von langer Dauer. Mit der Zeit wurde immer klarer, dass die Naturwissenschaft die Vielzahl der einzelnen Vorgänge in der Natur nicht erklären konnte. Aber auch als immer mehr Beweise hinzu kamen, waren längst nicht alle überzeugt – und manche sind es bis heute nicht. Tatsächlich behaupteten viele einflussreiche Physiker im späten 19. Jahrhundert, ihre Arbeit sei nahezu getan, und es blieben nur noch einige weniger wichtige Einzelheiten auszuarbeiten. Sie hatten die Gesetze der Mechanik und der Schwerkraft gemeistert; sie hatten die Theorie des Elektromagnetismus entwickelt, die beschreibt, wie elektrische Ladungen und Magnete wechselwirken und wie dieses Wissen genutzt werden könnte, um eine neue, industrielle Revolution jenseits der Dampfmaschine auszulösen, die auf elektrischen Strömen, Schaltkreisen, Batterien und elektromagnetischen Motoren basierte. Das Radio, die Glühbirne, das Telefon und der Telegraf wurden erfunden. Die Naturwissenschaft veränderte die Gesellschaft in schwindelerregendem Tempo.

Schließlich begannen sich Probleme abzuzeichnen, die das Bild trübten. Der Äther wurde nicht entdeckt. Niemand verstand, warum ein erhitztes Objekt in einer Farbe strahlt, die durch seine Temperatur bestimmt wird, wie etwa eine Herdplatte (rot bei ungefähr 1 000 °C) oder die Sonne (weiß-gelb auf Grund ihrer Oberflächentemperatur von 5 500 °C). Ein weiteres Rätsel betraf elektrisch geladene Materialien: Wurden sie mit ultraviolettem Licht beleuchtet, verloren sie ihre Ladung; wurden sie mit Licht gelber, roter oder irgendeiner anderen Farbe beleuchtet, passierte nichts. Die Anwendung der Werkzeuge, die zur Verfügung standen – Newton'sche Mechanik und Elektromagnetismus scheiterte kläglich. 1905 behauptete Einstein kühn, Licht sei mehr als nur einfach eine Welle, die sich im leeren Raum ausbreiten konnte; es konnte auch als aus Teilchen bestehend angesehen werden, die später Photonen getauft wurden. Diese etwas verrückte Idee – die Einstein selbst als seine revolutionärste sah – klärte das Rätsel, warum ultraviolettes Licht Metalle entladen kann: Da es eine höhere Energie hat als sichtbares Licht, können seine Photonen die Elektronen aus der Metallplatte herausschlagen. Viele Physiker weigerten sich, solche querdenkerischen Ansätze zu akzeptieren. Welle und Teilchen gleichzeitig? Wie konnte das sein? Aber Einsteins Modell lieferte die richtigen Ergebnisse. Eine stille Panik kam auf. Die Naturwissenschaft schien ihren Sinn für die Realität zu verlieren. Oder aber die Wirklichkeit war viel sonderbarer, als alle es erwartet hatten.

Etwas fehlte: eine neue Beschreibung der Materie und ihrer Eigenschaften. Es brauchte die ersten drei Jahrzehnte des 20. Jahrhunderts, die Sache zu klären, aber schließlich wurde diese neue Beschreibung der Materie entwickelt – die Quantenmechanik. Bestehende Rätsel und viele neue wurden elegant gelöst. Aber der Preis war hoch. Anerkannte und liebgewonnene Prinzipien mussten über Bord geworfen werden. Es wurde klar, dass die Welt des ganz Kleinen von der unsrigen grundverschieden ist. In ihr sind seltsame Dinge möglich und geschehen andauernd. Das erste ist, dass Teilchen niemals ruhen; sie zittern unaufhörlich, als ob eine innere Unruhe sie antriebe. Das Zittern, festgehalten in der berühmten Heisenberg'schen Unschärferelation, hat viele erstaunliche Folgen: Während wir den Ort und die Geschwindigkeit eines großen Systems, von Bällen oder Autos etwa, mit beliebiger Genauigkeit gleichzeitig messen können, geht das bei Atomen oder Elektronen nicht. Ihr fieberhaftes Zittern vermasselt die Sache und macht solche Messungen unmöglich. Das hat gar nichts damit zu tun, dass unsere Messinstrumente nicht ausreichend sind. Die Unschärfe ist unvermeidlich, ein Merkmal der Quantenwelt. Im atomaren Bereich fluktuiert alles. Man kann zum Beispiel den Ort eines Elektrons eine Million Mal unter exakt den gleichen Bedingungen messen, und jedes Mal wird das Ergebnis verschieden sein. Stattdessen muss man den Durchschnitt vieler Messwerte für den Ort des Elektrons bilden. In der Sprache der Mathematik ergibt das dann die Wahrscheinlichkeit dafür, das Elektron an einem bestimmten Ort vorzufinden. Die Gleichungen der Quantenmechanik liefern uns Wahrscheinlichkeiten, keine Gewissheiten. Laplace' Weltgeist und der strenge Determinismus, auf dem er basierte, waren mit den Quanten vorbei. Hier möchte ich allerdings erwähnen, dass die Wahrscheinlichkeiten keineswegs bedeuten, die Quantenmechanik funktioniere nicht zuverlässig. Ganz im Gegenteil: Wendet man sie auf Atome und Teilchen an, dann liefert sie ganz exakte Resultate. Tatsächlich beruhen all unsere digitalen Geräte, ohne die wir anscheinend kaum überleben können, auf unserer Fähigkeit, das Verhalten von Elektronen, Licht und anderen Quantensystemen vorhersagen und kontrollieren zu können. Was als ein Ärgernis begann, löste eine grundlegende Änderung unseres Weltbildes aus. Die Wirklichkeit *ist sonderbarer*, als alle es erwartet hatten.

17

Sprung ins Ungewisse

Die Quantenrevolution hatte enorme Auswirkungen auf unser Verständnis des Universums. Gamow und seine Nachfolger wandten nicht nur die Atomphysik an, um die Existenz der von Penzias und Wilson entdeckten Mikrowellen-Hintergrundstrahlung vorherzusagen, sondern nutzten auch das neue Wissen über die Physik der Atomkerne, um ein Szenarium auszuarbeiten, in dem die Kerne der leichteren Elemente innerhalb der ersten drei Minuten nach dem Urknall zusammengeschweißt worden waren. Davon leitet sich der Titel von Weinbergs faszinierendem Buch, *Die ersten drei Minuten* ab. Ursprünglich stellte Gamow sich vor, dass *alle* chemischen Elemente innerhalb der ersten wenigen Minuten des kosmischen Daseins entstanden wären. Einige seiner Annahmen waren jedoch nicht ganz richtig. Es brauchte mehr als ein Jahrzehnt und die Arbeit Fred Doyles und anderer, um diese Frage zu klären. Obwohl leichtere Kerne durchaus in der frühen Kindheit des Kosmos gebildet worden sind, entstehen die schwereren Kerne bis heute in Sternenexplosionen. Die Stoffe des Lebens – Kohlenstoff, Sauerstoff, Stickstoff usw. – sind Ergebnis einer Kernfusion, die wütet, wenn ein Stern seiner eigenen Schwerkraft erliegt.[10]

Wir sollten kurz innehalten, um über diese Aussage nachzudenken. Ich finde es absolut bemerkenswert, dass man durch gemeinsame Anwendung von Kernphysik und Schwerkraft den Ursprung der chemischen Elemente erklären kann. Wir verstehen, warum die leichtesten Elemente in den Geburtswehen des heißen, frühen Universums entstanden sein müssen und die schwereren in Sternenexplosionen. Die Rechnungen stimmen genau. Sie sagen die relativen Häufigkeiten der Elemente vorher, das heißt, wie viel mehr Wasserstoff wir im Weltall finden sollten als zum Beispiel Lithium, beides Elemente, die in den ersten drei Minuten entstanden sind. Aber auch die Tatsache, dass Eisen häufiger vorkommt als Uran – beide in Sternen gebildet – kommt richtig heraus.[11] Wasserstoff sind rund 75 Prozent der Materie, während Helium, das zweitleichteste Element, 24 Prozent ausmacht. Die restlichen Elemente des Periodensystems, von Lithium über Kohlenstoff und Uran bis hin zu den ganz schweren, tragen dagegen nur ein Prozent bei. Die Stoffe des Lebens sind in der Unterzahl. Es zeugt davon, auf welch sicherem Grund das Urknallmodell steht, dass sich diese Vorhersagen in Messungen spektakulär bestätigen. Es gibt uns Zuversicht, dass wir die Geschichte des Universums, zumindest in groben Zügen, bis in seine ersten Minuten zurück verstehen.

Natürlich möchten wir noch weiter in Richtung des Anfangs zurückblicken. Gehen wir rückwärts in der Zeit, wird das Universum heißer und dichter. Materielle Strukturen spalten sich in dieser Betrachtung in ihre grundlegenden Bestandteile. Die Ereigniskette ist eindeutig: Moleküle sind aus Atomen hervorgegangen, Atome aus freien Elektronen und Kernen (als das Universum 400 000 Jahre alt war), Kerne aus freien Protonen und Neutronen (etwa eine Minute nach dem Beginn). Man beachte den enormen Zeitsprung zwischen der Aufspaltung der Atome und der Kerne, begründet durch den riesigen Unterschied zwischen der Kraft, die die Atome zusammenhält, und derjenigen, die die Kerne bindet. In den Atomen werden die Elektronen von den Protonen elektrisch angezogen. In den Kernen ziehen sich die Protonen und Neutronen durch die starke Kernkraft an, die etwa einhundert Mal stärker ist als die elektromagnetische Kraft. Das erklärt, warum Protonen in Kernen mit anderen Protonen zusammenkleben, obwohl sie die gleiche elektrische Ladung haben und sich daher gegenseitig abstoßen: Die Anziehung der starken Kraft ist stärker als die elektrische Abstoßung zwischen den Protonen. Der Stärkeunterschied zwischen den beiden Kräften erklärt auch, warum Kerne mit mehr als einhundert Protonen extrem instabil sind. Genauer gesagt wird es nach Uran, mit 92 Protonen, schwierig, auch wenn Plutonium, mit 94, noch natürlich vorkommt.[12]

An der Schwelle zur ersten Minute findet die nächste große Veränderung statt: Die Hitze ist so groß, dass sich nicht einmal mehr Protonen und Neutronen zu Kernen verbinden können. Man benötigt die Elementarteilchenphysik, um zu beschreiben, wie die Materie wechselwirkt. An dieser Stelle kommt eines der Schlüsselkonzepte der modernen Physik ins Spiel: die Symmetriebrechungen, mit denen sich die Wechselwirkungen der Elementarteilchen beschreiben lassen. Das Thema ist so wichtig, dass ihm ein ganzer Teil dieses Buches, nämlich der folgende, gewidmet ist. Hier möchte ich zuvor noch einen weiteren Sprung in der Zeit wagen, einen besonders kühnen, bis ganz zum Anfang zurück. Wie nah kommen wir da heran?

Für den Augenblick können wir die Einzelheiten der Teilchenphysik außen vor lassen. Es ist erstaunlich, wie wenig man benötigt, um ein grobes Bild der allerersten Phasen des Kosmos zu zeichnen. Entscheidend ist die Beobachtung, dass der Kosmos zum vorausgesetzten Urknall hin immer kleiner wird. Hubble, der Mann, der der Welt zeigte, dass Galaxien sich voneinander entfernen, benutzte seine Entdeckung, um das Alter des Universums, die Zeit seit dem Urknall, zu bestimmen: Dazu benötigt man ein Maß der Geschwindigkeit, mit der die Galaxien auseinanderstreben. Dann kann man diesen Film rückwärts ablaufen lassen und gelangt schließlich zu einem Zeitpunkt, an dem sie alle aufeinandertreffen, – dem Anfang. Leider lassen sich die Abstände und Geschwindigkeiten ferner Galaxien nur sehr schwer bestimmen. Hubbles Ergebnis von zwei Milliarden Jahren war nicht gut, es betrug weniger als das damals bekannte Alter der Erde. Wie konnte das Kind älter als die Mutter sein? Das war nicht möglich. Bessere Messungen in den nächsten Jahrzehnten beantworteten die Frage. Heute weiß man, dass die ältesten bekannten Sterne zwanglos in unseren 14 Milliarden Jahre alten Kosmos passen.

Um sich dem Urknall noch weiter anzunähern, bedarf es eines gewaltigen Sprungs ins Ungewisse: der Annahme, dass sich die Physik, die unter den vergleichsweise zahmen Bedingungen gilt, die unseren Messungen zugänglich sind, auf das heftige Chaos in der Nähe des Anfangs der Zeit extrapolieren lässt. Die modernsten Teilchenbeschleuniger können Teilchen mit Energien aufeinander schießen, die denen rund einer billionstel Sekunde, also

0,000 000 000 001 Sekunden nach dem Urknall, entsprechen. Das erscheint unfassbar kurz, und nach unseren Maßstäben ist es das auch. Doch ein Lichtteilchen, ein Photon, kann ein Proton in dieser Zeit ungefähr eine Billion Mal durchqueren, – im Verhältnis gesehen dauert das eine Ewigkeit.[13] Selbst wenn eine billionstel Sekunde ein ziemlich früher Zeitpunkt ist, muss man noch viel weiter zurück über die bekannte Physik hinausgehen, um den Ursprung des Kosmos zu untersuchen. Die Annahme – der Sprung ins Ungewisse – dass man in diese Richtung gehen kann, ist gerechtfertigt, wenn die damit verbundenen Vermutungen Fragen und Vorhersagen liefern, die zumindest im Prinzip in der nahen oder auch ferneren Zukunft Experimenten zugänglich sein können. Im Fall negativer Ergebnisse sollten wir aber bereit sein, auch unsere meistgeschätzten Vorstellungen aufzugeben, wenn die Natur sich nicht nach ihnen richtet. Und wir sollten vorsichtig sein mit Spekulationen, die allzu weit ins Unbekannte reichen und sich jeglicher Überprüfbarkeit entziehen. Wie ich zuvor schon sagte, sollten physikalische Theorien, die nicht überprüft werden können – oder sich einfach immer weiter über den Bereich des Überprüfbaren hinaus skalieren lassen – nicht Teil des Kanons der Wissenschaft sein.

18

Der zitternde Kosmos

Auf dem Weg zurück durch die Zeit in Richtung Anfang kommt man an einen Punkt, an dem die Größe des Universums mit der eines Atoms vergleichbar ist. Das ist die Phase der Quantenkosmologie, der Punkt an dem unsere Theorien zusammenbrechen. Die konzeptionelle Schranke, auf die man hier trifft, ist enorm, und seit vier Jahrzehnten versuchen viele Physiker sie zu überwinden. Seit meiner Doktorandenzeit fasziniert mich die Frage, und ich habe mich selbst damit auseinandergesetzt. Das Problem ist Einsteins allgemeine Relativitätstheorie, die er 1916 aufstellte, elf Jahre nach der speziellen Relativitätstheorie, die den Äther überflüssig gemacht hatte. Die allgemeine Relativitätstheorie erklärt die Schwerkraft auf neue Weise dadurch, dass der Raum um Ansammlungen von Masse herum gekrümmt wird: Je größer die Masse und je kleiner das Volumen ist, desto stärker wird der umgebende Raum gekrümmt und desto stärker ist ihre Anziehungskraft. Dies ist ähnlich wie bei einem Turner auf einem Trampolin, der auf und ab springt, wobei sich das elastische Tuch in verschiedenen Richtungen dehnt und zusammenzieht. Einsteins Idee zufolge krümmt Materie den Raum und verformt seine flache Geometrie.

Auch der Verlauf der Zeit ändert sich. Größere Schwerkraft verlangsamt die Zeit. Eine Uhr auf der Oberfläche der Sonne würde, wenn sie dort funktionieren könnte, langsamer ticken als hier bei uns. Wie sehr Raum und Zeit miteinander verwoben sind, ist eine der eindrucksvollsten Konsequenzen beider Relativitätstheorien, der speziellen und der allgemeinen. Während wir Zeit und Raum üblicherweise als voneinander unabhängig ansehen, sind sie in Wirklichkeit Teil einer einzigen Struktur, der Raumzeit. Der Theorie zufolge lässt sich die Zeit am besten als eine Dimension betrachten, die mit den Dimensionen des Raums vergleichbar ist. Bewegungen entlang der Achsen von Osten nach Westen, von Süden nach Norden und von oben nach unten, entlang der drei verschiedenen Dimensionen des herkömmlichen Raums, entspricht die Bewegung in der Zeit entlang der Achse von der Vergangenheit in die Zukunft. Physiker sprechen von Entfernungen in der Raumzeit genauso, wie man sonst von Entfernungen im üblichen Raum spricht. Es ist hilfreich, sich die Raumzeit als eine Art elastisches Tuch vorzustellen, das Raum und Zeit verbindet, ähnlich dem Sprungtuch des Trampolins. Der Raum kann sich zusammenziehen, die Zeit kann sich verlangsamen und anders herum. Das Resultat hängt von der Quelle der Schwerkraft ab (allgemeine Relativitätstheorie) und davon, wie sich zwei Beobachter, die Abstände und Zeitintervalle messen, relativ zueinander bewegen (spezielle Relativitätstheorie).

In unserer Erfahrungswelt sind Geschwindigkeiten im Vergleich zur Lichtgeschwindigkeit gering und die Anziehungskraft der Erde krümmt den Raum nur wenig, sodass die Effekte der speziellen und der allgemeinen Relativitätstheorie vernachlässigbar sind. Aus unserer begrenzten dreidimensionalen Perspektive sehen wir nur ein kurzsichtiges Bild der Wirklichkeit und betrachten Raum und Zeit als zwei getrennte Dinge. Aber wenn wir eine Brille mit der richtigen Stärke tragen könnten, um die Relativität scharf zu sehen, dann täte sich die Vereinigung von Raum und Zeit in ihrer ganzen Herrlichkeit vor uns auf. Solange wir keine solche Brille haben, bleibt uns die Mathematik. Das seltsame Ausdehnen und Zusammenziehen von Raum und Zeit ist gut verstanden und experimentell bestätigt. Raum und Zeit sind ja Begriffe, die wir erschaffen, um Vorgänge in der Natur beschreiben zu können. Ihre Verformungen zu beschreiben, ist nur eine kleine Anpassung, die einen schärferen Blick erlaubt.

Während wir uns dem Anfang weiter nähern, zwingt uns das „Schrumpfen“ des Raums zu beachten, wie die Quantenphysik das junge Universum beeinflusst: Grob gesprochen hatte der Kosmos atomare Ausmaße. Darin besteht die Herausforderung; bis jetzt ist es uns nicht gelungen, eine Theorie der Schwerkraft zu finden, die mit der Quantenmechanik vereinbar ist. Wir wissen, dass die zittrige Natur der Atome in seiner Anfangsgeschichte auf den Kosmos selbst übertragen werden muss. Aber wie? Da in der Welt des ganz Kleinen alles fluktuiert, müssen auf kurzen Abständen Raum und Zeit selbst fluktuieren. Messungen von räumlichen und zeitlichen Abständen, die wir sonst als gegeben hinnehmen, sind dann immer mit Wahrscheinlichkeiten behaftet. Stellte man sich die Raumzeit wieder als Gummiband vor, dann sähe man auf Quantenebene Schwingungen, die es auf mannigfaltige Weise verdrehen und verzerren würden. Die Zeit spielt verrückt. Die Folgerungen sind irrwitzig. Ohne ein verlässliches Maß räumlicher oder zeitlicher Abstände oder eine Methode, sie statistisch zu interpretieren, zerbröckelt das ganze Gebäude der Physik. Das Konzept eines Geschehens als etwas, das sich in Raum und Zeit abspielt, verliert jegliche Bedeutung.

Die Situation gleicht der im ausgehenden 19. Jahrhundert. Es bedarf einer neuen Idee, einer neuen Theorie der Raumzeit, die die Quantentheorie mit Einsteins Schwerkraft vereint. Der neue Ansatz, wie auch immer er aussehen mag, *muss* die bekannten Ergebnisse späterer kosmologischer Zeiten wie kosmische Expansion, Häufigkeiten der leichten Kerne und Homogenität der kosmischen Mikrowellen-Hintergrundstrahlung reproduzieren. Die Konsistenz mit dem Universum, in dem wir leben, ist die absolute Mindestanforderung. Zu den neueren Kandidaten gehören Superstringtheorien und die Schleifenquantengravitation, auch wenn weder die eine noch die andere überzeugend von sich behaupten kann, das bekannte Universum befriedigend zu beschreiben. Die Superstrings zeichnen sich dadurch aus, angeblich auch noch eine Theorie für Alles zu sein, die moderne Form der endgültigen Wahrheit. Sie basieren auf einer Vorstellung, die sich radikal von der vorherrschenden, atomistischen unterscheidet: Die Grundbausteine der Materie sind keine einzelnen, punktförmigen Teilchen wie Elektronen, sondern winzige, wackelnde Strings und sonst nichts. Unterschiedliche Teilchen, die in der Natur vorkommen, wie Elektronen und Photonen, entstehen aus verschiedenen Anregungen der Strings, so wie Saiten eines Instruments verschiedene Töne hervorrufen können. Ihre Verfechter sehen darin die Krönung des Reduktionismus, eine gänzlich vereinheitlichte Theorie der

Natur, auch wenn niemand weiß, wie die letztendlich wirklich aussehen soll – obwohl viele der klügsten Köpfe der Welt seit drei Jahrzehnten hart daran arbeiten. Ich sehe darin die moderne Form des pythagoreischen Mythos, der Suche nach einer monotheistischen Erklärung der Natur anhand geometrischer Argumente: Symmetrie ist von einem nützlichen Werkzeug zu einem allumfassenden Dogma geworden. Als Doktorand in England war ich noch anderer Meinung, als ich in die Suche nach der endgültigen Wahrheit vertieft war. Es gab nichts Spannenderes, keine faszinierendere Theorie. Alle sechs Forschungsartikel, die ich als Doktorand schrieb, und noch viele weitere in den Jahren darauf beschäftigten sich mit den verschiedenen Aspekten der Superstring-Vereinheitlichung. In Teil III werde ich darlegen, warum ich meine Meinung geändert habe. Zunächst gilt es anzusprechen, wie Theorien der Quantengravitation – Ansätze, die Quantenmechanik mit der allgemeinen Relativitätstheorie zu verbinden – die Eigenschaften einer Quanten-Raumzeit beschreiben.

Nimmt man an, dass die Quantenmechanik bis in die Frühphasen des Kosmos hinein gültig bleibt – und es ist kein Grund bekannt, warum das nicht zutreffen sollte – dann führt das Quantenzittern zu Fluktuationen der Raumzeit selbst. Hier treffen wir wieder auf die Schöpfungsgeschichte am Anfang dieses Buches und betrachten eine blubbernde Suppe von Geometrien jeglicher Art, die in einem unendlichen Multiversum nebeneinanderher existieren. Wäre der Kosmos ein Orchester, dann würden alle Symphonien, alle nur möglichen Töne gleichzeitig erklingen: geordnet und durcheinander, von den erhabensten bis zu den absurdesten, von aufwändigen, kunstvollen Melodien bis zu kurzen Kakophonien. Von einem Dirigenten kann dabei natürlich keine Rede sein. Einige Arten von Superstringtheorien sagen ein nahezu unendliches Meer kosmischer Möglichkeiten, eine „Landschaft“, vorher. Der Name ist sehr suggestiv: ein Ausblick über Berge und Täler, die sich über den Horizont erstrecken. Verschiedene Täler in der Landschaft entsprechen verschiedenen Universen, jedes davon mit seinen eigenen Eigenschaften, womöglich sogar mit seinen eigenen Naturkonstanten. In einigen wäre die Lichtgeschwindigkeit größer als in unserem; in anderen kleiner. In einem gäbe es gar kein Licht; und in einem anderen hätten die Elektronen eine andere Ladung und Masse. Es gibt keine Zeit in der Landschaft; Letztere stellt nur eine Abbildung aller potenziellen Universen dar, die jeweils eine Lösung der Gleichungen der Superstringtheorie sind.[14] Entgegen der Erwartung vieler Stringtheoretiker ist das Bild, das sich aus der Landschaft herauskristallisiert, keineswegs „elegant“. Wenn diese Idee bestehen bleibt und es keinen Beweis dafür gibt, dass ein Tal gegenüber den anderen bevorzugt wäre, dann muss der Traum der Einzigartigkeit, der Traum, *die* Lösung zur Erklärung des Universums zu finden, aufgegeben werden. Es ist eine Ironie des Schicksals, dass gerade die Theorie, die Einheit in die Physik bringen sollte, die der Welt die endgültige Wahrheit offenbaren sollte, am Ende zeigt, wie sinnlos dieser Gedanke ist.

Auch wenn man die von Strings hervorgebrachte Landschaft verwirft, sollte die grundlegende Vorstellung, dass sich die Raumzeit auf Quantenebene als Suppe fluktuierender Geometrien beschreiben lässt, auf dem Weg zurück zum Anfang in der einen oder anderen Form überleben. Alle konkurrierenden Theorien einer Quantengravitation beinhalten das Zittern der Raumzeit.[15]

Demzufolge wäre unser Kosmos dieser Quantensuppe entsprungen, einer Blase mit einer sehr unwahrscheinlichen, speziellen Kombination von Naturkonstanten, die das Entstehen immer komplexerer Strukturen ermöglichten, auch solcher, die leben und ihr eigenes Dasein reflektieren können. Um zur Metapher des Orchesters zurückzukehren: Man kann sich nur schwer der Versuchung entziehen, unsere Musik als schön und somit als außergewöhnlich zu bezeichnen.

Eines haben wir dabei noch außer Acht gelassen. Zeit und Raum, wenn auch faszinierend, sind nur ein Aspekt des Ganzen. Ein Universum ohne Materie wäre nicht sehr interessant. Aber welche Art von Materie könnten wir in diesen fluktuierenden kosmischen Blasen unterbringen? Ohne Daten potenzieren sich die Möglichkeiten. Wir haben nicht die geringste Ahnung. Es wurden keine Relikte aus den allerfrühesten Zeiten entdeckt. Es gibt natürlich einige Kandidaten, aber keine konkreten Beobachtungen. An diesem Punkt kann einen das Gefühl beschleichen, dass es an der Zeit ist, das Handtuch zu werfen und anstelle dessen vielleicht eine Laufbahn in der Laserphysik oder in der Fluiddynamik zu beginnen, Gebieten, in denen Sprünge ins Ungewisse nicht ganz so dramatisch sind. Doch es ist nicht alles verloren. Wenn wir nur die richtigen Werkzeuge verwenden, um unserem Universum „zuzuhören", erzählt es uns eine ganze Menge über seine Vergangenheit. Die Strategie der modernen Kosmologie ist es, die Eigenschaften des Universums in der Gegenwart zu messen, um daraus Aufschlüsse über seine frühe Kindheit zu gewinnen. Das

Urknallmodell wird daraufhin angepasst, um es mit den gesammelten Beobachtungen in Einklang zu bringen – eine Arbeit, die noch nicht abgeschlossen ist.

19

Das Universum, das wir sehen

Die erste entscheidende Beobachtung über das Universum ist auch die augenfälligste. Es ist wirklich groß. Wie groß? Da muss man aufpassen. Alles, worüber wir sprechen können, ist der Teil des Universums, den wir sehen, das heißt, den wir mit unseren Teleskopen und Antennen beobachten können. Wie gesagt begrenzt die Lichtgeschwindigkeit die Informationsübertragung: Da sich nichts schneller als Licht ausbreiten kann, können wir nur aus Regionen unserer kausalen Vergangenheit Signale empfangen, Informationen also, die genügend Zeit hatten, damit sie mit Lichtgeschwindigkeit zu uns gelangen konnten. Die Sonne ist beispielsweise acht Minuten von der Erde entfernt; falls sie genau in diesem Augenblick explodierte, würde es acht Minuten dauern, bis wir davon erfahren würden, unsere letzten acht Minuten, nebenbei bemerkt. Der nächste Stern, Alpha Centauri, ist etwa 4,37 Lichtjahre entfernt: Wenn wir ihn am Himmel sehen, dann sehen wir ihn so, wie er vor 4,37 Jahren aussah. So lange braucht das Licht von seiner Oberfläche bis hierher.[16] Erweitern wir unseren Blickwinkel über die Milchstraße hinaus, dann treffen wir auf Andromeda, unsere Nachbargalaxie, die etwa zweieinhalb

Millionen Lichtjahre entfernt ist. Das Licht, das wir sehen, begann seine Reise hierher, als unsere biologischen Vorfahren sich in der afrikanischen Savanne auszubreiten begannen. In die Tiefe des Raums zu blicken heißt, zurück in die Vergangenheit zu blicken.

Wie weit kann man zurückgehen? Sehr weit. Moderne Teleskope empfangen elektromagnetische Strahlung jeglicher Wellenlängen, von der kurzwelligsten Gammastrahlung bis zu extrem langen Radiowellen. Die entferntesten (und ältesten) Quellen sind kaum oder gar nicht sichtbar. Astronomen „sehen" sie mit sehr leistungsstarken Teleskopen, wobei sich häufig mehrere Observatorien gemeinsam auf die Suche machen und verschiedene Arten von Licht kombiniert beobachten, vom sichtbaren über ultraviolettes bis in den Radiobereich. Anfang 2008 etwa verkündeten Astronomen der Rutgers University und der Pennsylvania State University in den Vereinigten Staaten die Entdeckung von Baby-Spiralgalaxien, wie die Milchstraße eine ist – in einer Entfernung von zwölf Milliarden Lichtjahren von der Erde. Während das Universum selbst nicht ganz 14 Milliarden Jahre alt ist (13,73, um genau zu sein), ist das Licht von diesen Galaxien 12 Milliarden Jahre gereist, um bei uns anzukommen. Es begann seine Reise fast acht Milliarden Jahre bevor die Sonne und die Erde überhaupt existierten.

Kann man ganz bis zum Anfang zurückschauen? Reicht es dafür aus, einfach noch leistungsstärkere Teleskope zu bauen? Leider nicht. Ein entferntes Objekt zu sehen, bedeutet Photonen, die von diesem Objekt stammen, aufzufangen. Dazu wiederum muss das Licht relativ ungestört von dem Objekt zu unserem Teleskop oder unserer Radioantenne laufen können. Geht man weiter zurück in der

Zeit, trifft man auf eine undurchsichtige Wand, die Zeit, als die ersten Atome entstanden. Vor dieser Zeit spalteten die Photonen die elektromagnetischen Verbindungen zwischen Elektronen und Protonen und konnten sich daher nicht frei durch den Raum bewegen. Wie zuvor bemerkt ist das der Zeitpunkt, als die kosmische Mikrowellen-Hintergrundstrahlung sich entkoppelte, 400 000 Jahre nach dem Urknall. Um das Universum vor dieser Zeit zu erforschen, muss man nach anderen Hinweisen außer elektromagnetischer Strahlung suchen. Wir sind bereits Beispielen begegnet, den leichten Kernen von Helium und Wasserstoff, die gebildet wurden, als der Kosmos ungefähr eine Minute alt war.

Trotz dieser undurchsichtigen Wand um den ganz jungen Kosmos kann man verfügbare astronomische Beobachtungen von Galaxien und vom kosmischen Mikrowellenhintergrund kombinieren, um mehrere entscheidende Aussagen über das Universum zu treffen. Vor allem scheint das Universum, wenn man ausreichend große Gebiete betrachtet, im Durchschnitt überall gleich auszusehen. Zugegeben, ein Blick in den Himmel einer sternenklaren Nacht scheint diese Aussage nicht zu bestätigen. In unserem Drang nach Ordnung projizieren wir unsere Fantasien und Sehnsüchte in den Himmel und finden Löwen, Krebse, Kochtöpfe, Helden und Drachen statt äquidistanter Sterne. Diese Muster entstehen durch die Projektion der Sterne auf die zweidimensionale Himmelskuppel (die es eigentlich auch nicht gibt). In Wirklichkeit liegen Abstände von dutzenden, hunderten und sogar tausenden von Lichtjahren zwischen den Sternen derselben Sternbilder, die wiederum selber ohne ein erkennbares Muster verteilt sind. Wenn wir sagen, das Universum sehe im Durchschnitt gleich aus, heißt das, was wir sehen, ähnelt sich, wenn wir Objekte innerhalb von Abständen von hunderten Millionen von Lichtjahren betrachten. Stellen Sie sich einen überfüllten Strand an einem heißen Sonntagvormittag vor, Ipamena in Rio etwa oder South Beach in Florida. Aus der Ferne betrachtet sieht man eine Vielzahl von Menschen, die zusammen eine ziemlich gleichförmige Menge ergeben. Nur wenn man näher herangeht, beginnt man, die unterschiedlichen Einzelheiten der Menschen selber zu erkennen: einige Blonde und Rothaarige, einige Teenager, die auf ihren Handtüchern liegend eifrig beschäftigt sind, SMS zu verschicken, ein Kind, das eine Sandburg baut, ein anderes, das Muscheln sammelt.

Dass das Universum im Großen und Ganzen homogen und isotrop (überall und in allen Richtungen gleich) ist, vereinfacht die Dinge ungemein. Interessiert man sich nur für die Geschichte des Kosmos in seiner Gesamtheit, kann man die Einzelheiten darüber, was in dieser oder jener Galaxie geschieht, außer Acht lassen und sich auf das Universum als Ganzes und seine zeitliche Entwicklung konzentrieren. Darin liegt der Kernpunkt des Urknallmodells, der Konzentration auf die Gesamtentwicklung des Kosmos. Lokale Details, wie die Entstehung von Galaxien und die Geburt von Sternen, sind ein anderes Thema.

Können wir der Nähcrung eines homogenen Universums vertrauen? Glücklicherweise ja. Sowohl astronomische Daten als auch der kosmische Mikrowellenhintergrund sprechen dafür. Tatsächlich ist der Mikrowellenhintergrund unglaublich homogen. Seine Temperatur weist nur die allerkleinsten Abweichungen vom Mittelwert von

2,73 Grad über dem absoluten Nullpunkt auf, der als die niedrigste mögliche Temperatur definiert ist. Wäre die Materie in großen Klumpen verteilt gewesen, als das Universum etwa 400 000 Jahre alt war, hätte die Krümmung des Raums in ihrer Umgebung die Photonen der Mikrowellenstrahlung beeinflusst und ihr Energieniveau nach oben oder unten verschoben. Solche Energiegewinne und -verluste hätten dann zu großen Schwankungen in der Mikrowellentemperatur geführt, im Widerspruch zu dem, was man beobachtet. 1989 startete ein NASA-Satellit namens COBE (Cosmic Background Explorer), um die Eigenschaften der Mikrowellenstrahlung mit einer wesentlich höheren Genauigkeit zu untersuchen, als Penzias und Wilson sie 1965 erreicht hatten. Die Ergebnisse waren verblüffend. Die Temperatur zeigte nicht nur ein erstaunliches Maß an Homogenität, sondern die Schwankungen um ihren Mittelwert waren ganz außerordentlich klein, nur etwa 1:100 000! Zum Vergleich: Stauchte man alle Berge um diesen Faktor von 100 000, wäre der Mount Everest (die größte „Schwankung" um die Durchschnittshöhe der Erdoberfläche) weniger als einen Meter hoch (genauer gesagt, 0,088 Meter). Eine durchschnittliche Person wäre nur etwa ein Vierzigstel so groß wie eine Amöbe. Die Erde sähe sehr flach aus! Man stelle sich vor, wie Aliens diese flache Erde mit ihren Instrumenten beobachteten und dabei noch in der Lage wären, einzelne Berge, Täler und Wolkenkratzer auszumachen. In einer Weltraummission so eine Genauigkeit zu erreichen, ist eine technische Meisterleistung. 2006 wurden wieder zwei Astrophysiker, John Mather und George Smoot, mit dem Nobelpreis ausgezeichnet – als Leiter des COBE Projekts.

Eine weitere wichtige Eigenschaft unseres Kosmos zeigte sich in Beobachtungen von Galaxien und vom Mikrowellenhintergrund. Das Universum hat nicht nur eine erstaunlich gleichmäßige Verteilung von Strahlung und Materie, sondern es ist auch noch flach. Zugegeben, das klingt nach einem doch recht langweiligen Ort, allerdings wären wir nicht hier, wenn diese beiden Eigenschaften nicht gälten. Was heißt, „das Universum ist flach"? *Was* genau ist flach? Wir kehren zu Einsteins allgemeiner Relativitätstheorie und zur Verbindung zwischen Geometrie und Materie zurück. Es gibt nur drei Arten homogener und isotroper Geometrien: eine flache, in zwei Dimensionen mit der Oberfläche eines Tisches vergleichbar; geschlossene Geometrien, wie die Kugeloberfläche in zwei Dimensionen, deren Krümmung immer in die gleiche Richtung weist; und offene, in zwei Dimensionen mit einem Sattel vergleichbar, deren Krümmung in entgegengesetzte Richtungen weist, an den Beinen nach unten, und vorn und hinten nach oben. Nicht ohne Grund sind alle Beispiele zweidimensionale Formen. Es fällt uns schwer, dreidimensionale Oberflächen zu sehen. Es ist leicht, sich einen Ball oder einen Sattel räumlich vorzustellen, weil wir auf sie blicken können, das heißt, sie in drei Dimensionen betrachten können. Diese Fähigkeit brauchen wir, um uns in der Welt umherzubewegen. Um eine dreidimensionale Oberfläche zu sehen, müssten wir in einer vierten Dimension einen Schritt zurücktreten. Das können nur Mathematiker.

In der Geometrie geht es um das Messen von Abständen. Auf einer ebenen Tischplatte lässt sich der Abstand zwischen zwei Punkten mit einem Stück Faden messen. Auf der Oberfläche einer Kugel oder eines Sattels geht das auch.

Dabei wird man schnell feststellen, dass die Geometrie auf diesen Oberflächen andere Eigenschaften hat. Das berühmte Gesetz der euklidischen Geometrie, demzufolge die Summe der Winkel eines Dreiecks 180° beträgt, gilt zum Beispiel nur in flachen Geometrien. In geschlossenen Geometrien ist diese Summe größer, während sie in offenen kleiner ist. Die Messung von Winkeln und Abständen zwischen Punkten ist eine Methode, mit der sich Geometrien voneinander unterscheiden lassen. In einem flachen Universum gelten die Regeln der euklidischen Geometrie.

Kosmische Abstände sind jedoch so riesig, dass Astronomen in der Praxis anders vorgehen. Weil das Universum auf so großen Maßstäben homogen ist, kann man studieren, wie es sich als Ganzes zeitlich entwickelt, ohne lokale Abweichungen zu berücksichtigen. Das ist es, was Hubble 1929 zu untersuchen begann und womit dank Hubble-Weltraumteleskop und seiner erdgebundenen Gegenstücke inzwischen eine enorme Präzision erreicht wird. Dem Urknallmodell zufolge besteht ein grundlegender Zusammenhang zwischen der Materiemenge, die ein Universum enthält, und seiner zeitlichen Entwicklung. Anders ausgedrückt verrät uns die Geschwindigkeit, mit der sich unser Universum ausdehnt (oder zusammenzieht), wie viel Materie es enthält. Ein materiereiches Universum übt eine starke Schwerkraft auf sich selbst aus und kann sich deshalb nur schwer ausdehnen. Ein materiearmes Universum kann sich leichter ausdehnen. Die gleiche Logik gilt, wenn man Raketen von der Erde oder vom Mond aus starten möchte. Weil die Anziehungskraft der Erde etwa sechsmal so groß wie die des Mondes ist, benötigt man hier mehr Energie dazu. Deshalb hüpfen Astronauten auf Videos vom Mond so leichtfüßig umher. Messungen der Geschwindigkeit, mit der sich Galaxien voneinander entfernen, und der Eigenschaften des Mikrowellenhintergrunds deuten mit einer aktuellen Genauigkeit von über 98 Prozent stark auf ein flaches Universum – mit einer ganz leichten Tendenz zu geschlossenen Geometrien – hin. Man kann es im Moment nicht mit Sicherheit sagen, aber bessere Messungen werden das Ergebnis wahrscheinlich noch näher zur Flachheit rücken lassen.

Dass unser Universum so flach ist, bedeutet, dass die Gesamtmenge an Materie und Energie fein austariert ist, wie eine Nadel, die auf ihrer Spitze steht. Etwas mehr, und das Universum wäre geschlossen. Etwas weniger, und es wäre offen. Der resultierende Verhaltensunterschied ist dramatisch. Ein geschlossenes Universum wird sich nach einer Phase der Ausdehnung zusammenziehen und in sich zusammenfallen. Je mehr Materie, desto größer der „Big Crunch", das Gegenstück zum Urknall. Sowohl flache als auch offene Universen dehnen sich dagegen immer weiter aus, auch wenn sich ein offenes Universum schneller ausdehnt als ein flaches. Etwas präziser ausgedrückt hat ein flaches Universum eine ganz bestimmte Materie- und Strahlungsdichte, die *kritische Energiedichte* heißt. Für unser Universum entspricht sie etwa zehn Wasserstoffatomen pro Kubikmeter. Im Durchschnitt ist unser Kosmos ziemlich leer.

Man kann getrost sagen, dass das sichtbare Universum homogen und flach ist. Zudem sollte es sich über das, was wir beobachten, hinaus erstrecken, bis jenseits dessen, was wir unseren Horizont nennen. Der Name erinnert an ein Schiff im Ozean, wo der Horizont die Linie bezeichnet, an der Himmel und Wasser sich treffen, nicht aber das Meer aufhört. Das gleiche gilt für den Kosmos. Jenseits des Horizonts geht das Universum weiter, auf immer außerhalb der Reichweite unserer Teleskope. Stellt man sich den sichtbaren Teil unseres Universums als riesige Blase mit der Erde in ihrem Mittelpunkt vor, dann bezeichnet der Horizont den fernsten Punkt unserer Vergangenheit. Das ist faktisch die Größe unseres beobachtbaren Universums. Wenn man die dazugehörigen Zahlen einsetzt, erhält man einen Radius, der knapp über dem dreifachen Alter des Universums in Lichtjahren liegt, bei etwa 46 Milliarden Jahren.[17] Dies mag zunächst widersprüchlich erscheinen, aber man muss sich vor Augen halten, dass sich das Universum ausgedehnt hat, während das Licht unterwegs war.

20

Die strauchelnde Urknalltheorie

Nun, da wir wissen, wie das Universum im Großen aussieht, gilt es zu verstehen, warum das so ist. An dieser Stelle gerät das Urknallmodell ins Stocken. Die Homogenität und Flachheit des Kosmos sind keine Vorhersagen des Modells, sondern nur Eingabegrößen, um seine Form festzulegen. Will man ein Haus bauen, dann braucht man Ziegel und Mörtel. Zudem braucht man eine Bauzeichnung, um aus den Ziegeln und dem Mörtel ein Haus zusammenzubauen. Verschiedene Bauzeichnungen verwenden die gleichen Ziegelsteine und Mörtel, führen aber zu unterschiedlichen Häusern. In der Kosmologie sind die Gesetze der Physik die Ziegelsteine und der Mörtel. Verschiedene Bauzeichnungen mit denselben physikalischen Gesetzen führen zu unterschiedlichen Universen. Die Frage, die sich stellt, ist, warum genau *dieses* Haus entstanden ist. Was bestimmt die kosmische Bauzeichnung *unseres* Universums, einen homogenen und flachen Entwurf?

Hinter der Frage steckt mehr, als es scheint. Wir hatten festgestellt, dass der kosmische Mikrowellenhintergrund mit einer Temperatur von 2,73 Grad über dem absoluten Nullpunkt erstaunlich homogen ist[18]. Das führt zu einem bizarren Paradoxon: Von der Mitte des sichtbaren Universums aus, äquidistant zu seinem Horizont, und mit einer leistungsstarken Mikrowellenantenne ausgerüstet, lässt sich die Temperatur der Strahlung aus jeglicher Richtung im Himmel messen. Stellen wir uns vor, man misst die Temperatur aus zwei entgegengesetzten Richtungen, wie zum Beispiel Ost und West. Man erhält das gleiche Ergebnis, 2,725 Kelvin. Würde man das erwarten? Im Allgemeinen bedeuten gleiche Temperaturen an unterschiedlichen Orten, dass die Materie an diesen Orten miteinander in Kontakt gewesen ist. Leert man beispielsweise einen Eimer mit heißem Wasser in eine halb volle Badewanne mit kaltem Wasser, dann dauert es einige Zeit, bis die Wassertemperatur sich einpegelt. Die neue Temperatur, *Gleichgewichtstemperatur* genannt, liegt irgendwo zwischen der ursprünglichen niedrigen Temperatur in der Wanne und der hohen Temperatur des Wassers aus dem Eimer. Die Dauer, bis das Wasser seine neue Gleichgewichtstemperatur findet, heißt *Relaxationszeit*. Sie hängt von den Zusammenstößen von heißen und kalten Wassermolekülen ab: Heiße Moleküle bewegen sich schneller und stoßen kräftiger, sodass die kalten Moleküle beschleunigt werden (während sie selbst Energie verlieren und abgebremst werden). Die Temperatur ist einfach ein Maß für die Geschwindigkeit der Moleküle. Nach vielen Zusammenstößen gleichen sich die Geschwindigkeiten an. Das thermische Gleichgewicht beschreibt die Lage, in der die Moleküle im Durchschnitt die gleiche Geschwindigkeit und somit die gleiche Temperatur haben. Natürlich gibt es Fluktuationen um den Mittelwert, aber sie sind nicht entscheidend.

Der gesamte Raum innerhalb unseres kosmischen Horizonts gleicht einer runden Badewanne voller Strahlung im thermischen Gleichgewicht. Das Problem liegt darin, dass die beiden Punkte ganz im Westen und ganz im Osten je gleich weit von uns, voneinander aber *zweimal* so weit entfernt sind, und somit außerhalb des Horizonts des jeweils anderen liegen. Wir messen also die Abstände von unserer Position im Zentrum des Horizontvolumens. Wenn die Punkte so weit voneinander entfernt sind, können sie im Gegensatz zu den heißen und kalten Molekülen in der Badewanne niemals in kausalem Kontakt miteinander gestanden haben. Und doch stimmt ihre Temperatur mit einer erstaunlichen Genauigkeit von eins zu 100 000 überein. Da sich keine Materie schneller als Licht bewegen kann, erscheint diese Ausbreitung des Gleichgewichts sicherlich ungewöhnlich. Widerspricht sie den Gesetzen der Physik? Das Rätsel heißt „Horizontproblem". Es bildet zusammen mit dem „Problem der Flachheit", dem Fehlen eines Mechanismus, der erklärt, weshalb der Kosmos so flach ist, die beiden schwerwiegendsten Einschränkungen des Urknallmodells. Wir benötigen eine neue Idee, eine, die über die herkömmlichen Denkansätze hinausgeht.

21

Zurück zum Ursprung

Das Universum, das wir sehen, ist homogen und flach. Die Ebenmäßigkeit der Temperatur des Mikrowellenhintergrundes zeigt, dass das von der Zeit 400 000 Jahre nach dem Urknall bis heute – die meiste Zeit der kosmischen Geschichte also – so gewesen sein muss. Genau genommen muss das Universum schon so gewesen sein, als es erst ein paar Minuten alt war, als Protonen und Neutronen zu den ersten leichten Kernen verschmolzen, d. h. zur Zeit der *primordialen Nucleosynthese.* Nur ein homogenes und flaches Universum hätte zu den relativen Häufigkeiten der leichten Kerne geführt, die man heute beobachtet. Das heißt, dass man sehr gut versteht, was im Kosmos geschah, als er erst ungefähr eine Sekunde alt war – ein beachtenswerter Erfolg der modernen Kosmologie.

An dieser Stelle endet Weinbergs *Die ersten drei Minuten.* Es finden sich ein paar Bemerkungen über die Zeiten davor, aber Weinberg räumt ein, dass sie vage seien. Doch es blieb das Gefühl, dass es innerhalb der ersten Sekunde der Geschichte des Kosmos noch eine Menge Neuland zu entdecken gab.

Nachdem wir uns mit den allgemeinen Eigenschaften des Weltalls auseinandergesetzt haben, gilt es nun, über den

Urknall hinauszugehen, um eine noch schwierigere Frage zu beantworten: Warum ist das Universum so, wie es ist?

Im Jahr 1981, in dem ich an der Katholischen Universität Rio meinen Abschluss in Physik machte, entwickelte Alan Guth, heute Professor am Massachusetts Institute of Technology (MIT), eine radikale Idee. Was wäre, wenn sich das junge Universum für eine kurze Weile unglaublich schnell, mit Überlichtgeschwindigkeit, ausgedehnt hätte? Dann wäre es möglich zu zeigen, dass ... „Moment mal!“, wendet der aufmerksame Leser ein, „ich dachte, es kann sich nichts mit Überlichtgeschwindigkeit bewegen?“ Materie und Strahlung nicht, das stimmt. Aber der Raum schon. Es gibt kein physikalisches Gesetz, dass das verbieten würde. Wenn wir uns nochmals Laternen entlang einer geraden Straße vorstellen, wobei jede Laterne für eine Galaxie steht, dann entspricht die Ausdehnung des Universums einer Streckung der Straße selbst, als wäre sie aus Gummi. Sie nimmt die Straßenlaternen mit ihrer Ausdehnungsgeschwindigkeit mit, wie groß auch immer die ist. Das Licht, das aus den Lampen kommt, bewegt sich jedoch weiter mit seiner normalen, konstanten Geschwindigkeit. Die Lichtgeschwindigkeit ist die ultimative Geschwindigkeit, mit der Information sich ausbreiten kann. Der Raum teilt diese Art von Einschränkung nicht.

Guths Idee besagte, dass sich der Raum selbst zu Anbeginn der Zeit unglaublich schnell ausdehnte. Zwei anfänglich nah beieinander liegende Punkte wären mit Überlichtgeschwindigkeit auseinander gedrückt worden. Damit das klappt, müsste die Expansion exponentiell schnell ablaufen. Daher der Name, *kosmologische Inflation*.[19]

Zwei offensichtliche Fragen drängen sich auf: Wie löst eine kosmische Expansion mit Überlichtgeschwindigkeit die Probleme des Urknallmodells? Und was könnte den Raum dazu gebracht haben, sich mit solch einer Geschwindigkeit auszudehnen?

Zunächst sehen wir uns an, wie die Inflation dem Urknall zu Hilfe kommt, denn das ist einfacher. Was geschieht, wenn man einen Luftballon aufbläst? Wenn man ein kleines Stück auf der Oberfläche betrachtet, dann sieht man, wie es mit Anwachsen des Ballons glattgezogen wird. Im Vergleich dazu kann man sich nun eine exponentielle Ausdehnung um 60 Größenordnungen vorstellen, das heißt so viele, wie notwendig sind, damit die kosmische Inflation effektiv ist. Der Ballon wird fantastisch glatt. Würde man die Erde zum Vergleich um den gleichen Faktor aufblähen, würde eine Unebenheit wie der Mount Everest auf ein Millionstel der Größe eines Protons schrumpfen. Das Universum, das wir sehen, wäre nach solch einer dramatischen Ausdehnung ebenfalls sehr flach. So viel zum Problem der Flachheit.

Eine Expansion mit exponentieller Geschwindigkeit löst auch das Horizontproblem. Man stelle sich ein Gebiet vor, das so klein ist, dass Strahlung und Materie darin in thermischem Kontakt miteinander stehen, dass sie also durch häufige Stöße miteinander wechselwirken können, um so ein thermisches Gleichgewicht herzustellen, das durch seine (nahezu) konstante Temperatur gekennzeichnet ist. Während dieses Gebiet exponentiell auf unfassbare Größe ausgedehnt wird, bleiben Materie- und Strahlungsteilchen im Innern im Gleichgewicht. Die Inflation macht es möglich, dass unser gesamtes beobachtbares Universum aus einem winzigen Gebiet am Beginn der Zeit hervorgegangen ist, einem Gebiet, das klein genug war, damit Strahlung und Materie darin im Gleichgewicht waren. Im Bruchteil einer Sekunde wurde dieses Gebiet um mindestens 60 Größenordnungen exponentiell aufgebläht und umfasst nun das Universum, das wir sehen. Die Expansion des Raumes mit Überlichtgeschwindigkeit überwindet die Einschränkungen der Kausalität, ohne irgendein physikalisches Gesetz zu verletzen.

Die Inflation ist eine herrlich einfache, effiziente Idee. Man kann das Argument herumdrehen und die Flachheit und Homogenität des beobachteten Universums als *Vorhersagen* der Inflationskosmologie bezeichnen. Die Theorie einer Inflation macht noch weitere Vorhersagen, die, wie wir sehen werden, ebenfalls mit Beobachtungen übereinstimmen.

Einfache Theorien, die sehr viel erklären, sind für Wissenschaftler außerordentlich attraktiv. Die Ästhetik von Theorien wurde in der Philosophie schon im zehnten Jahrhundert thematisiert. William von Ockham, ein führender gelehrter Philosoph und Franziskanermönch, der im England des 14. Jahrhunderts lebte, entwickelte als Erster eine Methode zur Ordnung und Vereinfachung von Theorien, die verschiedene Aspekte der Wirklichkeit zu erklären versuchen. „Eine Mehrheit darf nie ohne Not zu Grunde gelegt werden“, schrieb er. Bei der Entscheidung zwischen konkurrierenden Theorien wenden Wissenschaftler ein Auswahlkriterium an, das als Ockhams Rasiermesser bekannt ist: Liegen zwei Erklärungen für dieselbe Menge von Phänomenen vor, geht man davon aus, dass die einfachere der Wahrheit entspricht. Newtons Theorie der universellen

Schwerkraft und Darwins Evolutionstheorie sind berühmte Beispiele. Andere Erklärungen wären vielleicht möglich aber niemals so ökonomisch und daher wahrscheinlich falsch. Dessen ungeachtet funktionieren Theorien, die als korrekt erachtet werden, nur innerhalb der Grenzen ihrer Gültigkeit. Geht man darüber hinaus, dann können sie versagen.[20]

So nützlich Ockhams Rasiermesser auch ist, kann man mit ihm allein keine Entscheidungen treffen. Ungeachtet der Attraktivität einer Theorie unter ästhetischen Gesichtspunkten entscheiden am Ende immer die Daten. Eine einfachere Theorie, die anfänglich als korrekt angesehen wird, kann beim Versuch, neue Beobachtungen zu erklären, versagen. In solchen Fällen entwickeln Wissenschaftler entweder neue Formeln oder beleben ältere Ideen wieder, die vielleicht vorher von Ockhams Messer abrasiert worden sind. Auf der Suche nach neuen Theorien sollte man sich stets vor Augen halten, dass Ockhams Rasiermesser nur ein Instrument zur Auswahl ist und nicht dazu benutzt werden sollte zu entscheiden, ob eine Theorie richtig ist oder nicht. Die Natur hat das letzte Wort: Einfacher ist nicht immer besser. Im Eifer der Erfindung kann man leicht ästhetische Qualitäten als Auswahlkriterien verwenden und so eine „schöne“ oder „elegante“ Idee mit einer korrekten verwechseln. Entgegen unserer Sehnsucht nach Ästhetik ist die Schönheit nicht immer gleich der Wahrheit.

22

Exotische primordiale Materie

Obwohl die Inflationstheorie dadurch überzeugt, so viele Phänomene erklären zu können, ist sie noch nicht am Ziel, weil sie immer noch nicht zweifelsfrei validiert werden kann. Der große Stolperstein ist nicht, was die Theorie erklären kann, sondern wie sie funktioniert, welcher physikalische Mechanismus hinter der schnellen Expansion steckt. Das ist nicht ganz klar.

Was könnte eine Expansion mit Überlichtgeschwindigkeit im jungen Universum auslösen? Um diese Frage zu beantworten, gilt es zu beachten, dass Materie und Energie Einsteins allgemeiner Relativitätstheorie zufolge die Krümmung des Raums bestimmen. Verschiedene Arten von Materie haben dabei verschiedene Auswirkungen auf die Geometrie des Raumes. In der Praxis kann es sogar mit den schnellsten Computern eine mühevolle Aufgabe sein, die entsprechenden Gleichungen zu lösen, weil komplizierte Materieverteilungen sehr komplizierte Geometrien erzeugen.

Zum Glück ist die Lage in der Kosmologie einfacher. Weil nur das Verhalten des Universums als Ganzes von Interesse ist, reichen die durchschnittlichen Eigenschaften der Materie und Strahlung, von denen es erfüllt ist, aus. In der Praxis werden alle Arten von Materie und Strahlung durch ein Gas, wie etwa Luft, angenähert. Der Vorteil besteht darin, dass zwei Eigenschaften, der *Druck* und die *Energiedichte,* ein Gas schon vollständig beschreiben. Was Druck ist, wissen wir intuitiv: die Kraft, die auf eine Fläche wirkt. Ein Luftballon wird größer, wenn man ihn mit Luft aufbläst, weil Luftmoleküle von innen gegen das Gummi stoßen, sodass es sich dehnt. Diese geläufige Art von Druck ist immer positiv und eine Konsequenz der Molekülbewegungen: Je schneller sich Moleküle bewegen, desto höher ist der Druck. Energiedichte ist Energie pro Volumen. Weil es hier um eine relativistische Theorie geht, muss man aufpassen, wirklich alle Energiebeiträge zu beachten: Zunächst sind dies die Massen der Teilchen (entsprechend der Formel $E = mc^2$ oder, um hervorzuheben, das Masse Energie innewohnt, $m = E/c^2$), wobei die Energie der Teilchenbewegungen zum Druck beiträgt (je schneller sie sich bewegen, desto mehr Energie haben sie und desto mehr Druck erzeugen sie). Hinzu kommt die potenzielle Energie, die Energie, die auf Grund ihrer Wechselwirkungen in Materie gespeichert ist. In einem gedehnten Gummiband oder in einer aufgezogenen Feder ist zum Beispiel Energie gespeichert, die elastische potenzielle Energie genannt wird. Sobald die Feder losgelassen wird, schnappt sie zurück in ihre spannungsfreie Gleichgewichtslage. Auf ähnliche Weise speichern ein Elektron und ein Proton auf Grund ihrer gegenseitigen Anziehung elektrische potenzielle Energie, wenn sie einander nahe sind. Wie bei zwei Liebenden, die sich am Bahnsteig voneinander verabschieden, bedarf es einer gewissen Kraft, um sie voneinander zu trennen.

Materie und Strahlung werden als ein Gas modelliert, dessen Energiedichte und Druck in die Gleichungen eingesetzt werden, die beschreiben, wie sich das Universum ausdehnt. Nun werden die möglichen Lösungen untersucht. Dabei zeigt sich, dass alle Arten gewöhnlicher Materie, egal ob sie sich mit großer oder kleiner Geschwindigkeit bewegt, oder Strahlung, die sich immer mit Lichtgeschwindigkeit bewegt, zu Ausdehnungsgeschwindigkeiten unterhalb der Lichtgeschwindigkeit führen und somit für die inflationäre Kosmologie nicht zu gebrauchen sind. Wie wenn man beim Autofahren auf die Bremse tritt, sind diese gewöhnlichen Formen der Expansion negativ beschleunigt und werden mit der Zeit langsamer. In der Kosmologie ist es die Anziehungskraft der im Kosmos verteilten Materie, die „bremst". Diese üblichen Arten von Materie und Strahlung – Elektronen, Protonen, Neutronen, Neutrinos, Photonen – waren es, die zur Zeit der Erzeugung der leichten Kerne und später der ersten Atome die kosmische Expansion antrieben.[21]

Um eine Expansion mit Überlichtgeschwindigkeit hervorzurufen – zugegebenermaßen an sich schon ein seltsames Konzept – ist eine seltsame Art von Materie notwendig, die *negativen Druck* erzeugt. Ist er groß genug, kann ein negativer Druck das Universum mit *positiver* Beschleunigung expandieren lassen.[22]

Übliche Formen von Materie werden dünner, wenn sich der Raum ausdehnt; ihre Energiedichte und ihr Druck fallen ab, wenn das Volumen wächst. Darin unterscheidet sich die exotische Materie, die für die Inflation benötigt wird: Wie bei einem Gummituch, das Energie frei werden lässt, wenn es sich zusammenzieht, um direkt darauf in seinen Ausgangszustand zurückzuschnappen, bleiben ihre Energiedichte und ihr Druck ungefähr unverändert, während der Raum sich ausdehnt.

An dieser Stelle wird es manchem Leser vielleicht zu bunt und er denkt, dass die Physiker nun wirklich den Verstand verloren haben und ihre Zeit (und die des Lesers) damit verschwenden, unsinnige Ideen zu diskutieren. Zum Glück trifft das zumindest in diesem Fall nicht zu. Es gibt nämlich bestimmte Arten von Materie, die negativen Druck erzeugen. Sie sind durchaus bizarr, aber nicht widersinnig. Und zwar liefert eine wohlbekannte Klasse von Vorgängen die Hauptinspiration, nämlich die *Phasenübergänge*. Es ist bekannt, dass Wasser zu Eis gefriert, wenn der Gefrierpunkt unterschritten wird, also vom flüssigen in den festen Zustand übergeht. Mit Absinken der Temperatur beginnen die Wassermoleküle sich zu kleinen Klumpen, winzigen Eiskristallen, denen eine bestimmte Ordnung innewohnt, zusammenzufinden. Wie wir in Teil III sehen werden, lässt sich diese Idee auch auf die Wechselwirkungen zwischen Elementarteilchen anwenden: Auch sie können eine qualitative Änderung ihres Verhaltens und ihrer Eigenschaften durchlaufen, wenn die Temperatur steigt oder fällt.[23] Genauso wie die räumliche Wirkung von Elektrizität und Magnetismus durch ein Feld beschrieben wird, gehört auch zu den qualitativen Änderungen im Verhalten der Materie ein Feld, genauer ein „Skalarfeld“. Skalarfelder sind Mörtel und Stein der modernen Kosmologie. Mit ihnen werden nicht nur die vereinheitlichten Theorien von Materie und Kräften konstruiert, sondern auch Modelle ultraschneller Expansion in der Inflation. Sie bilden den Grundstein von Theorien zur Beschreibung des Ursprungs der Materie – möglicherweise der Quellen der Materie selbst – und des Ursprungs der Galaxien. Die meisten aktuellen Modelle zur Kosmologie des frühen Universums beinhalten in der einen oder anderen Form Skalarfelder. Daher müssen wir ihren Eigenschaften und Anwendungen einige Aufmerksamkeit widmen.

Der ungewöhnliche Name, *Skalarfeld*, stammt aus der Mathematik: Skalare Größen ändern sich stetig im Raum, haben aber keine Richtung. Beispiele sind die Wellenhöhen auf einem See oder die Temperatur in einem Raum. Man kann dem Raum ein „Temperaturfeld" zuordnen, indem man die Temperatur an jedem Punkt im Raum misst. Im Gegensatz dazu haben die Windgeschwindigkeit oder die Geschwindigkeit, mit der Wasser in einem Fluss strömt, immer einen Betrag und eine Richtung, in die sie zeigen. Sie heißen „Vektorfelder".

Was sind diese Skalarfelder? Im sogenannten Standardmodell der Teilchenphysik, das unser gesamtes Wissen über die Elementarteilchen und ihre Wechselwirkungen zusammenfasst, sollen sie eine Art von Materie darstellen, die mit allen anderen Arten von Materie wechselwirkt. (Das Standardmodell wird in Teil III noch genauer behandelt.) Diese Skalarfelder (von denen es mehr als eines geben kann) sind dem Äther insofern ähnlich, als sie immer im Hintergrund präsent sind, als ein Medium, das der Bewegung von Elektronen und anderen Materieteilchen eine Art Widerstand bietet, wie Murmeln in Honig etwa. Da Bewegung mit Trägheit – einem Maß für die Masse eines Teilchens – zusammenhängt, nimmt man an, dass Skalarfelder die Masse von Teilchen beeinflussen. Tatsächlich sollen sie die Masse sogar *bestimmen*. Unterschiedliche Materieteilchen wechselwirken unterschiedlich mit Skalarfeldern – jedes mit seiner eigenen Stärke – und haben darum unterschiedliche Massen: je stärker die Wechselwirkung, desto größer die Masse des Teilchens. Im Standardmodell heißt das Skalarfeld Higgs-Feld. Diese Bezeichnung soll an den schottischen Physiker Peter Higgs erinnern, der seine Existenz und Rolle als Massespender ins Spiel brachte. So, wie Photonen Teilchen des elektromagnetischen Feldes sind, würden auch zum Higgs-Feld Teilchen – sogenannte Higgs-Bosonen – gehören.

Während ich dieses Buch schreibe, steht die Entdeckung dieser Higgs-Bosonen noch aus. Es ist nicht unwahrscheinlich, dass Higgs-Bosonen oder etwas sehr Ähnliches im Large Hadron Collider (LHC) gefunden werden, einem riesigen Teilchenbeschleuniger, der dazu gedacht ist, den Mechanismus aufzuklären, durch den Teilchen ihre Masse erhalten. Der LHC ist ein Beschleuniger in einem 27 km langen, kreisförmigen Tunnel in 100 m Tiefe unter der französisch-schweizerischen Grenze und die größte Maschine, die je errichtet wurde. 2010 fanden die ersten Kollisionen im LHC statt. Selbst wenn Higgs-Bosonen nicht als eigenständige Teilchen existieren sollten, ist das Konzept skalarer Teilchen und ihrer zugehörigen Felder, die eine Schlüsselrolle in der Teilchenphysik spielen, von Bedeutung. Vielleicht wechselwirken zum Beispiel zwei Teilchen so stark miteinander, dass sie als ein einziges Objekt erscheinen, das so aussieht und sich so verhält wie das Teilchen eines Skalarfeldes. Solange die Energien, bei denen man es untersucht, das Niveau der gegenseitigen Anziehung nicht erreichen, wird sich nicht offenbaren, dass es tatsächlich aus elementaren Objekten zusammengesetzt ist. Man kann sich hierfür das Wasserstoffatom vor Augen halten. Aus der Ferne betrachtet ist es elektrisch ungeladen, weil sich die Ladungen des Elektrons und des Protons gegenseitig aufheben: ein neutrales Objekt. Aus atomarer Nähe betrachtet, sieht die Sache jedoch ganz anders aus. Objekte, die aus der Ferne ziemlich einfach erscheinen, können in Wirklichkeit ziemlich komplex sein. Vielleicht ist das Higgs-Boson so eine Verbindung, vielleicht auch nicht. Das werden nur Experimente entscheiden können. Auf jeden Fall halten wir fest, dass etwas Derartiges die inflationäre Phase zu erklären vermag.

23

Ein kleiner Flecken Seltsamkeit

Unabhängig davon, ob Skalarfelder nur effektive Darstellungen oder fundamentale Größen sind, sie können auf jeden Fall die positive Beschleunigung erzeugen, die notwendig ist, um die kosmische Expansion der inflationären Kosmologie mit Überlichtgeschwindigkeit anzutreiben. Wenn das Feld außerhalb seines Gleichgewichtszustands und somit unter Spannung ist, verhält es sich wie das sagenhafte Füllhorn, das immer mehr Früchte hervorbringt. Das geht so lange, bis es seinen Gleichgewichtszustand, also seinen Zustand niedrigster Energie erreicht.

In Guths ursprünglichem Modell ergab sich das so mächtige Skalarfeld, das die exponentiell schnelle Expansion antreibt, aus einer Theorie, die über das Standardmodell hinausging und versuchte, die drei Wechselwirkungen zu vereinigen, die alle atomaren und subatomaren Eigenschaften der Materie bestimmen: den Elektromagnetismus, die starke und die schwache Kraft. Solche Theoriekonstrukte, die ganz bescheiden unter dem Namen „große vereinheitlichte Theorien" oder GUTs firmieren, werden seit mehr als drei Jahrzehnten als großer Schritt in Richtung endgültige Wahrheit vorgeschlagen. Die komplette Vereinheitlichung würde letztendlich durch Miteinbeziehung der Schwerkraft, der vierten und letzten Kraft, vollendet. Wie wir in Teil III sehen werden, sind die Hauptvorhersagen der großen Vereinheitlichung noch nicht aufgegangen. Schlimmer noch, auch Guths ursprüngliches Modell funktionierte nicht: In ihm würde die Inflation des Universums niemals aufhören. Diesen Rückschlägen zum Trotz wurde Guth und anderen schnell klar, dass die Grundidee hinter der Inflation auf kein bestimmtes GUT-Modell angewiesen ist.[24] Eine neue Strategie wurde entwickelt, die die Inflation von den GUTs abtrennte. Dahinter stand folgende Überlegung: „Vergessen wir Guths teilchenphysikalische Motivation für einen Augenblick; da wir nicht wirklich wissen, was während der allerersten Momente der Existenz des Kosmos geschah, und da wir keine experimentelle Bestätigung der GUT-Modelle haben, machen wir einfach die *Annahme*, dass zu der Zeit irgendeine Art Skalarfeld präsent und in der Lage war, den negativen Druck zu erzeugen, der notwendig ist, um die Inflation anzutreiben. Die Idee der Inflation ist zu einfach und zu überzeugend, sie löst zu viele Probleme, um sie fallenzulassen. Was auch immer sie antrieb, es hatte die Wirkung eines effektiven Skalarfeldes. Die Einzelheiten lassen sich später ausarbeiten, indem man mit Hilfe beobachtender Kosmologie die möglichen Modelle der Teilchenphysik eingrenzt."

Vielleicht ist es am besten, die tiefe Verbindung zwischen Teilchenphysik und Kosmologie aufzugeben und eine unbestimmte Art von effektivem Skalarfeld anstelle *des* Skalarfeldes der GUT zu postulieren? Falls sich die großen vereinheitlichten Theorien als falsch herausstellen sollten, was zumindest nicht ausgeschlossen ist, überlebt die inflationäre Kosmologie so trotzdem. Was man dabei natürlich aufgibt, ist die Schönheit und Eleganz, die Einheit, von der so viele glauben, dass sie den Grundpfeiler der Kosmologie des frühen Universums bilden sollte.

Am Anfang meiner Doktorarbeit am King's College in London war ich 1982 schockiert, als sich herausstellte, dass Guths ursprüngliches Modell nicht funktionierte und dass aller Voraussicht nach auch kein Skalarfeld irgendeiner anderen GUT funktionieren würde. Wenn das Skalarfeld, das die Inflation antreibt, nur eines unter möglicherweise vielen anderen ist, dann ist es mit der Einzigartigkeit der Theorie und der Verbindung zwischen der Vereinheitlichung und der Kosmologie vorbei. Alles läuft darauf hinaus, dass schon sehr früh ein aktives Skalarfeld da ist, das also aus seinem Zustand niedrigster Energie ausgelenkt ist, wie ein Ball, der bereit ist, bergab zu rollen. In aktuellen Inflationsmodellen bedarf es nichts weiter als eines winzigen Gebiets des Raumes, in dem ein Skalarfeld aus seinem Gleichgewicht ausgelenkt ist, um unser Universum zu erzeugen: nur ein kleiner Flecken Seltsamkeit, an dem nichts Großartiges oder Einzigartiges ist. Die Mathematik zeigt, dass der negative Druck, der von einem Skalarfeld mit der richtigen Energie herrührt, ein kleines Gebiet des Raums in einen expandierenden Riesen verwandeln würde. In der neuen Kosmologie ist die Inflation nicht notwendigerweise mit der Vereinheitlichung der fundamentalen Wechselwirkungen verknüpft. Für den Verlust der Eleganz gewinnt man allgemeinere Gültigkeit. Unser Kosmos muss keineswegs vollkommen sein, um existieren zu können. Er benötigt ein Ungleichgewicht.

Es gibt einen weiteren wichtigen Punkt, auf den ich noch nicht zu sprechen gekommen bin. Wenn das Universum zu Anfang hauptsächlich aus einem Skalarfeld bestand, wo kommen dann die Elektronen, Photonen und Neutrinos her, die sich nicht durch Skalarfelder beschreiben lassen? Wie sich zeigt, ist diese Frage mit einer anderen verknüpft: Wie wird das Universum aus einer superschnellen Inflation zur langsameren Expansion des Urknallmodells abgebremst? Dieser Übergang ist heute Gegenstand vieler Debatten. Da wir die Einzelheiten nicht kennen, ist alles, was man an dieser Stelle sagen kann, dass das instabile Skalarfeld sich und seine Energie mit Fortschreiten der Inflation in andere Teilchen umwandelt: In einem Vorgang, der mit dem radioaktiven Zerfall vergleichbar ist, in dem ein Teilchen zu zwei oder mehr Teilchen wird, verwandelt sich das Skalarfeld in andere Arten von Materieteilchen. Schließlich verwandeln sich diese anfänglichen Zerfallsprodukte in gewöhnlichere Teilchen. Dieser Sichtweise zufolge wäre das primordiale Skalarfeld, das die Inflation antrieb, der erste gemeinsame Vorfahre der Materie. Das ist nicht so sonderbar, wie es scheint. Teilchen zerfallen andauernd und verwandeln sich ineinander. In der subatomaren Welt sind Instabilität und Wandel die Regel. Ein einzelnes Neutron zerfällt zum Beispiel in ungefähr zehn Minuten in ein Proton, ein Elektron und ein Antineutrino. Dem aktuellen Stand des Wissens zufolge dreht der Prozess der Materieumwandlung zum Ende der Inflation vollkommen durch. Das Skalarfeld schleudert seine verbleibende Energie explosionsartig in den Teilchenstrudel, der den Kosmos mit heißer Materie füllt. Der modernen Sichtweise zufolge entspricht der Urknall dieser explosiven Erzeugung von Materie am Ende der Inflation. Mit anderen Worten: *Der Urknall ist nicht der Anfang.* Die Einzelheiten bleiben unklar. Man weiß nicht, mit welchen Teilchen das Skalarfeld wechselwirkte, wie es in sie zerfiel und wie sie schließlich zu den Teilchen wurden, die wir kennen. Als die Verbindung von Inflation und GUTs aufgegeben wurde, verschwanden gleichzeitig unsere Erklärungen für diese Phänomene. Uns bleibt nichts anderes, als neue Modelle zu entwickeln und auf ihre Brauchbarkeit zu untersuchen.

Die inzwischen drei Jahrzehnte währende Geschichte der kosmischen Inflation offenbart etwas darüber, wie Physik betrieben wird. Die ursprüngliche Motivation war sehr eindeutig: Im Urknallmodell gab es einige Probleme, allen voran das Horizontproblem und das Flachheitsproblem. Motiviert durch die großen vereinheitlichten Theorien, wurde eine brillante und einfache Lösung vorgeschlagen. Das Skalarfeld der GUT trieb die superschnelle Expansion an, die alle Probleme des Urknallmodells löste, ein überzeugendes Prinzip, das die Physik des ganz Kleinen mit der Physik des ganz Großen verband. Sollte es sich bestätigen, wäre dies ein bedeutender Schritt in Richtung einer endgültigen Wahrheit. Es stellte sich jedoch bald heraus, dass der ursprüngliche, durch die GUTs motivierte Ansatz der Inflation nicht funktionierte: Ein solches Universum würde niemals zurück ins übliche Urknallmodell übergehen.[25] Das ganze Unterfangen der GUT bleibt bis heute spekulativ. Als Ausweg wurde die Inflation auf ihr absolutes Minimum gestutzt: ein hypothetisches Skalarfeld, das aus seinem Grundzustand ausgelenkt ist – wie ein bergab rollender Ball – und einen ausreichend großen Flecken des frühen Kosmos ausfüllt, damit sich dieser mit Überlichtgeschwindigkeit ausdehnt. Die Eleganz, die bleibt, ist die Einfachheit der Idee der Inflation. Das Skalarfeld, das die Inflation antrieb, ist bisher nicht entdeckt worden, ein theoretisches Konstrukt, das existieren mag oder auch nicht. Doch die Idee löst so viele kosmologische Fragen, dass irgendetwas Derartiges geschehen sein muss. Es muss nur nichts mit einer Vereinheitlichung zu tun haben.

Bisher haben wir gelernt, dass wir die meisten Probleme des Urknallmodells mit Hilfe hypothetischer Skalarfelder lösen können, deren Ursprung ein absolutes Rätsel bleibt. Vereiniger werden sich beeilen zu sagen, dass diese Felder sicherlich eine Folgerung aus einer noch unbekannten, wahren, vereinheitlichten Feldtheorie seien. Schließlich sind Superstringmodelle voller Skalarfelder jeglicher Art. Vielleicht funktionieren die GUTs ja auch, und wir wissen nur noch nicht wie. Vielleicht, aber *vielleicht* ist kein sehr wissenschaftliches Wort. Es gibt keinen empirischen Beleg für die Vereinheitlichung im Rahmen der GUTs, obwohl die erste Version schon vor über 35 Jahren aufgestellt worden ist. Das gleiche gilt für Superstringmodelle. Hier ist die Lage sogar noch schlimmer, weil bis auf wenige, sehr spezielle Ausnahmen noch nicht einmal klar ist, wie man nach Anzeichen von Stringtheorien suchen soll. Der kleine Flecken des Raums, der sich aufgebläht hat, um unser Universum zu werden, könnte aus einer Quelle angetrieben worden sein, die ein Skalarfeld gewesen sein mag oder auch nicht. Falls wir keine Überbleibsel aus dieser Epoche entdecken können – wobei es ein paar Kandidaten gibt –, werden wir es vielleicht niemals erfahren. Aber selbst dann, wenn etwas entdeckt werden sollte, könnten die Daten nicht genügend Einzelheiten liefern, um zwischen verschiedenen Modellen zu unterscheiden. Wir sollten es natürlich weiter versuchen, uns dabei aber auch vor Augen halten, dass uns die Einzelheiten der Geburt des Kosmos für immer verborgen bleiben könnten. Vielleicht versucht das Universum, uns etwas über unsere Träume von einer endgültigen Theorie mitzuteilen. Vielleicht leben wir in einem Kosmos, der viel banaler und unvollkommener ist, als unser Verlangen nach erhabenen Erklärungen und großartiger Symmetrie uns glauben lässt. Vielleicht ist alles, dessen es bedarf, ein kleiner Flecken Seltsamkeit.

24

Einsetzen der Dunkelheit

Zurückblickend kann man sehen, wie sehr sich das Universum, oder besser gesagt unser Bild davon, im Lauf der letzten Jahrhunderte gewandelt hat. Für Kolumbus ruhte die Erde im Mittelpunkt von Allem, und der Kosmos wurde durch die (kristallene) Sphäre der Sterne begrenzt. Gott herrschte hoch über allem, allgegenwärtig im Leben der Menschen. Für Benjamin Franklin stand die Sonne im Mittelpunkt, und das Sonnensystem endete mit dem Uranus, der 1781, neun Jahre vor seinem Tod, entdeckt worden war. Der Neptun war noch unbekannt. Gott war der Schöpfer des Universums und seiner Gesetze, ohne aber in die aktuellen Geschehnisse der Welt einzugreifen. Einstein wendete seine gerade erst formulierte allgemeine Relativitätstheorie 1917 an, um das erste moderne kosmologische Modell aufzustellen. Mangels Daten orientierte er sich dabei an Ockhams Rasiermesser und ging davon aus, dass das Universum stationär und kugelförmig sei. 1931 änderte er widerstrebend seine Meinung, als er von Hubbles Entdeckung der auseinanderdriftenden Galaxien erfuhr und eingestand, dass das Universum nicht notwendigerweise stationär sein müsse. Gott war eine abstrakte Vorstellung, eine Metapher für die mathematische Struktur der Natur, die dem menschlichen Verstand zugänglich war. Die erste Mondlandung fand in einem sich ausdehnenden Kosmos statt, dessen geschätztes Alter zwischen einigen wenigen und über 20 Milliarden Jahren lag. Man nahm an, die Materie bestehe aus den 94 in der Natur vorkommenden Elementen des Periodensystems. Außerdem gab es Neutrinos und Photonen, die den Kosmos bevölkerten, die man beide für masselos hielt. In den vier Jahrzehnten, seit Neil Armstrong den ersten Schritt auf den Mond setzte, hat sich unser Bild des Kosmos drastisch verändert.

Schon in den frühen 1930er Jahren gab es Anzeichen, dass einige Materie im Weltall unsichtbar ist. Ihre Existenz erschließt sich aus der Wirkung der Schwerkraft auf Sterne und Galaxien, also auf die vertraute Art von Materie, die sich zu den leuchtenden Objekten zusammenballt, die man sehen kann. Genauso, wie die Anziehungskraft der Sonne die Planeten auf ihren Umlaufbahnen hält, schienen Galaxien sich auf eine Art umeinander zu bewegen, die nur dadurch erklärt werden konnte, dass sie dabei von irgendeiner Form unsichtbarer Materie angezogen wurden.[26]

In den frühen 1970er Jahren zeigten die Astronomen Vera Rubin und W. K. Ford, dass sich Sterne auch innerhalb einer Galaxie auf Bahnen bewegen, die sich nur unter der Annahme großer Mengen unsichtbarer Materie erklären ließen. Das klingt rätselhafter, als es ist. Wir selbst sind ja auch unsichtbar. Auch wenn sich mancher für eine „große Leuchte" hält, erzeugen wir keine elektromagnetische Strahlung im sichtbaren Bereich, und was wir an Strahlung abgeben, beschränkt sich auf unsichtbare Frequenzen, etwa infrarote. Ein Mensch in einem dunklen Feld wäre schwer auszumachen. Das gleiche gilt für Planeten und Monde. Sie erzeugen kein eigenes Licht, sondern reflektieren nur das ihres Muttersterns.[27] Demnach waren die nächstliegenden Kandidaten als Ursache der Anziehungskraft auf Galaxien unsichtbare Objekte aus gewöhnlicher Materie, wie massearme Sterne, die nicht strahlen können, oder große Wolken aus Wasserstoff mit Spuren schwererer Elemente. Auch Neutrinos, die Galaxien vermutlich umschwärmen, könnten dazu beitragen. Zur Überraschung vieler, und zur Freude vieler anderer, stellte sich heraus, dass die Dinge nicht so einfach liegen.

Unsichtbare Materie wird in der Astronomie *dunkle Materie* genannt. Das Überraschende daran war nicht, dass sie existiert, sondern dass sie nicht aus gewöhnlicher Materie bestehen kann. Es gibt ganz einfach nicht genug normales Material, um zu erklären, wie sich Galaxien um sich selbst und umeinander drehen. Aber wenn dunkle Materie nicht aus gewöhnlichen Protonen und Elektronen besteht, woraus dann? Angesichts dieses Dilemmas versuchten manche Physiker zu argumentieren, dass sie gar nicht existiere, indem sie das seltsame Verhalten der Galaxien unserem beschränkten Verständnis der Gravitation zuschrieben. Vielleicht, vermuteten sie, wirke Einsteins allgemeine Relativitätstheorie über große Abstände ganz anders, und es gebe nichts als gewöhnliche Materie und es sei einfach eine neue Theorie der Gravitation notwendig. Es sind viele Ideen vorgebracht worden, von denen die meisten wenig überzeugend waren. Eine neue Theorie der Gravitation bedarf eines konzeptionellen Fundaments, das keine dieser Ideen liefert. Zudem gibt es einen beobachteten Effekt der dunklen Materie, den keine bislang vorgeschlagene Abwandlung der Gravitation erklären kann.

Einsteins Theorie zufolge krümmt die Materie den Raum. Wenn Licht von einer fernen Quelle ein Gebiet gekrümmten Raums durchquert, wird es um dieses abgelenkt und verzerrt, ähnlich wie Licht, das eine Linse passiert. Das Phänomen heißt Gravitationslinseneffekt und ist eine schöne Folgerung aus Einsteins Theorie. Seine Bedeutung in Bezug auf die dunkle Materie liegt darin, dass die resultierende Ablenkung des Lichts nur von der gesamten Menge an Materie und ihrer räumlichen Verteilung abhängt, jedoch nicht davon, ob sie strahlt oder nicht. Indem Astronomen Bilder von nahen Galaxienhaufen betrachten, die von fernen Lichtquellen beleuchtet werden, können sie so die Krümmung und Ablenkung der Lichtstrahlen um die Galaxienhaufen herum beobachten und daraus die Menge und Verteilung *aller* darin enthaltenen Materie berechnen, ob sichtbar oder nicht. Diese Beobachtungen, die schön anzuschauen sind, lassen keinen Zweifel daran, dass Galaxienhaufen wie einzelne Galaxien viel mehr Materie enthalten als nur den sichtbaren Anteil.[28] Die besten aktuellen Schätzungen beziffern das Verhältnis von gewöhnlicher zu dunkler Materie auf knapp unter eins zu sechs. Im Universum befindet sich also ungefähr sechsmal so viel dunkle wie gewöhnliche Materie. Das Problem ist nun, dass niemand weiß, woraus sie besteht.

Viele Kandidaten für die dunkle Materie wurden in den vergangenen drei Jahrzehnten vorgeschlagen. Kleine schwarze Löcher, Sterne aus exotischen Materiezuständen oder, wie einige Kollegen und ich sie vorgeschlagen haben, Bosonensterne, Sterne, die aus Skalarfeldern bestehen, sind Beispiele dunkler, exotischer astronomischer Objekte. Keines davon wurde bislang bestätigt. Die gängigeren Kandidaten sind allerdings keine großen, sternenähnlichen Objekte, sondern subatomare Teilchen, die weder über die elektromagnetische Kraft wechselwirken (also elektrisch ungeladen sind) noch über die starke Kernkraft, und somit keine Elektronen, Protonen oder Neutronen sind. Solche Teilchen werden von Erweiterungen des Standardmodells vorhergesagt, wobei allerdings noch keines von ihnen beobachtet wurde. Falls dunkle Materie wirklich aus subatomaren Teilchen besteht, dann sollten sie in großer Anzahl durch uns hindurchströmen und mit entsprechendem Aufwand entdeckt werden können. Bis jetzt wurde keine Entdeckung bestätigt, auch wenn die Suche weitergeht. Indessen hat die mögliche Existenz dunkler Materie einige wunderbare literarische Werke inspiriert, wie etwa Philip Pullmans Trilogie *His Dark Materials*.

Die überwältigenden empirischen Belege für exotische dunkle Materie irgendeiner Art zeigen, dass unser Universum zum größten Teil aus Materie besteht, die sich von unserer unterscheidet. Es besteht große Hoffnung, dass sich innerhalb der nächsten ein oder zwei Jahrzehnte herausstellt, woraus dunkle Materie besteht. Ich hoffe es. Woraus diese dunkle Materie auch bestehen mag, wir verdanken ihr unsere Existenz. Ohne sie wären die ersten Sterne und Galaxien während der ersten Milliarde von Jahren der kosmischen Geschichte nicht entstanden. Alles beginnt mit der Inflation. Das für die Inflation verantwortliche Feld fluktuierte auf Grund der Unbestimmtheitsrelation, so wie jedes andere Feld auch. Das Quantenzittern, das jeglicher Materie innewohnt, musste das Skalarfeld wie Gelee wackeln lassen: Seine Werte im Raum mussten um einen Mittelwert schwanken, wie bewegte Wellen auf einem See. Diese anfänglich winzigen Schwankungen in den Feldwerten verstärkten sich während der Inflation drastisch und wuchsen in verschiedenen Regionen des Universums zu astronomischer Größe heran. Weil das Feld Energie mit sich führt, mussten diese Regionen des Alls eine Menge Energie beinhalten. Hunderttausende von Jahren danach zogen diese Ballungen des Skalarfeldes auf Grund ihrer Schwerkraft Teilchen dunkler Materie an, sodass sie von riesigen Wolken dunkler Materieteilchen umschwärmt wurden. Die Anziehungskraft dieser riesigen Wolken dunkler Materie wiederum krümmte den umgebenden Raum. So wie Wasser sich bei einem Regenschauer in Pfützen sammelt, so sammelten diese Raumpfützen schließlich die Protonen und Elektronen auf, die sich zu den ersten Sternen und Galaxien verdichteten. Nachdem diese ersten Sterne kurz und heftig gebrannt hatten, verabschiedeten sie sich mit gewaltigen Explosionen, die die Geburt neuer Sterne auslösten. Einige Milliarden Jahre später führte dieser Tanz von Entstehung und Untergang zum Kollaps eines bestimmten Gasnebels, und so bildete sich das Sonnensystem mit seinen Planeten. Wir mögen aus gewöhnlichen Protonen und Elektronen bestehen, doch unsere Ursprünge sind letztendlich mit der dunklen Materie und den Quantenfluktuationen zu Zeiten der Inflation verbunden.

Hätte ich dieses Buch vor 15 Jahren geschrieben, wäre der Teil zur Kosmologie hier zu Ende. Doch wie um uns einmal mehr vor Augen zu führen, wie fließend unser Bild des Kosmos ist, änderte sich in den späten 1990er Jahren alles. Zur großen Überraschung stellte sich heraus, dass unser Kosmos nicht nur von der dunklen Materie eingehüllt ist, ja, dass diese nicht einmal die größte Rolle spielt.

25
Die Macht der Finsternis

Im Jahr 1998 wurden die Physik und die Astronomie in Aufruhr versetzt. Zwei Gruppen von Astronomen, eine um Saul Perlmutter am Lawrence Berkeley National Laboratory in Kalifornien und die andere um Adam Riess, zu der Zeit am Mount Stromlo Observatory in Australien, beobachteten Supernovae in Milliarden von Lichtjahren entfernten Galaxien, um zu untersuchen, wie schnell sie sich entfernen. Ihre Resultate waren vollkommen unerwartet: Das Universum dehnt sich nicht nur aus, die Ausdehnung wird immer *schneller*. Genau wie in der inflationären Kosmologie zieht offenbar ein negativer Druck den Raum selbst mit Überlichtgeschwindigkeit auseinander – und die Galaxien mit ihm. Noch erstaunlicher ist, dass die Beschleunigung an einem Punkt in der Vergangenheit, vor etwa fünf Milliarden Jahren, begonnen zu haben scheint. Die außerordentlichen Beobachtungen wurden mit Skepsis überhäuft und zu widerlegen versucht. Ich muss zugeben, große Zweifel an der ganzen Sache gehabt zu haben. In der Geschichte der Wissenschaft wurde schon oft falscher Alarm ausgelöst, es gab viele faszinierende Entdeckungen, die sich als falsch herausstellten, wie etwa die Kalte Kernfusion. Ein sich beschleunigender Kosmos war zu absonderlich, zu unerklärlich, um wahr zu sein. Die Natur konnte doch nicht so eigenwillig sein. Inzwischen ist ein Jahrzehnt vergangen, in dem diese Beschleunigung nicht widerlegt worden ist. Ganz im Gegenteil, ist sie noch durch andere Methoden bestätigt worden, von denen eine auf dem Einfluss der Beschleunigung auf den kosmischen Mikrowellenhintergrund beruht. Verantwortlich gemacht wird hierfür eine *dunkle Energie*. Das Wort *Energie* soll den Unterschied zur dunklen Materie verdeutlichen, die aus räumlich lokalisierten, materiellen Objekten besteht, auch wenn sie von subatomaren oder von astrophysikalischen Ausmaßen sein mögen. Die dunkle Energie ist weitverteilt, formlos und homogen, eigentlich wie ein Äther. Wir, das Sonnensystem und auch die ganze Galaxis bewegen uns durch sie hindurch, als ob sie ein Geist wäre. Nur in Maßstäben von der Größenordnung des gesamten Kosmos macht sie sich bemerkbar.

Daraus ergeben sich eine Unmenge an Fragen: Was ist der Grund für die Beschleunigung des Kosmos? Was bestimmt ihren gemessenen Wert? Warum wurde sie zu einem bestimmten Zeitpunkt ausgelöst? Wir haben keine Antworten darauf. Angeregt durch die Inflation, die vorangegangene Beschleunigungsepisode in der Geschichte des Kosmos, vermuten manche, die dunkle Energie sei eine ungewöhnliche Art von Skalarfeld, in Anlehnung an Aristoteles „Quintessenz" genannt, das fünfte Element.[29] Andere vermuten, die ätherartige Substanz sei der Gesamteffekt der intrinsischen Quantenfluktuationen des leeren Raums, des Aufblubberns und Zerspringens zahlloser Teilchen aus dem Vakuum, das die Unschärferelation der Quantenmechanik vorhersagt. Falls diese Erklärung stimmt, was gut möglich ist, dann bestimmen Phänomene der kleinstmöglichen Größenordnung die Geschicke des gesamten Kosmos, eine herrliche Vereinigung der Physik des ganz Kleinen und der des ganz Großen. Genau wie im Fall der dunklen Materie besteht natürlich die Möglichkeit, dass unsere Theorie der Gravitation auf kosmischen Abständen versagt und eine neue Theorie die Erklärung für die Beschleunigung liefert. An dieser Stelle ist nichts gewiss, auch wenn Beobachtungen den Raum für mögliche Quintessenztheorien immer weiter eingrenzen. Man weiß jedoch, dass die dunkle Energie 73 Prozent des Inhalts des Kosmos ausmacht. Der Rest besteht aus dunkler Materie (23 Prozent) und unseren bescheidenen Protonen und Elektronen (4 Prozent). Die schockierende Erkenntnis der modernen Kosmologie ist, dass das Universum zu 96 Prozent unbekannt ist. Je mehr wir wissen, desto mehr bleibt noch zu erforschen.

Ich bin davon überzeugt, dass unser dunkles Zeitalter der Auftakt für ein neues Zeitalter der Entdeckungen ist. Eines Tages sollte es gelingen, Licht ins Mysterium der dunklen Materie und der dunklen Energie zu bringen. Besonders im Fall der dunklen Energie könnte es bis dahin allerdings noch eine ganze Weile dauern. In untröstlichen Worten bringt der Physiker Leonard Susskind das Gefühl vieler auf den Punkt, indem er sinniert, „wir könnten in der Kosmologie die nächsten tausend Jahre lang falsch liegen, grundfalsch.“[30] Dem würde ich entgegensetzen, dass wir in der Kosmologie *immer* „falsch“ gelegen haben, und dass das auch für immer so bleiben wird. Denn es gibt kein „richtig“, das wir jemals erreichen könnten, sondern nur eine Folge immer besserer Beschreibungen des Kosmos. Jede Ära, ja jede Generation wird immer ihr eigenes Bild vom Universum haben, das sich von dem der vorherigen grundlegend unterscheiden kann. Kosmologen in der Zukunft werden unser Bild vom Kosmos, von dunklen Substanzen durchflutet, mit der gleichen Belustigung betrachten, mit der wir auf den geozentrischen Kosmos Kolumbus' blicken. Wir können nur hoffen, dass sie dabei nicht zu sehr von oben auf uns herabblicken, sondern das Gefühl haben, eben einfach bessere Instrumente und Theorien zur Verfügung zu haben. Falls sie weise sind, und das wollen wir hoffen, dann werden sie uns zudem für unsere jugendlichen Exkursionen in die Natur der Dinge und ihrer Gesetzmäßigkeiten dankbar sein.

Die letzten Jahrzehnte haben einmal mehr gezeigt, dass sich unser Bild des Kosmos, genau wie der Kosmos selbst, stets im Fluss befindet. Wir sollten inzwischen gelernt haben, dass es zwecklos ist, zu starr an unserer jetzigen Beschreibung des Universums festzuhalten. Ohne Frage wird sich diese wandeln. Neue Technologien werden dafür sorgen. In unserem Bild vom Universum spiegeln wir uns selbst wider. Und wer wir sind, wie wir uns selbst und die Welt um uns herum sehen, ändert sich zusammen mit unseren Forschungsinstrumenten und -methoden. Selbst wenn wir eine objektive Wissenschaft anstreben, die frei von Vorurteilen und in einer gemeinsamen, allen zugänglichen Sprache formuliert ist, wird unser Universum immer ein Konstrukt des Menschen bleiben. Unser Universum ist das, was wir messen.

Wir leben in einem sich beschleunigenden Universum, dessen drei materielle Hauptbestandteile ziemlich genau so austariert sind, dass es insgesamt flach ist. Dieses Gleichgewicht ist so labil wie eine Nadel, die auf ihrer Spitze balanciert. Eine vorherige Phase der beschleunigten Ausdehnung, die Inflation, wurde vorgeschlagen, um einige der Probleme der Urknalltheorie anzugehen, darunter auch die Frage, warum das Universum so flach ist. Auf ihren Kern reduziert, benötigt die Inflation nur ein Stückchen Seltsamkeit, ein Gebiet im jungen Kosmos mit ausreichender Energie und (negativem) Druck, um eine beschleunigte Expansion zu bewirken. Der ursprüngliche Plan der Inflationstheorie – dass ein Skalarfeld, das für die große Vereinheitlichung verantwortlich ist, die Ausdehnung des Raumes mit Überlichtgeschwindigkeit antreibt – ist gescheitert. Es gibt absolut keinen direkten Zusammenhang zwischen Inflation und Vereinheitlichung. Sie ist an diesem Punkt nichts weiter als eine phänomenologische Beschreibung, die auf der möglichen Existenz eines Skalarfeldes (oder mehrerer) mit der Fähigkeit, die beschleunigte kosmische Expansion zu speisen, beruht. Unzählige Modelle wurden an ihrer Stelle vorgeschlagen. Sogar Superstringtheorien, die als vereinheitlichende Konzepte vorgebracht wurden, verlieren ihren Reiz in der endlosen Weite der „Superstring-Landschaft". Absurd große Zahlen lassen alles zu, darunter auch unser unwahrscheinliches Universum, das mit dem passenden Maß an Inflation aus dem Quantenmultiversum hervorgegangen ist, um flach zu sein, und mit der passenden Menge dunkler Materie, um die Galaxienbildung in Gang zu setzen, und mit der passenden Menge an dunkler Energie, um die gegenwärtige Expansion anzutreiben.

Einige meiner Kollegen argumentieren leidenschaftlich gegen derartige Erklärungen, die sich auf Wahrscheinlichkeiten stützen. So wie Einstein glauben sie an eine allem zu Grunde liegende Ordnung, eine deterministische Erklärung für alles, was ist. Nachdem ich als Vereiniger angefangen hatte, hatte auch ich mit dem Gefühl zu kämpfen, hilflos ausgeliefert zu sein in Anbetracht der Möglichkeit, dass es für manche Dinge keine Erklärung gibt. Doch wie früher in der Quantenmechanik ist es an der Zeit loszulassen. Genau wie die Unbestimmtheit der Quanten unser Verständnis der Welt der Atome und Teilchen immer beschränken wird, so verbietet unser beschränktes Wissen der physikalischen Welt, eine Weltformel aufzustellen. Schon das Konzept einer solchen Formel ist Unsinn, da sie voraussetzt, dass wir alles wissen, was es zu wissen und daher zu vereinheitlichen gibt. Was aber soll vereinheitlicht werden? Wenn wir niemals alles wissen können, was es zu wissen gibt, dann bleibt uns immer eine Komponente der Ungewissheit über die Natur der Welt. Es gibt keine endgültige Vereinheitlichung, die irgendwie erreichbar wäre, nur bessere Modelle zur Beschreibung der physikalischen Wirklichkeit, die wir messen können. Gerade indem wir unsere Werkzeuge verbessern und unser Wissen erweitern, erweitern wir auch das Gebiet unseres Unwissens. Je weiter wir sehen können, umso mehr gibt es zu sehen. Ein Punkt in der Geschichte, an dem wir alles, was man wissen kann, auch wissen werden, ist undenkbar. Die Ungewissheit des Wissens ist so endgültig wie die Unschärfe der Quanten. So schwer das zu akzeptieren sein mag, es ist eine grundlegende Beschränkung der menschlichen Erkenntnis. Allein unsere intellektuelle Eitelkeit hält uns davon ab, das klar zu erkennen und uns damit abzufinden. Die Wissenschaft, in ihrem großartigen Streben, die Natur zu erklären, verliert nichts an Wert nur weil sie keinen vereinheitlichten Traum zu verfolgen hat.

Selbst wenn sich Superstringtheorien eines Tages als geeignet erweisen sollten, das Universum zu erklären und ihrem eigentlichen Zweck gerecht zu werden, dann wird damit nicht das letzte Wort gesprochen sein. Unsere Erklärungen der Natur sind niemals endgültig – sie werden nur immer effektiver darin, immer genauere Daten zu erklären. Sie sind nur Erzählungen, ein Ergebnis unserer bemerkenswerten Fähigkeiten, Hilfsmittel für die Messung herzustellen und dem, was wir damit messen, einen Sinn zu geben. Angesichts der Entdeckungen der letzten Jahrzehnte muss man nur die Augen öffnen, um zu sehen, dass unsere Erzählung eine neue Richtung einschlägt: Nicht ein spezielles Universum, sondern ein sehr *gewöhnliches* hat spezielle Wesen hervorgebracht.

Immer deutlicher tritt zutage, dass es kein großartiges Schema für unser Universum wie einen kosmischen Masterplan oder eine allumfassende Erklärung gibt. Es ist hier, aber genauso gut könnte es nicht hier sein; ein Kosmos, der aus einer Blase hervorgegangen ist, die zufällig die richtigen Zutaten hatte, ihr eigenes Zerplatzen zu überleben und durch die Wechselwirkung zwischen ihren materiellen Bestandteilen die zunehmende Komplexifizierung voranzutreiben, die schließlich zu Lebewesen führte. Die Ordnung, die wir der Natur zusprechen, ist die Ordnung, die wir in uns selbst suchen. Die Welt ist nur deshalb schön, weil wir sie reflektieren.

Teil III:

Die Asymmetrie der Materie

26

Symmetrie und Schönheit

Spricht man einen Physiker auf Symmetrie an, dann wird er wahrscheinlich in etwa wie folgt antworten: „Die Natur ist symmetrisch. Durch die Mathematik enthüllen wir die Symmetrien der Natur. Unsere Gleichungen und Theorien bringen die inhärente Struktur aller Dinge zum Ausdruck. Symmetrie ist Schönheit, und Schönheit ist Wahrheit.“ Ein Vereiniger würde hinzufügen: „Es gibt eine alles umspannende Symmetrie, die die Vorgänge der Natur auf der untersten Ebene zusammenfasst: Die Elementarteilchen und ihre Wechselwirkungen sind Erscheinungsformen dieser einen Symmetrie, die sich als vereinheitlichte Feldtheorie formulieren lässt. Wenn sie gefunden wird, dann werden wir die Natur von Grund auf verstehen. Die vereinheitlichte Feldtheorie ist die endgültige Wahrheit.“

Keine Frage, wir sehnen uns nach Symmetrie. Wir umgeben uns mit symmetrisch gestalteten Dingen: Computern, Tellern, Autos, Stühlen. Wir sehen uns gegenseitig an und merken es: Ein Mensch, dessen linkes Auge einen Zentimeter tiefer liegt als sein rechtes, erscheint unattraktiv und grotesk. Symmetrie und Ordnung zeigten sich schon immer in unseren Darstellungen des Göttlichen, auch vor Aufkommen des Monotheismus schon. In der religiösen Ikonographie werden Götter und Engel als schön dargestellt;

ihre Gesichter sind vollkommen symmetrisch. Dämonen sind hässlich; ihre Gesichter sind verzerrt. Ein weltlicheres Beispiel ist ein Leberfleck, der, so brav und harmlos er ist, die Ausgewogenheit eines Gesichts zerstören kann. Ein einfacher Pickel kann Teenager zur Verzweiflung bringen.

Linkshänder, die mit einem Bevölkerungsanteil von rund zehn Prozent eine eindeutige Minderheit darstellen, gelten traditionell als anfälliger für Geistesstörungen. Auf Italienisch heißt *la sinistra* die linke, verwandt mit dem Wort *sinister*. *La destra*, die rechte, ist dagegen direkt mit dem englischen Wort *dexterity* für Fingerfertigkeit verwandt. Meine Grundschullehrerin, die der Bösen Hexe erschreckend ähnlich sah, zwang mich dazu, mit der rechten Hand zu schreiben, und gab mir das Gefühl, dass etwas mit mir nicht stimmte. „Deine schreckliche Handschrift, das ist *nicht normal*“, schrie sie ständig. Ich kann mit Stolz sagen, dass ich all ihren Schikanen zum Trotz Linkshänder geblieben bin.

Im Lauf der Geschichte wurden Sonderlinge, Monster und alle Kreaturen mit körperlichen Fehlbildungen gemieden und als Kuriositäten an Fürstenhöfen, Jahrmärkten oder im Zirkus vorgeführt. Sie galten als Unglücksbringer und riefen Angst und Gewalt hervor. Im Mittelalter hielt man die Geburt eines zweiköpfigen Kalbs oder von siamesischen Zwillingen für Vorboten schwerer Zeiten. Geschah so ein Ereignis zum Ende eines Jahrhunderts hin, dann kündete es von nichts weniger als der herannahenden Apokalypse.

Wir sind genetisch dazu programmiert, nach dem Schönen, Harmonischen und Wohlproportionierten zu streben. Frauen mit einem Verhältnis von ungefähr 70 Prozent zwischen Taille und Hüfte sind auf Grund eines idealen Progesteronspiegels am fruchtbarsten. Die über 28 000 Jahre alten Venusstatuen der Frühsteinzeit, Rubens' füllige Frauengestalten der Renaissance und sogar das magere Model Twiggy in den 1960er Jahren, die in ihrer jeweiligen Zeit alle als sehr begehrenswert betrachtet wurden, entsprechen alle in etwa diesem Verhältnis.

Ein Jäger im Wald behält die räumlichen Muster in seiner Umgebung jederzeit genau im Auge. Sein Überleben kann davon abhängen. Sowohl die Gegenwart eines Raubtiers als auch die eines feindlichen Kriegers unterbricht den gewöhnlichen Hintergrund – und alarmiert den Jäger. Die periodischen Bewegungsabläufe der Himmelskörper, wie der Wechsel von Tag und Nacht oder der Jahreszeiten, bilden regelmäßige Muster in der Zeit. Kometen, Mond- und Sonnenfinsternisse, Meteoriten und anderweitige Störungen der Periodizitäten wurden gefürchtet und als Botschaften missgestimmter Götter interpretiert, die kurz davor sind, die hilflosen Menschen unter ihnen zu strafen. Schon in sehr frühen Zeiten wurde Ordnung mit Sicherheit gleichgesetzt und Symmetrie mit dem Vorhersehbaren.

In der Kunst und in der Musik ist das, was als modern gilt, oft asymmetrisch. Im frühen 20. Jahrhundert drückte sich der Bruch mit der klassischen Kunst zu großen Teilen in der Brechung symmetrischer Muster in Darstellungen der Natur und der menschlichen Gestalt aus. Picassos Frauengestalten werden beim ersten Betrachten oft immer noch als „hässlich" empfunden. In der Musik markiert die Atonalität eine Zäsur gegenüber der alten Ästhetik, deren Kern die Harmonie bildete. Arnold Schönbergs und Alban Bergs atonale Kompositionen klingen bizarr und für viele unerträglich. Die 1913 in Wien von Schönberg dirigierte Aufführung der *Fünf Orchesterlieder nach Ansichtskartentexten von Peter Altenberg* endete in Krawallen. Igor Strawinsky wurde für geringere Sünden ausgebuht.

Asymmetrie ist unbehaglich. Sie legt tiefe, teils längst vergessene Ängste frei, die in der Tradition monotheistischer Religion verwurzelt liegen. Eine asymmetrische Welt kann unmöglich das Werk eines vollkommenen Gottes sein; eine asymmetrische Welt muss gottlos sein. Wenn die Welt aber gottlos ist, dann sind wir verlassen und auf uns allein gestellt gegenüber unseren Problemen, unseren Jägern und Feinden und unseren Fehlentscheidungen und Verlusten. Eine asymmetrische Welt macht uns Angst. Die Menschen verlangen nach der schützenden Hand der Symmetrie und der Ordnung.

Um 580 v. Chr. formulierte der griechische, vorsokratische Philosoph Anaximander das allererste mechanische Modell des Kosmos auf der Grundlage der symmetrischsten aller Formen, des Kreises. Wie wir gesehen haben, beherrschten Kreise die Astronomie bis 1609, als Kepler bewies, dass die Umlaufbahn des Mars eine Ellipse ist. Das Umdenken war keineswegs leicht, auch nicht für Kepler selbst. Er hatte jahrelang mit Selbstzweifeln zu kämpfen, bevor es ihm gelang, sein eigenes bahnbrechendes Ergebnis anzuerkennen. Er selbst hätte eine Kreisbahn bevorzugt, wusste aber, dass er Tycho Brahes genaue Daten nicht ignorieren konnte. Bis zu seinem Todestag war Kepler ungebrochen davon überzeugt, dass die Vollkommenheit des Kosmos, die die Vollkommenheit Gottes widerspiegelte, auf einer tieferen Ebene der Wirklichkeit verdeckt lag – und er nur tiefer schürfen musste.

Wissenschaftler geben die Symmetrie nur mit großem Widerwillen auf. Dafür gibt es mindestens zwei gute Gründe. Erstens hat sich die Symmetrie als unglaublich effektives Instrument zur Beschreibung der Natur erwiesen. Von der Kosmologie bis zur Teilchenphysik beruhen viele Erkenntnisse auf verschiedenen Symmetrien. Die Kristallstruktur vieler Festkörper von Küchensalz bis zu Diamanten ist für das Verständnis ihrer Eigenschaften von entscheidender Bedeutung. Symmetrische Systeme lassen sich leichter mathematisch beschreiben, symmetrische Gleichungen leichter lösen. Manchmal führt die Forderung nach einer bestimmten Art von Symmetrie zu Vorhersagen, die in Experimenten eindrucksvoll bestätigt werden. Es ist, als folge die Natur dem Denken, als sei Ästhetik tief in die Struktur der Natur eingewoben. Das gilt insbesondere für die Teilchenphysik: Die Anforderung an mathematische Theorien zur Beschreibung der Wechselwirkung zwischen Materieteilchen ermöglichte es Physikern, die Existenz neuer, zuvor unbekannter Teilchen vorherzusagen. Wir werden einigen Beispielen dafür begegnen.

Der zweite Grund für unsere langjährige Zuneigung zur Symmetrie ist ihre Schönheit. Nun ist Schönheit nicht leicht zu definieren, nicht einmal in einem strengeren wissenschaftlichen Zusammenhang. Eine schöne Theorie ist zugleich einfach und mächtig: Ausgehend von einer kleinen Anzahl von Annahmen erklärt sie eine breite Menge von Vorgängen. Eine schöne Theorie kommt zudem der Perfektion am nächsten: Nimmt man einen kleinen Baustein heraus, stürzt das ganze Gebäude in sich zusammen. Wie Steven Weinberg in seinem *Traum von der Einheit des Universums* schreibt: „Die Schönheit, die wir in physikalischen

Theorien wie der allgemeinen Relativitätstheorie oder in dem Standardmodell [der Teilchenphysik] finden, ähnelt sehr jener Schönheit, die manchen Kunstwerken durch das von ihnen vermittelte Gefühl der Zwangsläufigkeit verliehen wird – jenen Kunstwerken, bei denen man das Gefühl hat, nicht ein Ton, nicht ein Pinselstrich und nicht eine Zeile dürften geändert werden."[1]

Wir stellen hier ausdrücklich fest: Dieses Buch ist *kein* Manifest gegen die Symmetrie. Das wäre sowohl dumm als auch falsch. Symmetrie ist ein entscheidendes Element unserer Theorien und wird es auch bleiben. Symmetrie ist schön und auf eine Art, die ich oben definiert habe, sind unsere Theorien schön. Viele Strukturen in der Natur sind tatsächlich symmetrisch. Man muss sich nur eine Sonnenblume, eine Ameise oder einen Quarzkristall ansehen, um das schätzen zu können. Problematisch wird es, wenn Symmetrie zu weit getrieben und zum Dogma überhöht wird. Symmetrie ist schön, aber – John Keats möge mir vergeben – Schönheit ist nicht notwendigerweise Wahrheit, oder umgekehrt.

Wir haben gesehen, wie das Universum das Ergebnis einer zufälligen Quantenfluktuation zu sein scheint, die vor rund 14 Milliarden Jahren aus dem Vakuum entsprungen ist. Weiter haben wird erfahren, wie dunkle Substanzen von unbekannter Wesensart uns umgeben und wie diese Substanzen sowohl mit der Geburt von Galaxien als auch mit dem letztendlichen Schicksal des Kosmos im Zusammenhang stehen. Wir wissen noch nicht, woraus sie bestehen oder warum sie in den Konzentrationen, die wir messen, auftreten. Tatsächlich ist die dunkle Energie, das diffuse Medium, das den Kosmos durchdringt, geradezu mysteriös.

Ob wir es wollen oder nicht, es ist unser Universum. Es sieht wesentlich anders aus als noch vor 50 Jahren und wird in weiteren 50 Jahren wieder ganz anders aussehen. Dass es voller Schönheit ist, ist sicher. Aber es ist eine andere Art von Schönheit, keine Schönheit des Seins, sondern eine des Werdens; der Veränderung und des Wandels, keine des Gleichgewichts oder des Stillstands, sondern eine der Unvollkommenheit anstelle der Vollkommenheit. Die Wissenschaft braucht einen neuen Begriff der Ästhetik, einen neuen Begriff der Schönheit, der die von jahrhundertealten monotheistischen Überzeugungen bestimmten Forderungen nach Ordnung und Symmetrie hinter sich lässt. Diese neue Ästhetik beruht auf einem einzigen Prinzip: der Erkenntnis, dass die Natur aus dem Ungleichgewicht heraus entsteht.

27

Ein genauerer Blick auf die Symmetrie

Menschliche Gesichter, Autos, Weingläser, Bälle, CDs – sie alle sind symmetrisch. Das weiß man intuitiv. Jeder dieser Gegenstände hat eine oder sogar mehrere Symmetrien, die sich mathematisch ausdrücken lassen. Sie sind Beispiele *räumlicher Symmetrien*, da sie mit räumlicher Wahrnehmung, mit Abstandsmessungen und Proportionen zusammenhängen. Um eine Symmetrie richtig zu verstehen, benötigt man zwei Angaben: die Symmetrieoperation und das Objekt, das transformiert wird. Eine Kugel ist, so sie keine Dellen oder Flecken hat, sehr symmetrisch: Man kann sie drehen, und sie sieht genauso aus wie zuvor. In diesem Beispiel ist die Kugel das Objekt und die Symmetrieoperation ist die Rotation der Kugel um ihren Mittelpunkt. Ein menschliches Gesicht ist links-rechts bzw. spiegelsymmetrisch: Eine Seite gleicht der anderen. Allerdings trifft das nur ungefähr zu. Menschliche Gesichter sind nur näherungsweise symmetrisch. Wie wir alle wissen, sind die zwei Hälften unseres Gesichts nicht vollkommen gleich: Der eine hat hier eine Narbe, der andere dort ein Muttermal oder eine Falte oder trägt einen Scheitel. Ein besseres Beispiel für ein spiegelsymmetrisches Objekt ist ein Fahrrad, von vorne oder von hinten betrachtet. Die Symmetrieoperation bildet jeden Punkt einer Seite mit dem gleichen Abstand zur Mitte auf die andere Seite ab. Ist das Objekt spiegelsymmetrisch, sehen die beiden Seiten exakt gleich aus.

Plato war sehr skeptisch bezüglich vollkommener Symmetrien in der realen Welt. Er hielt sie für ein Ding der Unmöglichkeit. Nur in der Geisteswelt könnte es Vollkommenheit geben. Allein die *Idee* eines Kreises ist vollkommen. Keine konkrete Darstellung eines Kreises könnte je so vollkommen sein wie seine Idee. In Verbindung mit dem pythagoreischen Zahlenmystizismus führt Platos Ideenwelt zu einem brisanten Schluss: In mathematischen Relationen zwischen Formen und Zahlen liegt der Schlüssel zum ultimativen Wesen der Wirklichkeit versteckt. Das versteckte Gesetz der Natur ist in der Sprache vollkommener Formen geschrieben. Das Losungswort für den Zugang zu diesem Reich lautet *Symmetrie*. Diese Idee, oder besser, dieses Ideal zieht sich durch alle Naturwissenschaften. Jeder Student der Physik oder Chemie beginnt mit der Analyse symmetrischer Systeme: Zylinder, Kreise, Kugeln. Wenn wir ein Objekt oder ein physikalisches System (ein aus zwei oder mehr Atomen aufgebautes Molekül, Sterne, die sich umeinander drehen) beschreiben, das nur näherungsweise symmetrisch ist, behandeln wir es als ein Objekt oder System mit geringen Abweichungen (sogenannten Störungen) von einem System mit vollkommener Symmetrie. Diesem Vorgehen liegt die Hoffnung zu Grunde, dass die Störungen auch im Weiteren gering bleiben. Tun sie das, ist alles in Ordnung. Tun sie es nicht, dann wird es ziemlich kompliziert.

Physik ist die Kunst der Näherungen. Nur wenige physikalische Probleme sind hochgradig symmetrisch und besitzen infolgedessen einfache Lösungen. Wir sind gut darin, Lösungen für oszillierende Bewegungen zu berechnen (solange die Schwingungen klein sind), und wir wissen, wie man die Energieniveaus des Wasserstoffs, des einfachsten aller Atome, quantenmechanisch berechnen kann.[2] Komplexe Schwingungen und Mehrelektronenatome löst man (wenn möglich) über aufwendige Näherungsmethoden, die üblicherweise auf kleinen Störungen um eine symmetrische Lösung oder einen symmetrischen Zustand beruhen. Computer haben die Lage natürlich drastisch verändert. Probleme, die auch die besten Mathematiker noch vor einigen Jahren nicht lösen konnten, können nun von Erstsemestern auf dem Laptop gelöst werden. In weiten Teilen hat Programmiergeschick analytisches Können abgelöst. Laplace' Weltgeist steht bis heute nicht zur Verfügung, doch unsere Verwandten aus Silizium haben unser Denken deutlich erweitert. Im Prinzip können Computer beliebig große Störungen und extrem asymmetrische Formen und Systeme verarbeiten. Auch wenn Maschinen und ihre Programmierer in der Praxis Grenzen haben, stellen räumlich asymmetrische Probleme für sie keine unüberwindliche Hürde mehr dar. Die Asymmetrie ist im Alltag angekommen.

Im Folgenden werde ich häufig von „äußeren“ und „inneren“ Symmetrien sprechen. Äußere Symmetrien treten in Zeit und Raum zutage. Räumlich symmetrische Formen, wie Kugeln, Autos und CDs wurden schon mehrfach erwähnt. Ein Quadrat ist ebenfalls sehr symmetrisch. Wenn man es um 90° um seinen Mittelpunkt dreht, sieht es genauso aus wie vorher. Das ist eine *Rotationssymmetrie.* Ein Quadrat ist außerdem spiegelsymmetrisch: Die eine Hälfte ist das Spiegelbild der anderen. Man kann sich Symmetrie gut als Änderung vorstellen, bei der sich etwas anderes nicht ändert: Nach Ausführung der Symmetrieoperation sieht das Objekt unverändert so aus, als ob nichts geschehen wäre.

In der Teilchenphysik sind die Symmetrien subtiler. Auch hier gelten natürlich äußere Symmetrien der Zeit und des Raums. Solange die Umgebungsbedingungen beibehalten werden (Höhe über dem Meeresspiegel, Temperatur, usw.), liefert ein Experiment unabhängig davon, ob es in den Vereinigten Staaten oder in Deutschland, montags oder samstags durchgeführt wird, die gleichen Resultate. Dabei spielt es keine Rolle, ob das Labor nach Norden oder nach Westen gerichtet ist (es sei denn, das Erdmagnetfeld kann die Ergebnisse beeinflussen). Zu den bedeutsamsten Konsequenzen aus Symmetrien jeglicher Art zählt ihre Beziehung zu Erhaltungssätzen. Zu jeder Symmetrie in einem physikalischen System, ob Kugeln, die eine Ebene hinunterrollen, fahrenden Autos auf einer Straße, Planeten, die die Sonne umlaufen, einem Photon, das auf ein Elektron stößt, oder dem sich ausdehnenden Universum, gehört eine Erhaltungsgröße, eine Größe, die sich mit der Zeit nie ändert. Äußere räumliche (zeitliche) Symmetrien sind insbesondere an die Erhaltung von Impuls (und Energie) gebunden: Gesamtenergie und Gesamtimpuls eines räumlich und zeitlich symmetrischen Systems ändern sich nicht.[3]

Die Elementarteilchen der Materie leben in einer ganz anderen Welt als wir. Die herausragende Eigenschaft ihrer Welt lautet *Wandel*: Teilchen können sich ineinander verwandeln und ihre Identität ändern. Diese Veränderungen können spontan geschehen, wie wenn ein einzelnes Neutron in ein Proton, ein Elektron und ein Antineutrino zerfällt (dazu, was „Anti-" bedeutet, kommen wir später). Teilchen können ihre Identität auch wechseln, wenn sie zusammenstoßen, wenn etwa ein Proton, das von der Sonne kommt, auf die Luftmoleküle der äußeren Atmosphäre trifft oder wenn in Teilchenbeschleunigern Protonen auf Protonen geschossen werden. Ziel der Teilchenphysik ist es, die Regeln zu entdecken, nach denen diese Veränderungen ablaufen. In 100 Jahren Forschung hat sich die Erkenntnis durchgesetzt, dass sich Teilchen im Einklang mit einer Reihe strenger Erhaltungssätze ineinander umwandeln und miteinander wechselwirken, von denen jeder zu einer äußeren (mit Zeit und/oder Raum verknüpften) oder „inneren" Symmetrie gehört. Während äußere Symmetrien vorschreiben, wie Energie und Impuls in Teilchenkollisionen übertragen werden, schreiben innere Symmetrien vor, wie Teilchen ihre Identitäten wechseln können. Ein Teilchen kann sich auch in mehrere andere verwandeln. Welche bestimmte Identität es erhält, hängt von den speziellen Umständen seiner Wechselwirkungen ab. Während sich ein isoliertes Neutron zum Beispiel in ein Proton, ein Elektron und ein Antineutrino verwandeln kann, behält es seine Identität als Neutron, wenn es Teil eines stabilen Atomkerns ist, also in einer stabilen Umgebung mit anderen Protonen und Neutronen wechselwirkt. Die Entdeckung der Regeln, die die vielen Metamorphosen von Materieteilchen beherrschen, und der ihnen zu Grunde liegenden Symmetrieprinzipien ist einer der größten Erfolge der Teilchenphysik des 20. Jahrhunderts. Umso größer war die Überraschung, als sich zeigte, dass einige der Symmetrien verletzt sind und dass diese Verletzungen sehr weitreichende Folgen haben.

28

Energie fließt, Teilchen tanzen

Die Geschichte der Teilchenphysik ist eine Geschichte immer neuer Offenbarungen. Die erste besagte, dass Atome nicht unteilbar sind, wie Leukipp und Demokrit in vorsokratischer Zeit angenommen hatten, sondern aus kleineren Bestandteilen bestehen. Im Jahr 1897 verkündete J. J. Thomson die Entdeckung des Elektrons, des ersten identifizierten Elementarteilchens. Thomson zeigte, dass viele verschiedene Elemente Elektronen besitzen, dass alle diese Elektronen dieselbe Masse und negative elektrische Ladung haben und dass sie viel leichter sind als das leichteste Element, Wasserstoff. Er mutmaßte, dass Elektronen Bestandteil aller Elemente seien. Wenn das stimmte, wie konnten dann die chemischen Elemente – die alle Elektronen enthielten – voneinander so unterschiedlich sein?

Zu Thomsons Zeit war in der Wissenschaft bekannt, dass alle chemischen Elemente ein unterschiedliches Gewicht haben. Viele Jahre zuvor, nämlich 1869, hatte Dmitri Mendelejew seine erste Version eines Periodensystems aufgestellt, in dem er die bekannten chemischen Elemente nach ansteigendem atomarem Gewicht anordnete. Er bemerkte, dass sich Elemente mit ähnlichen chemischen Eigenschaften (wie die Erdmetalle oder die Alkalimetalle) von sich aus in periodischen Mustern, Familien genannt, anordneten. Mendelejews Vertrauen in die Gesetzmäßigkeit der Natur verhalf ihm zu Ruhm. Als ihm auffiel, dass die Tabelle an einigen Stellen Löcher aufwies, an denen Elemente mit wohlbestimmten Eigenschaften wie Atomgewicht und Affinität stehen sollten, sagte er voraus, dass diese Elemente existieren *mussten*. Innerhalb kurzer Zeit wurden Germanium, Gallium und Scandium mit genau den Eigenschaften entdeckt, die Mendelejew prognostiziert hatte. Dieses Vorgehen, Folgerungen aus Regelmäßigkeiten oder Periodizitäten zu ziehen, spielt eine entscheidende Rolle für unser Verständnis der Materie.[4]

Thomsons Entdeckung des Elektrons löste eine Revolution in der Erkenntnis über das Atom aus. Im Jahr 1918 vermutete Ernest Rutherford, dass der Wasserstoffkern aus einem einzigen Teilchen besteht, dem Proton, dessen positive elektrische Ladung der des Elektrons genau entgegengesetzt ist und das ungefähr die 2000-fache Masse des Elektrons besitzt. Seinem (korrekten) Modell zufolge sind Atome elektrisch neutral, und ihre Masse konzentriert sich hauptsächlich im Kern. Im Jahr 1932 entdeckte James Chadwick das Neutron, den letzten wichtigen Baustein von Atommodellen. Diese Ergebnisse führten zu einer erstaunlichen Vereinfachung. Die über 100 natürlich vorkommenden und künstlich erzeugten bekannten Elemente des Periodensystems sind alle Kombinationen derselben drei Materieteilchen: Protonen, Neutronen und Elektronen.

Die Anzahl der Protonen im Kern legt die Identität des chemischen Elements fest. Varianten mit unterschiedlichen Neutronenzahlen heißen *Isotope*. Wasserstoff, das ein Proton besitzt, existiert zum Beispiel in drei Formen: als normaler Wasserstoff, als Deuterium, und als Tritium. Alle haben genau ein Proton in ihrem Kern. Doch die Kerne von Deuterium und Tritium, die wesentlich seltener vorkommen, enthalten zusätzlich noch ein bzw. zwei Neutronen. Beide sind Wasserstoffisotope.

In den 1920er und 1930er Jahren enthüllten Experimente das alchemistische Wandlungspotenzial nuklearer Materie weiter: Elemente verwandelten sich ineinander, entweder, nachdem sie mit Teilchen beschossen worden waren, oder spontan, durch radioaktiven Zerfall. Radioaktivität ist nichts weiter als die Emission von Teilchen aus dem Atomkern. Emittiert das Uranisotop ^{238}U (92 Protonen und 146 Neutronen) ein Alphateilchen (einen Heliumkern mit je zwei Protonen und zwei Neutronen), wird es zu einem Isotop des Elements Thorium, nämlich ^{234}Th (90 Protonen und 144 Neutronen). Hierfür schreibt man $^{238}\text{U} \rightarrow {}^{234}\text{Th} + \alpha$. Bei solchen natürlichen Kernumwandlungen bleiben Energie und Impuls erhalten. Dies trifft auch auf die elektrische Ladung zu: Die gesamte elektrische Ladung zu Beginn und am Schluss der Reaktion ist immer die gleiche. (Man kann einfach die Gesamtzahl der Protonen auf der linken und auf der rechten Seite der Reaktion vergleichen.) Ladungserhaltung ist ein Beispiel für eine innere Symmetrie. Jegliche Transformation, die solche Gesetze verletzt, ist „verboten", das heißt, sie kommt nicht vor. Dank weiteren Experimentierens und sich sammelnder Beweise kristallisierte sich eine kleine Zahl von Erhaltungssätzen heraus, die die Umwandlungen von Energie und Materie beschrieben. Die stofflichen Dinge wurden zweitrangig hinter den Regeln, die ihr Verhalten beherrschen.

Vier Jahre vor der Entdeckung des Neutrons versuchte Paul Dirac, die Quantenmechanik mit der speziellen Relativitätstheorie zu vereinen. Das Elektron müsste sich mit nahezu relativistischer Geschwindigkeit um den Kern bewegen und es müssten, wenn auch kleine, Korrekturen zu den quantenmechanischen Vorhersagen hinzukommen. Darüber hinaus war eine wichtige Eigenschaft des Elektrons, nämlich seine intrinsische Rotation, der Spin, in der Schrödingergleichung für das nichtrelativistische Elektron nicht berücksichtigt. Sie musste von Hand eingefügt werden. Zu seiner Überraschung fand Dirac zwei Lösungen mit entgegengesetzten Ladungen für seine relativistischen Gleichungen. Die eine beschrieb erwartungsgemäß das negativ geladene, rotierende Elektron. Doch was bedeutete die andere? Diracs erste Vermutung war, dass sie das Proton beschrieb. J. Robert Oppenheimer, der später im Zweiten Weltkrieg das Manhattan-Projekt leitete und zu den tragischstes Gestalten der Physikgeschichte wurde, erkannte schnell, dass die andere rotierende Lösung ein „positives Elektron" beschrieb. Das vorhergesagte neue Teilchen wurde *Positron*, also Elektron mit positiver elektrischer Ladung, getauft. 1932, im gleichen Jahr, in dem Chadwick das Neutron entdeckte, beobachtete der amerikanische Physiker Carl Anderson, offensichtlich in Unkenntnis der Vorhersagen Diracs und Oppenheimers, erstmals das positiv geladene Elektron.

Ausführliche Beobachtungen zeigten, dass Positronen auf der Erde nicht natürlich vorkommen: Sie entstehen in Zerfällen und Kollisionen gewöhnlicherer Teilchen. Die Sonne speit im Zuge ihrer hitzewogenden Prozesse ständig Protonen aus. Nach einer Reise von 150 Millionen Kilometern kommen solche Protonen als *kosmische Strahlung* an der äußeren Erdatmosphäre an. Dort treffen sie auf einen Kern, Stickstoff zum Beispiel, und erzeugen viele weitere Teilchen. Diese treffen wiederum auf weitere Kerne und erzeugen noch mehr Teilchen. In zahllosen Kollisionen entstehen alle möglichen oft als Schauer bezeichneten Sekundärprodukte, darunter auch das von Anderson nachgewiesene Positron. Diese dominoartigen Vorgänge illustrieren direkt die Einstein'sche Gleichung $E = mc^2$: Die Bewegungsenergie der einfallenden Protonen (ihre kinetische Energie) wird buchstäblich in neue Materieteilchen und Photonen umgewandelt. Energie fließt und die Teilchen tanzen.

Eine von vielen Möglichkeiten, ein Positron zu erzeugen, beginnt mit einem hochenergetischen Gammastrahlungs-Photon, das auf ein Proton trifft. Die Energie des Photons genügt, um dem Proton einen starken Stoß zu versetzen und ein *Elektron-Positron-Paar* zu erzeugen. Als Gleichung lässt sich die Reaktion so darstellen:

Photon + Proton ⇆ Elektron + Positron + Proton

Hier zeigt sich die Wandlungsfähigkeit der Materie in all ihrer Schönheit: Masselose Strahlung (das Photon) wird zu massiven Teilchen. Die zwei Pfeile kennzeichnen, dass die umgekehrte Reaktion ebenfalls möglich ist: Elektronen und Positronen können sich zu einem Gammastrahlungsstoß (hochenergetischer Photonen) gegenseitig vernichten. Es zeigt sich auch, warum Erhaltungssätze von so entscheidender Bedeutung sind, wenn man Vorgänge in der Welt subatomarer Teilchen zu verstehen versucht. In der obigen

Reaktion muss die Energie erhalten bleiben. Hat das Photon nicht genügend Energie, bekommt das Proton zwar einen Stoß, aber es entsteht kein Elektron-Positron-Paar.[5] Die Impulserhaltung bestimmt die Richtungen, in die die Teilchen wegfliegen. Außerdem verlangt die Ladungserhaltung, dass die Gesamtladung auf beiden Seiten übereinstimmt. Hat die linke Seite eine Einheit positiver Ladung (das Proton), so trifft dies auch auf die andere zu. Wenn das Proton auch auf der rechten Seite auftaucht (so wie hier), dann müssen sich die Ladungen der zusätzlichen Produkte somit aufheben. Genau so ist es auch, denn Elektron und Positron haben betragsmäßig gleiche, aber entgegengesetzte Ladungen. Noch *nie* hat es ein einziges Beispiel einer Teilchenreaktion gegeben, die die Energie- oder die Ladungserhaltung verletzt hätte. Innerhalb der Genauigkeit unserer Messungen können wir sagen, dass sie Naturgesetze sind. Hinter dem scheinbar beliebigen Tanz der Entstehung und Vernichtung der Materie steckt eine Choreographie.

29

Die Verletzung einer schönen Symmetrie

Das Positron wird als *Antiteilchen* des Elektrons bezeichnet – es ist der erste entdeckte Vertreter von *Antimaterie*. Dirac selbst erkannte bald, dass seine Theorie der relativistischen Quantenmechanik, der Theorie also, die Quantenmechanik und spezielle Relativitätstheorie miteinander verbindet, zu Gleichungen führt, mit denen sich auch das Proton und sein Antiteilchen, das Antiproton, beschreiben lassen. Die Gleichungen haben immer zwei Lösungen: eine für die Teilchen und eine weitere für die Antiteilchen. So wie das Positron die umgekehrte Ladung des Elektrons hat, hat das Antiproton die umgekehrte Ladung des Protons. Dirac hatte gezeigt, dass die Existenz von Antimaterie eine unausweichliche Konsequenz aus der Verbindung von Quantenmechanik und Relativitätstheorie ist. Nur wenige Beispiele mathematischer Strukturen, anhand derer sich Dinge vorhersagen ließen, die später in der Natur entdeckt wurden, sind so beeindruckend. Es ist kein Wunder, dass Dirac davon überzeugt war, nur Gleichungen, die schön wären, könnten auch richtig sein. Seine Gleichung des relativistischen Elektrons ist in jedem Fall beides. Ihre Vorhersage ist klar: Jedes Materieteilchen hat seinen eigenen Antimateriepartner. Beide haben die meisten ihrer Eigenschaften wie Masse und Spin gemeinsam. Ist das Teilchen stabil, so auch sein Antiteilchen. So ist es im Fall von Elektron und Positron. Ist es instabil, wie das Neutron, dann ist auch sein Antiteilchen instabil. Ihre Lebensdauer, die durchschnittliche Dauer bis zum Zerfall, ist die gleiche. Man kann verstehen, warum Dirac sich so sehr bemühte, die Existenz magnetischer Monopole zu belegen, um die Symmetrie des Elektromagnetismus zu vervollkommnen. Ich denke, ein Teil von ihm glaubte, dass sich die wahre Schönheit von Maxwells Theorie erst dann wirklich zeigen würde. Trotz seiner Bemühungen und der vieler anderer lief die Sache jedoch nicht nach Plan. Wieder einmal erweist sich die Natur als zu kreativ.

Zudem hat sie eine eindeutige Präferenz: Im Universum gibt es kaum Antimaterie. Die Welt der Antimaterie ist eine Art Kopie der Welt der Materie. Doch die Kopie ist nicht vollkommen; die elektrischen und magnetischen Eigenschaften von Teilchen und ihrer Antiteilchen sind genau umgekehrt. Andere Eigenschaften, die mit der Wechselwirkung von Teilchen und Antiteilchen über subnukleare Abstände zu tun haben, sind ebenfalls umgekehrt. Diese Unterschiede zwischen den Teilchen und Antiteilchen bilden den Kern eines der größten ungelösten Rätsel der modernen Teilchenphysik, einer Asymmetrie der Natur von weitreichender Bedeutung. Obwohl die Gleichungen zur Beschreibung relativistischer Teilchen Materie und Antimaterie gleich behandeln, gibt es fast keine Antimaterie. Die Antiteilchen, die wir sehen, werden in Kollisionen von Materieteilchen produziert, ob in kosmischer Strahlung oder in Teilchenbeschleunigern. Einige können in heftigen astrophysikalischen Ereignissen entstehen, zum Beispiel, wenn schwarze Löcher ganze Sterne schlucken. Irgendwie hat der Kosmos in seiner Frühzeit die Materie der Antimaterie vorgezogen. *Diese Unvollkommenheit ist der wichtigste Faktor für unsere Existenz*. Hätten Materie und Antimaterie in der Frühgeschichte des Kosmos zu gleichen Mengen nebeneinander bestanden, dann hätten sie sich gegenseitig so weitgehend ausgelöscht, dass unser heutiges Universum hauptsächlich ein Meer aus Strahlung wäre. Leben wäre dann undenkbar.

Bevor wir den Ursachen dieser fundamentalen Asymmetrie der Natur weiter auf den Grund gehen, müssen wir uns davon überzeugen, dass sie sich tatsächlich auf den ganzen Kosmos bezieht und es sich nicht nur um einen lokalen Effekt handelt. Könnten andere Regionen des Universums aus Antimaterie bestehen? Könnte es zum Beispiel Antimaterie-Galaxien geben?

Der Quantenmechanik zufolge ist das möglich – es gibt keinen Grund, warum Antiatome und damit auch ganze Galaxien, die durch und durch aus Antimaterie aufgebaut sind, nicht existieren könnten. Antiwasserstoff ist im Labor künstlich hergestellt worden.[6] Nun ist bekannt, dass der Mond nicht aus Antimaterie besteht; denn täte er das, dann wäre der arme Neil Armstrong und mit ihm das gesamte Mondlandemodul beim Aufsetzen in einer riesigen Explosion vernichtet worden. Das gleiche gilt für die meisten Planeten im Sonnensystem und einige ihrer Monde; Sonden sind dort gewesen, haben überlebt und uns Nachrichten gesendet. Man kann schlussfolgern, dass unsere gesamte Galaxis aus Materie besteht. Gäbe es dort irgendwo Antimaterie, dann hätten wir die Gammastrahlung bemerkt, die aus Zusammenstößen von Sternen und Antisternen oder aus der Wechselwirkung zwischen interstellaren Staubwolken aus Antimaterie und solchen aus Materie resultieren würde.

Gegenwärtige Gammastrahlungsexperimente schieben den Mindestradius, innerhalb dessen alles aus reiner Materie besteht, auf 65 Millionen Lichtjahre, weit über unsere galaktische Nachbarschaft hinaus. Lässt sich dieser Mindestradius noch erweitern? Meiner Meinung nach wird er sich auf das gesamte sichtbare Universum erstrecken lassen. In den späten 1980er Jahren arbeitete ich nach der Promotion am Institut für Theoretische Physik der University of California in Santa Barbara mit David Cline von der UCLA, Floyd Stecker vom NASA Goddard Space Flight Center und dem Studenten Y. Gao, damals UCLA, zusammen. Wir wollten genau diese Frage beantworten: Könnte es riesige Gebiete oder Blasen in unserem Universum geben, die ausschließlich Antimaterie enthalten? Wenn ja, dann würden Materie und Antimaterie an den Grenzen solcher Gebiete zusammenstoßen und sich gegenseitig vernichten und einen erheblichen Anteil zum gesamten Hintergrund an extragalaktischer Gammastrahlung beitragen. Mit einem theoretischen Modell schätzten wir die Gammastrahlungsproduktion an den Grenzen zwischen Materie und Antimaterie ab und untersuchten, wie die Strahlungsintensität mit der Größe und Dicke der jeweiligen Gebiete variieren würde. Dann verglichen wir unsere Ergebnisse mit den bekannten Beobachtungen des extragalaktischen Gammastrahlungshintergrunds. Unsere Schlussfolgerung war, dass solche Gebiete schon entdeckt worden wären. Wir leben also in einem Kosmos aus Materie.

Die Kosmologie des Urknalls schränkt die Existenz von Antimaterie noch weiter ein. Wie zuvor erwähnt, ist die exakte Vorhersage der Häufigkeiten der leichten Kerne, von Wasserstoff bis ^{7}Lithium (drei Protonen und vier Neutronen), einer der größten Erfolge des Urknallmodells.[7] Dieses erstaunliche Ergebnis beruht auf einem einzigen Parameter, der Asymmetrie zwischen Materie und Antimaterie. Zur Zeit der primordialen Nucleosynthese, etwa eine Sekunde nach dem Urknall, muss es für jede Milliarde Antimaterieteilchen eine Milliarde und ein Materieteilchen gegeben haben. Die Differenz ist nicht so klein, wie sie aussieht. Ein Gramm Materie kann fast eine Billion Billionen Atome enthalten[8] Das sind eintausend Billionen Mal mehr als eine Milliarde! Die notwendige Asymmetrie entspricht einer Milliarde und eins Atomen auf jede Milliarde Antiatome oder 10 Milliarden und 10 Atomen auf 10 Milliarden Antiatome; oder 100 Milliarden und 100 Atomen auf 100 Milliarden Antiatome. Führt man das weiter, bis man bei einem Gramm Materie anlangt (etwa 10^{24} Atome), dann bleiben nach der gegenseitigen Auslöschung von einem Gramm Materie und Antimaterie noch rund eintausend Billionen (10^{15}) Atome übrig.

Zurück zum frühen Kosmos: Wären eine Sekunde nach dem Urknall gleiche Mengen Teilchen und Antiteilchen vorhanden gewesen, hätten sie sich gegenseitig ausgelöscht und es wäre nichts davon übrig als Unmengen von Gammastrahlung und vereinzelten Protonen und Antiprotonen in gleichen Mengen.[9] Unser Universum wäre das bestimmt *nicht*. Der anfänglich winzige Überschuss von Materie über Antimaterie reicht aus, um den überwältigenden Materieüberschuss in unserem heutigen Universum zu erklären.

Die Existenz der Materie, des Stoffs, aus dem wir und alles um uns herum bestehen, beruht auf einem primordialen Ungleichgewicht, auf der Asymmetrie zwischen Materie und Antimaterie.

Nachdem das Vorhandensein der Asymmetrie erwiesen ist, ergibt sich die Frage, wie diese zu erklären ist. Warum sollte es für jede Milliarde Antiteilchen eine Milliarde und ein Teilchen geben? Welche Vorgänge im frühen Universum könnten das Ungleichgewicht verursacht haben? Um mögliche Antworten auf solche Fragen zu untersuchen, müssen wir uns zunächst die Symmetrien und Asymmetrien der Teilchenphysik etwas genauer ansehen, denn in ihnen ist die Unvollkommenheit unseres Kosmos verwurzelt, und sie sind letztendlich die Ursache unseres Daseins. Wer es eilig hat und mit Quarks, Leptonen, Gluonen und den drei schwachen Eichbosonen bereits vertraut ist, kann das nächste Kapitel überspringen. Wir widmen uns jetzt zunächst der wunderbaren Welt subatomarer Teilchen und ihrer Wechselwirkungen.

30

Die Welt der Materie

In den Jahrzehnten nach dem Zweiten Weltkrieg fand in der Erforschung der Materie eine wahre Revolution statt. Beschleuniger, die mit immer höheren Energien Kerne auf Kerne, Elektronen auf Protonen und Protonen auf Antiprotonen schossen, enthüllten reichhaltige und überraschende Strukturen, verschieden von allem, was sich wohl selbst die Urväter der Quantenrevolution hätten vorstellen können. Wenn Energie fließt, dann beginnt die Materie wundersam zu tanzen.

Beginnen wir mit den fundamentalen Wechselwirkungen zwischen Materieteilchen. Es gibt vier Grundkräfte der Natur. Uns geläufig sind die Schwerkraft und der Elektromagnetismus. Dass sie uns so gut bekannt sind, liegt an ihrer großen Reichweite: Beide nehmen „nur" mit dem Abstand im Quadrat ab. Könnten wir den Abstand zwischen Erde und Sonne verdoppeln, dann würde sich ihre gegenseitige Anziehungskraft um den Faktor vier verringern. Der ganz entscheidende Unterschied zwischen der Schwerkraft und dem Elektromagnetismus, ja sogar zwischen ihr und anderen Kräften, besteht darin, dass sie *immer* anziehend wirkt – ein Brocken Materie zieht andere Brocken mit seiner Schwerkraft immer an. Sie lässt sich nicht durch „negative gravitative Ladungen" neutralisieren wie die elektrische

Kraft. Darum ist die Schwerkraft die einzige, die auf kosmischen Maßstäben von Bedeutung ist; während die anderen neutralisiert werden oder vernachlässigbar schwach sind, summiert sich die Schwerkraft, Atom für Atom.

Die beiden anderen Kräfte wirken nur über Abstände in der Größenordnung von Kernen und darunter. Die *starke Kraft* hält Protonen trotz ihrer gegenseitigen elektrischen Abstoßung im Kern zusammen. Wie wir gesehen haben, schweißt sie auch die Neutronen in den Kernen mit ein und hält sie stabil. In den 1950er Jahren brachten Experimente eine Anzahl von Teilchen hervor, die über die starke Kraft wechselwirken, so wie Protonen und Neutronen auch. Es gab so viele neue Teilchen, dass die Physiker zu verzweifeln begannen: Warum sollte man sie überhaupt noch Elementarteilchen nennen, wenn man immer mehr von ihnen entdeckte? Weil diese Geschichte schon oft erzählt worden ist, fasse ich mich hier kurz.[10] Der Einfachheit halber gaben die Physiker den neuen Teilchen einen gemeinsamen Namen: *Hadron*, nach dem griechischen Wort für stark. Es gab zwei Sorten von Hadronen: *Baryonen*, wie Protonen und Neutronen, und *Mesonen*, wie etwa die Pi-Mesonen (auch als Pionen bekannt). In den 1930er Jahren sagte der japanische Physiker Hideki Yukawa vorher, dass Pionen dem Atomkern seine Stabilität verliehen: Protonen und Neutronen wechselwirken über den Austausch von Pionen, vergleichbar mit Kindern, die sich gegenseitig mit Schneebällen bewerfen. Yukawa vermutete, dass die Reichweite der Wechselwirkung im Kern von der Masse der Pionen bestimmt werde: Je schwerer die Teilchen sind, welche die Kraft übertragen, desto größer die notwendige Energie, um sie auf den Weg zu bringen, und umso kürzer daher ihre Reichweite. Wie man weiß, ist es schwieriger, schwere Schneebälle weit zu werfen.

Die ständig wachsende Anzahl der Hadronen war bedenklich. War der gesamte Versuch, die elementaren Bausteine der Materie aufzuspüren, nichts als ein verrückter Traum? Ich frage mich, wie viele Teilchenphysiker sich in den 1950er Jahren auf verlorenem Posten fühlten und dafür Thales und die anderen vorsokratischen Vereiniger verantwortlich machten. Sollten sie im Bann des ionischen Zaubers weitermachen? Oder waren sie auf der Suche nach der grundlegenden Natur der Welt der Materie komplett in die Irre geleitet worden?

Da kam der Auftritt von Murray Gell-Mann und George Zweig. Beide legten 1964 unabhängig voneinander eine brillante Idee vor. Genau wie Atome, die aus nur drei Teilchen aufgebaut sind, könnten doch auch Hadronen aus einigen wenigen, elementaren Bausteinen zusammengesetzt sein. Gell-Mann nannte seine Kandidaten *Quarks*, während Zweig sie Asse („Aces") nannte. Der Name Quarks setzte sich durch. Einige Jahre zuvor hatte Gell-Mann erkannt, dass viele der neuen Hadronen sich anhand ihrer elektrischen Ladung und einer neuen Eigenschaft, die er „Strangeness" nannte, in Achtergruppen (Oktetten) anordnen ließen. Man kann sich die Strangeness (Seltsamkeit) als eine andere Art von Ladung vorstellen, die bestimmte Teilchen tragen: So wie wir viele verschiedene Ausweise besitzen – Führerschein, Personalausweis, Reisepass –, besitzen Teilchen viele verschiedene Quantenzahlen, die sie ausweisen. Die geläufigste ist die elektrische Ladung, die der elektromagnetischen Kraft zugeordnet ist. Strangeness ist einfach eine andere Art von Ladung.

Gell-Manns Methode, in Anlehnung an den Buddhismus der Achtfache Weg (*the eightfold way*) genannt, funktionierte außerordentlich gut. So wie Mendelejew das Periodensystem analysiert hatte, erkannte Gell-Mann, dass es in seinem Oktett-System einen freien Platz gab. Die Entdeckung des Omega-Minus-Teilchens im Jahr 1964 bestätigte die Strangeness. Wieder einmal erfüllte die Natur unseren Wunsch nach Symmetrie.

Gell-Mann ist ein Meister im Erkennen von Mustern. 1969 erhielt er den Nobelpreis „für seine Beiträge und Entdeckungen betreffend der Klassifizierung der Elementarteilchen und deren Wechselwirkungen". Die Quarks wurden nicht direkt erwähnt. Selbst zu diesem Zeitpunkt war die Existenz der Quarks noch nicht voll akzeptiert, und es gab gute Gründe dafür: Als Bausteine von Protonen konnten sie keine ganzzahlige elektrische Ladung haben, und das wollten viele nur sehr ungern in Erwägung ziehen. Zudem war noch nie ein freies Quark beobachtet worden. In einem bemerkenswerten (nur zwei Seiten langen) Artikel schrieb Gell-Mann 1964: „Es macht Spaß, sich zu überlegen, wie Quarks sich verhalten würden, wenn sie physikalische Teilchen endlicher Masse wären."[11] Das legt nahe, dass er Quarks durchaus für möglich hielt, obwohl manche Autoren darauf beharren, dass er das zumindest anfänglich nicht tat. Der Artikel ist auch aus einem anderen Grund einzigartig. Gell-Mann zitiert James Joyces *Finnegans Wake* als Ursprung des kuriosen Wortes *Quark*.

Heutzutage sind Quarks allgemein als Bausteine der Hadronen anerkannt. Baryonen bestehen aus drei Quarks und Mesonen aus einem Quark und einem Antiquark, dem Antiteilchen der Quarks. Es gibt sechs Arten (oder *Flavors*, zu Deutsch Geschmäcke) von Quarks: Up, Down, Charm, Strange, Beauty und Top. Ein Proton besteht beispielsweise aus dem Quark-Triplett uud (u für Up und d für Down), während ein Neutron aus dem Triplett udd besteht. Alle Atomkerne bestehen somit aus Up- und Down-Quarks. Ein neutrales Pion besteht entweder aus einem Up- und aus einem Anti-Up-Quark oder aus einem Down- und aus einem Anti-Down-Quark. Alle Mesonen und Baryonen sind instabil; das bedeutet, sie zerfallen spontan in andere Teilchen. Die einzige Ausnahme ist das Proton. Es sei denn, es gibt eine große vereinheitlichte Theorie, worauf wir bald zurückkommen werden.

Auf Quarkebene wird die starke Kraft durch Teilchen, die *Gluonen* heißen, übertragen. Sie spielen eine ähnliche Rolle wie das Photon in der elektromagnetischen Wechselwirkung. Gluonen sprechen jedoch auf eine andere Art Ladung an, die nur Quarks übertragen können, ihre *Farbe*. Die Theorie der Wechselwirkung von Quarks und Gluonen, die Hadronen entstehen lässt, heißt *Quantenchromodynamik* oder QCD und ist ein eindrucksvolles Beispiel für die Anwendung von Symmetrien. Es gibt drei mögliche Farben: rot, grün und blau. So wie Atome elektrisch neutral sein müssen, müssen Hadronen bezüglich ihrer Farbladung neutral sein: Die drei Quarks, aus denen ein Baryon besteht, müssen je eine der drei Farben haben (sodass sie zusammen „weiß“ ergeben), während Mesonen eine Farbe und die dazugehörige Antifarbe tragen. Auch wenn die Bezeichnung „Farbe“ suggestiv eine Reihe von Eigenschaften dieser zusätzlichen Landung widerspiegelt, hat sie mit sichtbaren Farben nichts zu tun.

Wenn Quarks existieren, werden sie dann als freie Teilchen beobachtet? Hier wird es spannend. Zunächst dachten Gell-Mann und andere, Quarks könnten detektiert werden, möglicherweise in kosmischer Strahlung. Das Ergebnis war aber negativ. Quarks sind in Hadronen eingesperrt und können sie nicht verlassen. Dieses Phänomen heißt *Confinement* (oder Farb-Confinement) und bezeichnet eine der entscheidenden Eigenschaften von Quarks. Man kann kein Quark aus einem farbneutralen Meson oder Baryon herausreißen. Versucht man es, dann entsteht dabei ein neues Pärchen aus Quark und Antiquark, ein neues Meson also. Häufig wird das verglichen mit einem Magneten, der auseinandergebrochen wird: Das Resultat sind zwei Magnete, beide mit den zwei üblichen, gegenüberliegenden Polen. Wenn man, grob gesprochen, zwei Quarks auseinanderzieht, dann wächst die Anziehungskraft zwischen ihnen, als ob sie mit einer Art Gummiband verbunden wären. Das Band besteht aus Gluonen. Wendet man immer mehr Energie auf, um die Quarks weiter auseinander zu ziehen, zerreißt das Paar in zwei Paare, so wie man zwei Bänder in den Händen hält, wenn man ein Band zerreißt. Die aufgewendete Energie wird dabei in ein neues Quark- und Antiquark-Pärchen, ein Meson, umgewandelt.

Im anderen Extremfall immer kleinerer Abstände fangen die Quarks an, sich gegenseitig zu ignorieren und sich wie freie Teilchen zu verhalten. Weil hohe Energien notwendig sind, um sich zu kleinen Abständen voranzutasten, offenbart sich diese Eigenschaft der Quarks nur in Zusammenstößen mit sehr hohen Energien. 2004 erhielten David Gross, David Politzer und Frank Wilczek den Nobelpreis für die Ausarbeitung der Theorie, die diese treffend als *asymptotische Freiheit* bezeichnete Eigenschaft der Quarks erklärt. Dieses Verhalten ist wichtig, um das junge Universum zu verstehen. Je früher die Zeit, umso höher war ja die Temperatur und in umso kleinere Volumen wurde die Materie gepresst. Ungefähr eine millionstel Sekunde nach dem Urknall erreicht die Temperatur Werte, die den Massen von Mesonen und Baryonen entsprechen: Quarks und Antiquarks lösen sich aus dem Confinement und verhalten sich wie freie Teilchen. In den Zeiten davor bestand die Urzeitsuppe nicht aus Hadronen, sondern aus Quarks und Gluonen.[12]

So viel zur starken Kraft. Wie verhält es sich mit der schwachen Kraft? Sie ist als Ursache der Radioaktivität bekannt. Sie kann nämlich ein Down-Quark in ein Up-Quark und somit ein Neutron (udd) in ein Proton (uud) umwandeln. Wie die elektromagnetische und die starke Kraft findet sie über ihre eigenen drei Austauschteilchen statt. Mit 80 bis 90 Protonmassen sind diese Austauschteilchen ziemlich schwer. Das hat zur Folge, dass die schwache Kraft nur eine sehr geringe Reichweite hat und ihre Wechselwirkungen sich auf subnukleare Abstände beschränken. Die drei schwachen Austauschteilchen heißen unspektakulär W^+, W^- und Z^0. Manchmal werden sie auch *schwache Eichbosonen* genannt. Sheldon Glashow, Abdus Salam und Steven Weinberg, dem wir bereits zuvor begegnet sind, sagten sie in den 1960er Jahren vorher. Ihre Entdeckung in den 1980er Jahren war eine großartige Bestätigung für unser theoretisches Verständnis der fundamentalen Wechselwirkungen. Alle drei – Elektromagnetismus, die starke und die schwache Kraft – sind ganz ähnlich über die Wirkung von Austauschteilchen formuliert. Der große Unterschied zwischen den Austauschteilchen – Photonen, Gluonen und schwachen Eichbosonen – besteht darin, dass die Photonen nicht untereinander wechselwirken. Das macht die starke und die schwache Kernkraft komplizierter und natürlich reichhaltiger.

Unser kurzer Überblick über Materie, Teilchen und ihre Wechselwirkungen schließt mit den *Leptonen*, abgeleitet vom altgriechischen Wort für „leichtgewichtig". Weil Leptonen nicht über die starke Kraft wechselwirken, sind sie kein Bestandteil von Atomkernen. Es gibt sechs verschiedene Leptonen, von denen das Elektron und das Elektron-Neutrino die bekanntesten sind. Die anderen Leptonen sind das *Myon* und sein Neutrino und das *Tauon* und sein Neutrino. Man beachte die Paarbildung: Jedes der drei negativ geladenen Leptonen hat sein eigenes (elektrisch neutrales) Partnerneutrino. Das bedeutet, wenn Elektronen über die schwache Kraft wechselwirken, dann erwarten wir Elektron-Neutrinos; wenn Myonen mit von der Partie sind, dann sollten wir Myon-Neutrinos sehen. 1936 entdeckte derselbe Carl Anderson, der vier Jahre zuvor die Existenz von Antimaterie bewiesen hatte, das Myon, ein Teilchen, das dem Elektron gleicht, aber rund 200-mal so schwer ist. Anderson fand die Myonen in der kosmischen Strahlung, als Nebenprodukt von Stößen in der äußeren Atmosphäre. Im Gegensatz zu Elektronen, die stabil sind, zerfallen Myonen in ungefähr einer Mikrosekunde. Ein üblicher Zerfallskanal ist Myon → Elektron + Elektron-Anti-Neutrino + Myon-Neutrino. Das Tauon ist noch kurzlebiger und zerfällt nach etwa einer billionstel Sekunde. Es ist außerdem fast doppelt so schwer wie ein Proton, was die Bezeichnung *Lepton* nicht ganz passend erscheinen lässt.

Nimmt man all diese Informationen zusammen, dann erkennt man, dass die Teilchen, aus denen die gewöhnlichen Atome aufgebaut sind – Protonen, Neutronen und Elektronen – die einzig stabilen (oder zumindest extrem langlebigen) sind. Kein Wunder also, dass wir im Allgemeinen keine Objekte sehen, die aus anderen Hadronen oder Leptonen bestehen. Ihre flüchtige Existenz kann nur mit Hilfsmitteln sichtbar gemacht werden, die unser Bild von der Wirklichkeit stark vergrößern: großen Beschleunigern und ihren Detektoren.

Da wir uns nun mit Quarks, Leptonen und ihren Wechselwirkungen etwas vertraut gemacht haben, können wir uns gewappnet mit diesem Wissen dem Thema zuwenden, das uns eigentlich interessiert: den Symmetrien und Asymmetrien der Teilchenphysik.

31

Die Wissenschaft der Lücken

Das gesammelte Wissen über Elementarteilchen und ihre Wechselwirkungen bildet das bereits erwähnte Standardmodell der Teilchenphysik. In seiner Gesamtheit ist es eine spektakuläre Errungenschaft des menschlichen Verstandes: nicht nur das Erdenken der Theorien, die zahllose Beobachtungen erklären, sondern auch das Erfinden verschiedenster technischer Werkzeuge, die diese Beobachtungen möglich gemacht haben. Hunderte von Materieteilchen auf gerade einmal zwölf (sechs Quarks und sechs Leptonen) zurückzuführen, ist eine enorme Vereinfachung. Kein Wunder, dass Steven Weinberg eines der Kapitel in seinem *Der Traum von der Einheit des Universums* „Zwei Hochs auf den Reduktionismus" genannt hat. Die Suche nach der materiellen Struktur der Welt begann mit der ersten Frage, die in der Philosophie gestellt wurde, und die uns noch immer begleitet. Thales glaubte, dass sich alle Materie auf eine einzige Grundsubstanz zurückführen ließe: Wasser. Der springende Punkt ist die Art und Weise seiner Antwort, nicht der genaue Inhalt. Sie offenbart einen tiefen Glauben an eine vereinheitlichte Struktur hinter der Vielzahl von materiellen Stoffen in der Natur. Mit anderen Worten, der erste ionische Philosoph war ein Vereiniger. 25 Jahrhunderte später verfolgen wir im Grunde noch immer das gleiche

Ziel. Sollten wir weiter nach einer vereinheitlichten Beschreibung der Materie suchen? Gibt es sie, wartet sie nur darauf entdeckt zu werden? Oder blendet uns der verführerische ionische Zauber, verstärkt durch Tausende von Jahren monotheistischer Kultur? Sollten wir noch über Isaiah Berlins „ionische Täuschung" hinausgehen und von einem „ionischen Wahn" sprechen?

Eine naheliegende Antwort lautet: „Weil wir es nicht wissen, müssen wir wohl weiter suchen." Keine Frage. Wir sollten und müssen weiter suchen. Erforschung und Neugier befördern und erweitern das Wissen. Viele preschen voran und konstruieren immer kompliziertere Theorien in dem Versuch, das mutmaßliche, endgültige Ziel des Reduktionismus zu erreichen, die Enthüllung der Gesetze, die der Natur zu Grunde liegen. Wir brauchen mutige Entdecker, die die Segel setzen und auf ihrer Reise alles riskieren. Doch ab wann wird die Überzeugung, dass das Ziel der Reise existiert, ein Mythos, ein Eldorado? Ab wann wird der Entdeckerdrang zur Besessenheit? Weil die endgültige „Wahrheit" sich immer wieder aus dem Geltungsbereich der Experimente hinausschieben lässt, könnte es sein, dass die Suche niemals endet. Die Obsession könnte fatal werden mit der Weigerung zu akzeptieren, dass eine endgültige Theorie – selbst im streng reduktionistischen Projekt Teilchenphysik – ein Ding der Unmöglichkeit ist, weil sie voraussetzen würde, dass vollkommenes Wissen über das Wesen der Dinge bis zu den kleinsten Maßstäben hin existiert. Wir wissen nur, was wir messen, und wir können nicht alles messen. Um es mit Einstein zu sagen (der es mit Kant sagte), Theorie ohne Experiment ist blind, und Experiment ohne Theorie ist lahm.

In der Physik liegt eine eigenartige Situation vor, in der Experimente eine Theorie bestätigen, aber niemals widerlegen können. Man stelle sich etwa vor, eine bestimmte Theorie sage ein neues Teilchen voraus. Die Einzelheiten der Vorhersage hängen von einem Parameter ab, der angepasst werden kann. Plausible Gründe legen nahe, dass die Masse bei 100 Protonenmassen liegen sollte. Falls Experimente das Teilchen im vorhergesagten Bereich nachweisen, ist die Theorie bestätigt. Falls nicht, können die Theoretiker den Parameter in der Theorie jederzeit so anpassen, dass die Masse des Teilchens über der Grenze des Bereichs liegt, der aktuellen Experimenten zugänglich ist. Manche können sehr, sehr lange an Theorien arbeiten, ohne sich von experimentellen Resultaten leiten zu lassen, ein Punkt, den der Physiker und Autor David Lindley vor einiger Zeit sehr deutlich ausgedrückt hat.[13] Wie soll man so wissen, wann man aufhören sollte? Manche werden sagen, worauf es letzten Endes ankommt, sind die wissenschaftlichen Erkenntnisse, die währenddessen gesammelt werden. Bis zu einem gewissen Punkt stimme ich damit überein. Man denke an Kepler und alles, was er auf der Suche nach der mythischen Harmonie der Welt erreichte: nicht weniger als die drei Gesetze der Planetenbewegung, verifizierbare Aussagen über reale Vorgänge. Wenn die Erfolge nach einer bestimmten Zeit jedoch noch immer winzig sind, dann kann man anfangen, den Sinn der Suche zu hinterfragen. Vergleiche mit Seefahrern und Entdeckern der Vergangenheit sind inspirierend, aber nicht ganz korrekt. Hätte es kein Amerika zu entdecken gegeben, dann hätten die spanischen und portugiesischen Schiffe die Weltkugel früher oder später umrundet. *Sie wussten ganz genau, dass die Erdkugel endlich ist, als sie in*

See stachen.[14] Das ist ein großer Unterschied gegenüber einer Mission, bei der nicht klar ist, ob es überhaupt ein Ziel gibt. Ja, Schiffe müssen entsandt werden, um das Unbekannte zu entdecken, auch wenn der Preis dafür hoch ist. Aber man sollte nicht vergessen, dass eine Theorie für Alles eine kulturbedingte Vorstellung ist und nicht auf wissenschaftlicher Erkenntnis beruht.

Die Superstringtheorie ist zur Zeit der einzige mögliche Kandidat für eine vereinheitlichte Darstellung, die die Schwerkraft und die drei anderen bekannten Kräfte mit einbezieht. Darum hat sie sowohl enthusiastische Unterstützung als auch Kritik erhalten. Obwohl ich sagen würde, dass es religiösem Dogma nahekäme und somit unwissenschaftlich wäre, die Superstringtheorie mit einer endgültigen Theorie gleichzusetzen (weil man niemals beweisen kann, dass eine Theorie endgültig ist), glaube ich, dass die Forscher an ihr weiterarbeiten sollten, solange es für sie einen Sinn ergibt. Wir sollten keine vielversprechende Idee aufgeben, aber auch keine falsche Vorstellung aufrechterhalten. Man denke nur an Albert Michelson, der seinen eigenen Ergebnissen zum Trotz in der Überzeugung starb, es müsse den leuchtenden Äther geben, der schon Jahrzehnte vorher widerlegt worden war. Ich möchte hier nicht auf die einzelnen Vor- und Nachteile der Stringtheorie eingehen. Meiner Meinung nach sind das Zwischenprodukte, und ich bin sicher, dass meine fähigen Kollegen, die daran arbeiten, das auch so sehen. So verheißungsvoll diese Theorien sind, bergen sie große konzeptionelle Schwierigkeiten, unter denen die drängendste die Wahl einer Lösung (eines Vakuums) ist, die der realen Welt entspricht, das heißt einer Lösung, die zu den Teilchen und Kräften des Standardmodells in einem sich ausdehnenden Universum führt, das mit den Rahmenbedingungen eines kosmologischen Urknallmodells zusammenpasst.

Zwei aktuelle Bücher haben die Stringtheorie aus inhaltlichen und auch aus soziologischen Gründen angegriffen: Lee Smolins *Die Zukunft der Physik* und Peter Woits *Not Even Wrong*. Wie man sich vorstellen kann, erzeugten sie großes Interesse an der Frage, ob die Theorie für die Vereinheitlichung geeignet und würdig ist. Die Reaktionen namhafter Stringtheoretiker waren gegenüber den Büchern und ihren Autoren natürlich sehr kritisch, manche sogar beleidigend. Ich sehe keinen Sinn darin, sich auf diese Weise zu bekriegen. Die Wissenschaftler sollten forschen können, woran sie wollen, auch wenn sie sich dabei überlegen sollten, ob ihre Ziele erreichbar sind. Einstein verbrachte die letzten Jahrzehnte seines Lebens damit, nach einer Theorie zu suchen, die Schwerkraft und Elektromagnetismus vereint. Viele Physiker werfen ihm das vor, weil er damit seine Zeit verschwendet habe. Die Kritik bezieht sich nicht auf Einsteins Glauben an eine Weltformel, einen Glauben, den viele der Kritiker teilen, sondern darauf, dass er seine Suche auf die klassische Schwerkraft und den Elektromagnetismus beschränkte, ohne die starke und die schwache Kraft miteinzubeziehen. Mit anderen Worten, Einsteins Kritiker glauben, eine Weltformel sei dann möglich, wenn alle vier bekannten Kräfte miteinbezogen werden. Die Anzahl der Grundkräfte hat sich geändert, doch der Glaube bleibt der gleiche. Ich halte es für gesund und richtig und wichtig, die Gründe anzuzweifeln, die hinter der Suche nach einer endgültigen Theorie stehen, und was sie darüber verraten, wie wir die Welt und unseren Platz darin betrachten. Wir alle, ob Gläubige oder nicht, müssen kritisch darüber nachdenken, wie klug die Suche nach dem Einssein in der Wissenschaft ist und was sie uns im vergangenen Jahrhundert eingebracht hat.

Zuallererst bezweifle ich das Ziel, den verlockenden Schatz am Ende der Suche. Müssen wir an die endgültige Wahrheit glauben, um die großen Geheimnisse der Natur zu erkunden? Und wenn ja, verrät uns das etwas über die Natur oder über uns selbst? Muss das Universum „schön" sein, um verstehenswert zu sein? Warum darauf beharren, Einssein mit Schönheit gleichzusetzen? Ist es nicht an der Zeit, eine andere Art von Schönheit zu würdigen, eine Schönheit, die aus den Unvollkommenheiten der Natur heraus entsteht? Um Frank Wilczek zu zitieren: „Der Glaube an die Möglichkeit der Vereinheitlichung kann zur Selbsttäuschung führen. ... Der äußere Anschein – oder vielmehr unsere Interpretation davon – ist notwendigerweise trügerisch." Allerdings argumentiert Wilczek im Weiteren, dass die moderne Physik sehr wohl auf eine Vereinheitlichung hinweise, dass die Anzeichen existierten und wir nicht irrgläubig seien. Wir werden uns mit solchen Anzeichen in Kürze befassen. Auch wenn meine große Bewunderung für Wissenschaftler wie Weinberg oder Wilczek mich das nur sehr zögerlich sagen lässt, finde ich diese Anzeichen nicht so überzeugend wie sie und viele andere. Das Wort *Hoffnung* kommt in ihren Büchern recht oft vor. „Ich hoffe, dass es der Stringtheorie tatsächlich gelingen wird, das Fundament einer endgültigen Theorie zu schaffen", schreibt Weinberg.[15] „Welcher Stein der Vereinheitlichung mit der Schwerkraft wird als nächstes ins Rollen geraten? Einer, der Hoffnung bietet, dass wir ihn beobachten können?“ schreibt Wilczek etwas vorsichtiger.[16] Meiner Meinung nach hängen wir tatsächlich einem Irrglauben an. Die Hinweise auf eine endgültige Theorie – die hauptsächlich aus Lücken in unserem gegenwärtigen Wissen bestehen, von denen viele erwarten, dass die Vereinheitlichung aller Kräfte sie auffüllen wird – sind weder so offensichtlich noch überhaupt so eindeutig, wie weithin angenommen. Das sage ich mit einem gewissen Bedauern. Als ich an der Vereinheitlichung forschte, klammerte ich mich an jedes noch so geringe Indiz, das als Beweis genügen musste um weiterzumachen. Doch im Verlauf der Zeit war jede aufregende Nachricht, dass wir einer glaubhaften Stringtheorie oder einer großen Vereinheitlichung näher wären als je zuvor, entweder völlig übertrieben oder widerlegt worden. Obwohl ich gut wusste, dass die Wissenschaft oft auf mühsamen Umwegen vorankommt, begann ich das ganze Unterfangen der Vereinheitlichung anzuzweifeln. Dass Versuche, gescheiterte Theorien zu retten, krampfhaft und nur noch losgelöster von der physikalischen Realität schienen, machte es noch schlimmer. Die ganze Sache fing an, sich immer mehr nach Glauben als nach Wissenschaft anzufühlen.

Die Situation erinnert voller Ironie an das Konzept eines „Gottes der Lücken“ aus den Kriegen zwischen Wissenschaft und Religion, demzufolge Gott da beginnt, wo die Wissenschaft endet. Indem die Wissenschaft voranschreitet und wir mehr über die Natur erfahren, wird Gott zu seiner Demütigung in immer kleinere Lücken zurückgedrängt. Gläubige sind davon überzeugt, dass sich die Lücken nie ganz schließen werden. Skeptiker sind davon überzeugt, dass das doch der Fall sein wird. Die entsprechende Aussage zur Vereinheitlichung, der „Vereinheitlichung der Lücken“, würde lauten: Die Vereinheitlichung beginnt da, wo unsere aktuellen Theorien enden. Was wir nicht wissen, wird die Vereinheitlichung erklären. Indem die Wissenschaft weiterkommt und wir mehr über die Natur und ihre Symmetrieverletzungen erfahren, wird die Vereinheitlichung zu ihrer Demütigung in immer kleinere Lücken zurückgedrängt. Theorien werden hastig überarbeitet, Parameter verschoben, die ganze Aufgabe der Vereinheitlichung neu definiert. Die Entdeckung der dunklen Energie ist ein gutes Beispiel. Vor 1998 war das erklärte Ziel vereinheitlichter Theorien die Aufhebung der Vakuumfluktuationen, um ihre kosmologische Wirkung auszulöschen: Die Energie in den Fluktuationen würde, wie Einsteins kosmologische Konstante (siehe Teil II), dazu führen, dass sich das Universum mit beschleunigender Geschwindigkeit ausdehnt. Nach der Entdeckung der kosmischen Beschleunigung im Jahr 1998 scheint eine endliche Energie des Vakuums – eine endliche kosmologische Konstante, die das Universum beschleunigt, oder eine andere Form „dunkler Energie“ – unumgänglich. Auf einmal versuchen die Forscher mit der Vereinheitlichung zu argumentieren, um ihren Betrag zu begründen. Viele führen sogar das *anthropische Prinzip* – dass das Universum so ist, wie es ist, damit es Leben ermöglicht – ins Feld, um den gemessenen Betrag dunkler Energie zu begründen. Was für eine Kehrtwende!

Wäre es nicht das Beste einzugestehen, dass sich unsere Sicht der Welt immer weiterentwickeln wird? Dass niemals eine endgültige Wahrheit entdeckt werden wird, aus dem einfachen Grund, dass wir niemals die gesamte Information zur Verfügung haben werden, um zu entscheiden, ob wir bei der endgültigen Wahrheit angelangt sind? Wie ich weiter oben erwähnt hatte, sagen viele Vereiniger oft, dass Einstein mit seinem Versuch einer Vereinheitlichung niemals Erfolg haben konnte, weil er die Quantenmechanik sowie die starke und die schwache Kraft, die bis zu seinem Tod nicht gut verstanden waren, nicht mit einbezog. Daraufhin behaupten sie, dass die Lage nun anders ist und wir es heute besser wissen. Nur, wie können wir uns da so sicher sein? Woher nehmen wir das Wissen, dass es nicht noch weitere Kräfte gibt, die darauf warten, entdeckt zu werden, eine tiefere Ebene neuer Teilchen und Wechselwirkungen etwa? Wie können wir sicher sein, dass sich nicht immer noch eine weitere neue Erkenntnis im Schatten verbirgt, außerhalb der Reichweite unserer Detektoren, die unsere Vereinheitlichungsbemühungen für immer unvollständig bleiben lassen? Theorien können uns die Richtung weisen, aber nicht mehr. Allein Experimente können entscheiden, was wahr ist.[17]

Unser Wissen über die Welt ist ganz sicher nicht alles, was es zu wissen gibt. Jede gegenteilige Behauptung zeugt nur von der Arroganz des Menschen. Der Versuch, alles zu vereinheitlichen, ist daher – selbst auf der Ebene fundamentaler Physik – zum Scheitern verurteilt. Die Überzeugung, der menschliche Verstand könne eine endgültige Wahrheit erfassen, ist ein glaubensgesteuerter Irrtum, der sich aus unserem Bedürfnis speist, mehr als nur einfach menschlich, sondern, Göttern gleich, allwissend zu sein. Allerdings ist dies ein Irrtum, der auf unsere Angst vor Verlust und unsere allzu vielen Beschränkungen zurückgeht. Endgültige Vereinheitlichung, selbst innerhalb des begrenzten Felds der Teilchenphysik, ist unmöglich. Alles, was wir erreichen können, ist das, was wir über die Welt erfahren, zu sammeln und möglichst stimmig zu gliedern. Sobald wir das akzeptieren, können wir die Welt in ihrer unvollkommenen Schönheit bewundern – endlos schöpferisch und endlos überraschend. Sobald wir das akzeptieren, können wir die Welt mit menschlichen Augen betrachten, anstatt durch die Linse von Möchtegern-Göttern zu blicken. In einer Variation der Worte Sokrates: Je mehr wir wissen, desto bescheidener sollten wir werden.

Mein Vorschlag lautet, sich anstelle der Suche nach einer abschließenden Vollkommenheit auf die Unvollkommenheiten der Natur zu konzentrieren. Wie wir später sehen werden, führt dieser neue Ansatz zu Konsequenzen über die Naturwissenschaft hinaus; er zwingt uns, die Welt so zu sehen, wie sie ist, und nicht so, wie wir sie wollen. Symmetrien sind großartige Werkzeuge, aber kein endgültiges Gesetz. Die Natur ist schön, weil sie unvollkommen ist. Hinter jeder Unvollkommenheit steckt ein Mechanismus zur Erzeugung komplexer Strukturen. Unvollkommenheit und Ungleichgewicht sind die Saat des Werdens. Eine vollkommene Natur wäre gestaltlos und schal, losgelöst von der Wirklichkeit existierte sie nur in einer platonischen Ideenwelt. Wieder liefert die dunkle Energie das perfekte Beispiel. Sie ist „hässlich“ und unvorhergesehen; ihr Betrag widerspricht der Intuition. Doch sie ist es, die den Kosmos flach genug sein lässt, um Galaxien und schließlich auch Leben hervorzubringen.

Um die Rolle der Asymmetrie in der Welt des ganz Kleinen etwas konkreter zu betrachten, werden wir uns kritisch mit den Erfolgen der Vereinheitlichung auseinandersetzen und einige der vielen Fragen ansprechen, die die Vereinheitlichung unbeantwortet lässt.

32

Symmetrien und Asymmetrien der Materie

Die erste Vereinheitlichung war die von Elektrizität und Magnetismus. Lösungen der Maxwell-Gleichungen im Vakuum sind wunderbar symmetrisch bezüglich Elektrizität und Magnetismus: Die beiden Felder befördern sich gegenseitig, während sie sich mit Lichtgeschwindigkeit durch den leeren Raum bewegen. Sind dagegen Quellen vorhanden, ist die Symmetrie unvollkommen; magnetische Monopole, die entsprechenden Gegenstücke zu einzelnen elektrischen Ladungen, gibt es nicht. Falls doch, dann wurden sie aufwendigen Suchen und größten Anstrengungen zum Trotz zumindest noch nicht gefunden.[18]

Als wir uns der Teilchenphysik zuwandten, begegneten wir der Asymmetrie zwischen Materie und Antimaterie. Innerhalb der beiden Kategorien innerer und äußerer Symmetrien gibt es eine innere Symmetrieoperation (in der Praxis eine mathematische Operation), die Materieteilchen in ihre Antimaterieteilchen verwandelt.[19] Die Operation heißt *Ladungskonjugation*, dargestellt durch ein großes *C*. Die gemessene Asymmetrie zwischen Materie und Antimaterie bedeutet, dass die Natur bezüglich der Ladungskonjugation nicht symmetrisch sein kann: In einigen Fällen lassen sich die Rollen von Teilchen und Antiteilchen nicht genau vertauschen. Insbesondere ist die C-Symmetrie in schwachen Wechselwirkungen verletzt. Schuld daran sind die Neutrinos, von allen bekannten Teilchen die sonderbarsten. Es ist an der Zeit, ihre Geschichte zu erzählen.

Unmittelbar vor Beginn des Ersten Weltkriegs gesellte sich ein eigenartiges, experimentelles Ergebnis zu den vielen Alpträumen, die Quantenphysikern den Schlaf raubten. James Chadwick, der im Jahr 1932 das Neutron entdecken sollte, untersuchte den Betazerfall, den Ausstoß eines Elektrons aus einem radioaktiven Kern. Kerne mit zu vielen Neutronen können ihre Stabilität verbessern, indem ein Neutron in ein Proton umgewandelt wird. Auf Grund der Ladungserhaltung muss die positive Ladung des Protons von einer negativen Ladung neutralisiert werden – und so wird das Elektron aus dem Kern geschleudert, um der Ladungserhaltung Genüge zu tun. Der Schock kam, als Chadwick die in hohen Ehren gehaltene Energieerhaltung überprüfte. Das Elektron aus dem Betazerfall hätte stets die gleiche Energie haben sollen, nämlich den Massenunterschied der beiden Kerne (mal c^2).[20] Das war aber nicht der Fall! Ihre Energien schwankten stark. Manche wurden mit hohen Geschwindigkeiten ausgestoßen, andere mit niedrigeren. Niemand verstand, warum das so war. 1929 noch schrieb Niels Bohr: „Wir haben keine Rechtfertigung, das [Gesetz der Energieerhaltung] im Fall der Betastrahlungszersetzung aufrechtzuerhalten. Die Eigenschaften der atomaren Stabilität, die der Existenz und dem Verhalten von Atomkernen zu Grunde liegt, könnten uns zwingen, die Idee der Energieerhaltung komplett aufzugeben."

Man höre und staune: Der große Niels Bohr war bereit, die Energieerhaltung aufzugeben! Die Lage wurde offensichtlich immer auswegloser. Rutherford war vorsichtiger und wartete zunächst ab. Dirac hatte noch Hoffnung und sagte: „Mir wäre es lieber, die strenge Erhaltung der Energie um jeden Preis beizubehalten.“ Wie allen anderen auch, doch wie?

Gegen Ende des Jahres 1930 hatte Wolfgang Pauli eine verrückte Idee. Er soll gesagt haben: „Heute habe ich etwas getan, was ein Theoretiker nie in seinem Leben tun sollte. Ich habe nämlich etwas, was man nicht verstehen kann, durch etwas zu erklären versucht, was man nicht beobachten kann.“ Er sandte einen Brief an Kollegen, die sich in Tübingen versammelt hatten, um sich über Radioaktivität auszutauschen: „Liebe Radioaktive Damen und Herren, ich [bin] auf einen verzweifelten Ausweg verfallen. ... Nämlich die Möglichkeit, es könnten elektrisch neutrale Teilchen, die ich Neutrinos nennen will, in den Kernen existieren.“[21] Die Neutrinos hätten jeweils genau die Energie, dass sie gemeinsam mit der Energie des jeweils ausgestoßenen Elektrons der Massendifferenz der beiden Kerne entsprächen und somit alles nach Plan liefe. Die Energieerhaltung war gerettet.

Tatsächlich werden in Betazerfällen *Anti*neutrinos und keine Neutrinos ausgestoßen. Der Grund dafür ist eine weitere innere Symmetrie, die in der schwachen Wechselwirkung erhalten bleibt: die Leptonenzahl.[22] Man kann sich die Leptonenzahl als eine Art Ladung vorstellen, ähnlich der elektrischen Ladung. Jedes Lepton (ein Elektron etwa) trägt eine positive Einheit der Leptonenzahl mit sich; jedes Antilepton (ein Positron etwa) trägt eine negative Einheit. Wenn die Leptonenzahl im Betazerfall erhalten bleibt, muss sich die Leptonenzahl des Elektrons (+1) mit der Leptonenzahl des Antineutrinos (–1) aufheben. Der Betazerfall lässt sich also so darstellen:

Neutron → Proton + Elektron + Antineutrino.

Da Neutronen und Protonen Hadronen sind, ist ihre Leptonenzahl null. Die Mathematik geht schön auf: Auf der linken Seite beträgt die Gesamtleptonenzahl null (ein Neutron); auf der rechten Seite beträgt sie ebenfalls null.

Neutrinos wechselwirken nur über die schwache Kraft und sind extrem schwer zu beobachten. Im Inneren der Sonne, wo Wasserstoff zu Helium verschmilzt, werden sie reichlich produziert. Jede Sekunde durchqueren Billionen solcher Sonnenneutrinos unsere Körper, ohne dass wir es bemerken. Die Sonne spendet noch viel mehr als nur Licht und Wärme.

Obwohl sie so geisterhaft sind, können Neutrinos durchaus nachgewiesen werden. 1956 war es endlich soweit. Zwischen Paulis Vorhersage und ihrem experimentellen Nachweis waren 26 Jahre vergangen. Diese Verzögerung zwischen Theorie und Experiment wird oft als Beispiel angeführt, warum man manchmal einfach Geduld braucht, um tiefgreifende Entdeckungen zu machen. Üblicherweise eilt die Theorie der Technik voraus, zumindest in der Teilchenphysik und in der Kosmologie. Ideen sind billiger als Maschinen. Das Higgs-Teilchen wurde beispielsweise vor mehr als 40 Jahren vorgeschlagen und ist noch immer nicht nachgewiesen worden. Wie wir in Teil II angesprochen hatten, wird hoffentlich der LHC das Higgs-Teilchen, oder etwas Ähnliches, entdecken. Ich wäre jedoch vorsichtig mit Argumenten, die mögliche Zeitverzögerungen zwischen Theorie und Experiment anführen, um über den Mangel an Daten zur Vereinheitlichung hinwegzutrösten. Man kann Teilchenphysik nicht aus der Geschichte verstehen. Wir werden noch sehen: Wenn Neutrinos irgendetwas beweisen, dann, wie asymmetrisch die Natur ist. Sie sind die Fackelträger des unvollkommenen Kosmos. Um zu verstehen, warum das so ist, müssen wir eine weitere räumliche Symmetrie ins Spiel bringen, die *Parität*.

Die Paritätsoperation, dargestellt durch den Buchstaben *P*, verwandelt ein Objekt in sein Spiegelbild, eine Transformation, die sich durch Translationen und Rotationen nicht erreichen lässt. Unsere Gesichter sind näherungsweise paritätsinvariant (lässt man kleine Male oder Makel außer Acht), doch unsere Körper sind es nicht: Ihr Spiegelbild hat das Herz auf der rechten Seite.[23]

Teilchen haben einen Spin: Sie drehen sich um sich selbst, so wie Kreisel oder wie die Erde. Teilchen sind jedoch keine gewöhnlichen Kreisel. Weil sie Quantenobjekte sind, ist ihr Spin quantisiert: Sie haben nur einige wenige Rotationszustände. Ein Kreisel kann sich im Gegensatz dazu mit jeder beliebigen Geschwindigkeit drehen. Es ist ein bisschen wie mit alten Schallplatten, die man nur mit 33 ⅓, 45 oder 78 Umdrehungen pro Minute abspielen kann.[24] Alle Materieteilchen, alle Quarks und Leptonen also, können sich nur auf zwei Arten drehen. Man sagt, sie haben Spin ½, den kleinsten möglichen Spinbetrag, das Quant der Rotation.[25] Vereinfacht kann man sich vorstellen, dass sich ein Teilchen mit der gleichen Geschwindigkeit entweder nach rechts oder nach links um die senkrechte Achse dreht.

Ein Drehsinn ist das Spiegelbild des anderen. Man kann dies mit einem Ball oder einem Schraubenzieher selbst vor dem Spiegel ausprobieren. Angewendet auf ein Teilchen mit Spin, kann die Paritätsoperation den Drehsinn umkehren.

Nachdem der Betazerfall die Neutrinos zutage gebracht hat, hat er noch ein weiteres Ass im Ärmel: Mit seiner Hilfe lässt sich zeigen, dass Neutrinos nicht paritätssymmetrisch sind. Die Natur ist nicht spiegelsymmetrisch; sie hat eine bevorzugte räumliche Orientierung. Als gäbe es einen Kreisel, der sich nur gegen den Uhrzeigersinn drehte! 1956 sagten zwei chinesisch-amerikanische Physiker, T. D. Lee und C. N. Yang, eine Verletzung der Parität durch die schwache Wechselwirkung vorher. Zur Bestürzung vieler hatten T. T. Wu und ihre Gruppe die Vorhersage innerhalb weniger Monate bestätigt. Nur *linkshändige* Neutrinos wechselwirken mit Materie: Stellt man sich ein Neutrino vor, das sich nach oben fortbewegt, dann rotiert es von Osten nach Westen. Im Gegensatz dazu treten Antineutrinos nur in ihrer rechtshändigen Form auf: Sie rotieren von Westen nach Osten. Die Natur hat ausgeprägte Vorlieben bezüglich Links- und Rechtshändern.

Prinzipiell könnte es auch rechtshändige Neutrinos geben, nur sind sie noch nie beobachtet worden. Das heißt, dass sie entweder unglaublich schwach mit gewöhnlicher Materie wechselwirken oder dass sie sehr schwer sind. (Oder es gibt sie eben einfach nicht.) So oder so scheinen sie ganz anders als ihre allgegenwärtigen, linkshändigen Verwandten zu sein. So viel zum hohen Maß an Symmetrie in der Teilchenphysik. Doch halt! Es kommt noch besser.

Nehmen wir C und P, also Ladungskonjugation und Parität, zusammen. Wenden wir die C-Operation auf ein linkshändiges Neutrino an, sollten wir ein linkshändiges Antineutrino erhalten. Das Problem ist, dass in der Natur keine linkshändigen Antineutrinos vorkommen. Deshalb verletzt die schwache Kraft, die einzige, die Neutrinos (bis auf die Schwerkraft) fühlen, die C-Symmetrie. Gehen wir einen Schritt weiter. Wenn wir die C- und die P-Operation *gemeinsam* auf ein linkshändiges Neutrino anwenden, sollten wir ein rechtshändiges Antineutrino erhalten: Die C-Operation macht aus dem Neutrino ein Antineutrino, und die P-Operation lässt aus dem Linkshänder einen Rechtshänder werden. Tatsächlich sind Antineutrinos rechtshändig! Wir haben anscheinend Glück. Die schwache Wechselwirkung verletzt C und P jeweils einzeln, scheint aber die vereinte CP-Symmetrie zu erhalten. Konkret heißt das, dass sich Reaktionen, an denen linkshändige Teilchen beteiligt sind, mit der gleichen Häufigkeit abspielen sollten wie Reaktionen, an denen rechtshändige Antiteilchen beteiligt sind. Alle waren erleichtert. Es bestand Hoffnung darauf, dass alle bekannten Wechselwirkungen der Natur die CP-Symmetrie erhielten. Die Schönheit war zurückgekehrt.

Die Freude währte aber nicht lang. 1964 entdeckten James Cronin und Val Fitch in Zerfällen eines Teilchens mit dem Namen *neutrales Kaon* und der symbolischen Darstellung K^0 eine kleine Verletzung der vereinten CP-Symmetrie. Im Wesentlichen haben das K^0 und sein Antiteilchen eine andere Zerfallsrate als die mit einer CP-symmetrischen Theorie vereinbare. Die Gemeinschaft der Physiker stand unter Schock. Die Schönheit war – wieder einmal – *perdu.*

Die CP-Verletzung hat eine noch weiter reichende und rätselhaftere Folge: Teilchen bevorzugen eine Richtung der Zeit. Die Asymmetrie der Zeit, das Markenzeichen des expandierenden Universums, existiert auch auf mikroskopischer Ebene! Das war nicht zu erwarten – und darüber müssen wir genauer nachdenken.

Dass die Zeit vorwärts läuft, ist eigentlich jedem klar. Wir machen aus Eiern Rühreі und nicht umgekehrt. Ein Zuckerwürfel, den man sich in den Kaffee gerührt hat, verwandelt sich nicht spontan wieder in einen Würfel. Pflanzen ziehen sich nicht in ihre Saatkörner zurück. Und wir werden auch nicht jünger. Würden wir einen Koch beim Kochen oder Pflanzen beim Wachsen filmen und das Ganze dann rückwärts abspielen, dann wäre sofort klar, dass die Zeit rückwärts läuft. Bei einfachen Systemen fällt die Unterscheidung jedoch nicht so leicht. Ein Pendel schwingt von links nach rechts nach links. Betrachtet man nur die Schwingung, lässt sich daran nicht ablesen, ob die Zeit vorwärts läuft. Das gleiche gilt für zwei zusammenstoßende Billardkugeln oder für ein Photon, das auf ein Elektron trifft. Solche Systeme heißen *zeitumkehrinvariant*: Für sie hat die Zeit keine bevorzugte Richtung. Man kann eine Symmetrieoperation, die *Zeitumkehr*, definieren, die in einem System die Richtung umdreht, in die die Zeit läuft. Sie wird durch ein großes *T* symbolisiert. Rollt ein Ball von links nach rechts, dann rollt er nach Anwendung von T von rechts nach links. In Teil II haben wir gesehen, dass die Expansion des Universums auf astronomischen Maßstäben nicht invariant unter einer Umkehr der Zeit ist: Es gibt eine kosmische Richtung der Zeit, die den Ursprung von Galaxien und letztendlich unseren eigenen Ursprung mit unserem Universum als Ganzes verknüpft. In der Welt des Subatomaren aber sollten die Dinge anders liegen, so symmetrisch wie möglich nämlich. Dies ist allerdings nicht der Fall. Das Standardmodell der Teilchenphysik muss diese Asymmetrien miteinbeziehen.

Man kann die Verbindung zwischen der CP-Verletzung und der Richtung der Zeit noch auf eine andere Weise sehen. Die Theorien der Teilchenphysik *müssen* die vereinte Dreiersymmetrie CPT (genauer: die Anwendung aller drei Symmetrieoperationen nacheinander: Teilchen zu Antiteilchen, Linkshänder zu Rechtshänder und Umkehr der Zeit) erhalten. Die CPT-Symmetrie aufzugeben, hieße, dass Einsteins spezielle Relativitätstheorie, das Fundament all unserer Theorien zur Beschreibung der Wechselwirkungen zwischen Materieteilchen, falsch oder zumindest grob unvollständig wäre. Glücklicherweise ist bisher noch keine CPT-Verletzung beobachtet worden. Darum, und weil die CP-Symmetrie verletzt ist, muss auch die T-Symmetrie verletzt sein, sodass das Produkt aus CP und T wieder erhalten ist. Dies ist genauso, wie man –1 mit –1 multipliziert, um +1 zu erhalten. Solange die CPT-Symmetrie gilt, impliziert eine CP-Verletzung also eine bevorzugte Richtung der Zeit auf mikroskopischer Ebene.

Inzwischen sind aus einer weiteren Familie von Teilchen, den B-Mesonen, Fälle von CP-Verletzungen bekannt. Die Natur unterscheidet nicht nur zwischen links- und rechtshändig, sondern auch zwischen den beiden Richtungen der Zeit. Warum sie das nur in der schwachen Wechselwirkung tut, ist eine offene Frage. Es gibt viele, die erwarten, dass auch die starke Wechselwirkung die CP-Symmetrie verletzt, aber experimentelle Daten sprechen nicht dafür. Ganz im

Gegenteil, sie deuten darauf hin, dass das nicht zutrifft. Für das Ausbleiben jeglicher CP-Verletzung in der starken Wechselwirkung sind mehrere Erklärungen vorgeschlagen worden. Die gängigsten sagen die Existenz eines leichten, *Axion* genannten Teilchens vorher, doch trotz vielen Suchens wurde noch kein Axion gefunden. Dass die starke und die elektromagnetische Wechselwirkung CP-erhaltend sind, unterscheidet sie grundlegend von der schwachen Wechselwirkung. Jeder Versuch, die drei Wechselwirkungen zu vereinen, muss einen Weg finden, diesen Unterschied zu überbrücken – was keine einfache Aufgabe ist.

33

Der Ursprung der Materie im Universum

Aus meiner Sicht ist die CP-Verletzung ein kostbares Geschenk. Sie bietet uns die Möglichkeit zu verstehen, warum es in unserem Universum mehr Materie als Antimaterie gibt, nachdem sich zu Beginn beide die Waage hielten: Die Asymmetrie bildete sich mit der Zeit und mit der Entwicklung des Universums heraus. Die Alternative wäre ein Universum, das zufällig mit dem passenden Materieüberschuss aus der Ursuppe hervorgegangen ist. In diesem Fall müsste das Ungleichgewicht von „eins zu einer Milliarde" zwischen Materie- und Antimaterieteilchen auf irgendeiner unerklärlichen Anfangsbedingung beruhen. Wo immer möglich versuchen Physiker, die Mechanismen zu verstehen, die Naturerscheinungen zu Grunde liegen. Der Materieüberschuss bildet da keine Ausnahme.

Der große russische Physiker und Friedensaktivist Andrei Sacharow war der erste, der den Überschuss von Materie mit der CP-Verletzung in Verbindung brachte. 1967, nur drei Jahre, nachdem Cronin und Fitch die CP-Verletzung entdeckt hatten, schrieb Sacharow einen weitblickenden Forschungsartikel, in dem er drei Bedingungen dafür nannte, dass sich im frühen Universum ein Ungleichgewicht zugunsten der Materie entwickeln konnte. Um einen Materieüberschuss hervorzurufen, müssen die Wechselwirkungen zwischen Teilchen mehr Quarks als Antiquarks produzieren und der Überschuss muss erhalten bleiben, während das Universum sich ausdehnt. Im Einzelnen sieht das wie folgt aus:

1. *Es muss eine Verletzung der Baryonenzahlerhaltung vorliegen.* Genau wie das Elektron und die anderen Leptonen eine Leptonenzahl haben, besitzen Baryonen eine Baryonenzahl. So haben Proton und Neutron jeweils die Baryonenzahl +1. Ihre Antiteilchen haben die Baryonenzahl –1. Daher müssen Wechselwirkungen zwischen Teilchen die Baryonenzahlerhaltung verletzen, um mehr Baryonen als Antibaryonen zu erzeugen. Die Gesamtbaryonenzahl sollte sich bei einer Wechselwirkung zwischen Teilchen ändern. Wird sie größer, entsteht ein Baryonenüberschuss. Wird sie kleiner, entsteht ein Überschuss an Antibaryonen.[26]
2. *Es muss eine Verletzung der Ladungserhaltung und der CP-Erhaltung (oft kurz als C- bzw. CP-Verletzung bezeichnet) vorliegen.* Dass in Wechselwirkungen einfach nur entweder mehr Baryonen oder mehr Antibaryonen erzeugt werden, reicht nicht aus. Es muss eine Bevorzugung der Baryonen geben. Das ist möglich bei Verletzung der C- und der CP-Erhaltung. Die Stärke der Verletzung ist entscheidend für die resultierende Asymmetrie zwischen Materie und Antimaterie.
3. *Es muss ein thermisches Ungleichgewicht vorliegen.* Thermisches Gleichgewicht bedeutet ja, dass im Durchschnitt alles gleich bleibt. Wäre das frühe Universum im ther-

mischen Gleichgewicht gewesen, während ein Überschuss an Baryonen entstand, dann hätten schließlich auch Antibaryonen entstehen und das Ungleichgewicht dadurch wieder zunichte machen müssen. Um die unter den Voraussetzungen 1 und 2 entstandene Baryonenasymmetrie zu erhalten, muss unser Universum eine Zeit lang im Ungleichgewicht verblieben sein.

Wie gerät das Universum aus dem thermischen Gleichgewicht? Wir erinnern uns an die Erörterung der erstaunlich homogenen Temperatur des Mikrowellenhintergrunds und des damit verbundenen Horizontproblems im Urknallmodell in Teil II: Thermisches Gleichgewicht stellt sich immer durch Teilchenstöße ein. In der Kosmologie wird thermisches Gleichgewicht meistens anhand des Vergleichs von zwei (oder manchmal auch mehr) Zeitskalen definiert, in diesem Fall der Zeitskala, mit der der Kosmos expandiert, und der Rate, mit der die Teilchen miteinander wechselwirken. Falls sich das Universum schneller ausdehnt als die Teilchen miteinander wechselwirken können, können sie keine Informationen austauschen und damit auch nicht im Temperaturgleichgewicht bleiben: Durch die Expansion entfernen sie sich zu schnell voneinander. Die Reaktionen finden im Ungleichgewicht statt. Reagieren die Teilchen dagegen schneller als die Expansion sie auseinander treibt, bleiben sie im thermischen Gleichgewicht.

Könnten alle drei Kriterien zu einem Zeitpunkt in der frühen kosmischen Kindheit gemeinsam erfüllt gewesen sein? Möglicherweise lautet die Antwort „ja“. Die ersten Modelle der *Baryogenese*, die die Entstehung der Baryonen zu erklären versuchten, wandten die drei Sacharow-Kriterien im Kontext großer vereinheitlichter Theorien (*Grand Unified Theories*, GUTs) an, die Mitte der 1970er Jahre vorgeschlagen wurden, um die starke, die schwache und die elektromagnetische Kraft miteinander zu vereinen. Die starke Wechselwirkung beschreibt ja, wie Quarks durch den Austausch von Gluonen miteinander wechselwirken, während die schwache Wechselwirkung mit ihren drei Eichbosonen radioaktive Zerfälle über C- und CP-verletzende Prozesse beschreibt. Die beiden Kräfte zu vereinen bedeutet, die Unterscheidung zwischen Quarks und Leptonen aufzuheben. Mit anderen Worten, in der Welt der großen Vereinheitlichung können Quarks zu Leptonen werden und umgekehrt. Eine Folge davon ist, dass das Proton nicht mehr stabil ist: Nicht nur Marmor, Stein und Eisen bricht, sondern vielleicht auch das Proton. Das ursprüngliche, 1974 von Sheldon Glashow und Howard Georgi vorgeschlagene GUT-Modell sagte für das Proton eine Zerfallszeit von rund 10^{30} Jahren vorher, eine Billion Milliarden mal so lang wie das Alter des Universums. „Unsinn", wird der Leser sicher protestieren, „das kommt doch auf das Gleiche heraus, wie wenn es stabil wäre." Doch das stimmt nicht ganz. Man braucht nur genügend Protonen in einem ausreichenden Volumen zu sammeln und zu beobachten, ob eines davon in einem angemessenen Zeitraum zerfällt.[27]

Experimentalphysiker, die darauf aus waren, die GUTs zu bestätigen, sammelten riesige Mengen (über 10 000 Tonnen) Wasser in unterirdischen Tanks und platzierten Sensoren darum, die den sehr schwer zu beobachtenden Protonenzerfall detektieren sollten. Die Suche fand an vielen Orten rund um die Welt statt. Doch das Proton zerfiel nicht. Rocky Kolb, nach seiner Promotion am Fermilab mein Betreuer und einer der führenden Kosmologen auf dem Gebiet der aufkommenden GUT-Baryogenese, berichtete mir einmal „wie niederschmetternd es war, herauszufinden, dass das Proton nicht zerfallen war. Wir waren so sicher, dass es passieren würde ..." Theoretiker beeilten sich, ihre Modelle so anzupassen, dass sich die vorhergesagte Lebensdauer des Protons um einige Größenordnungen erhöhte und mit den experimentellen Grenzen vereinbaren ließ. Doch auch als die Detektoren größer wurden, weigerte sich das Proton standhaft zu zerfallen. Alle einfacheren GUT-Modelle scheiterten an diesem Test. Ockhams Rasiermesser scheint hier einfach nicht zu greifen.

Einige GUT-Modelle schaffen es noch über die aktuellen Untergrenzen. Der Preis, den sie dafür zahlen, ist entweder eine künstlich komplizierte Konstruktion oder eine neue Symmetrie der Natur, die *Supersymmetrie* heißt. Diese Symmetrie ist, wie ihr Name schon sagt, wirklich „super": Sie verwandelt Materieteilchen in Austauschteilchen. Sie wurde in den 1970er Jahren vorgeschlagen und wäre die großartigste aller Symmetrien, die alle möglichen Arten von Teilchen miteinander verbände. Die Vereiniger sind natürlich ganz heiß auf sie und nennen sie liebevoll SUSY.[28]

SUSY-Theorien liefern beeindruckende Vorhersagen über die Materie im Universum. Insbesondere hat demnach jedes Teilchen einen supersymmetrischen Partner: Das Photon hat das „Photino", ein Gluon ein „Gluino", ein Quark ein „Squark" usw. Sollte die SUSY bestätigt werden, dann würde sich die Anzahl der Teilchen ähnlich wie bei der Entdeckung der Antimaterie automatisch verdoppeln. Weil, anders als im Fall der Antimaterie, noch keines dieser supersymmetrischen Teilchen beobachtet worden ist, müssten alle außerordentlich schwer oder instabil sein. Sind sie sehr schwer, können sie in gegenwärtigen Teilchenbeschleunigern nicht erzeugt werden. Sind sie extrem instabil, dann können sie zerfallen, bevor sie detektiert werden, wobei die Zerfallsspuren manches über ihre Eigenschaften verraten könnten. Wäre das alles, wäre die Lage ziemlich hoffnungslos. Ideen, die man nicht prüfen kann, sind in der Wissenschaft wenig sinnvoll. Zum Glück ist das leichteste SUSY-Teilchen in vielen Modellen stabil. Auf der Fahndungsliste der meistgesuchten Teilchen der Natur steht das leichteste SUSY-Teilchen gleich hinter dem Higgs-Teilchen auf Platz zwei. Sollte es gefunden werden, würde es die Supersymmetrie bestätigen und als eine mögliche Lösung für viele der Rätsel bereitstehen, die die Teilchenphysik und die Kosmologie zurzeit plagen. So ist das leichteste SUSY-Teilchen beispielsweise einer der Hauptkandidaten für die dunkle Materie. Trotz großer Bemühungen in Dutzenden von Experimenten rund um die Welt hat es sich bis jetzt allerdings jeglicher Beobachtung entzogen und zwingt die Theoretiker, seine Masse immer weiter nach oben zu verschieben und die Reichweite seiner Wechselwirkungen zu beschränken.

Viele halten es für wahrscheinlich, dass das leichteste SUSY-Teilchen im LHC gefunden wird. Auf der anderen Seite könnte es auch einfach eine schlaue Erfindung symmetriehungriger Theoretiker bleiben – dies ist vollkommen offen. Dass es sich seiner Entdeckung bisher entzogen hat, ist kein gutes Anzeichen.[29] Um die Lage noch schlimmer zu machen, haben der riesige Super-Kamiokande-Detektor in Japan und der Soudan-2-Detektor in den USA supersymmetrische GUT-Modelle, zumindest die einfacheren, wieder auf Grund der Lebensdauer des Protons, ausgeschlossen. Wenn die SUSY eine Symmetrie der Natur ist, dann hat sie sich gut versteckt. Wir wissen, dass sie „gebrochen" sein muss, d. h. sich bei Energien, die gegenwärtigen Experimenten zugänglich sind, nicht als Symmetrie zeigt. Andernfalls hätten wir sie ja schon gesehen. Die Einzelheiten dieser Symmetriebrechung, die wir nicht kennen, stehen in direktem Zusammenhang mit den Massen der mutmaßlichen Superpartner, der supersymmetrischen Partner der gewöhnlichen Materieteilchen. Auf diese Weise können die Theoretiker die Brechung der Supersymmetrie auf absehbare Zeit aus der Reichweite von Experimenten hinausschieben – eine beunruhigende Möglichkeit.

Angesichts der Probleme der GUTs müssen wir nach anderen Methoden suchen, die Materieasymmetrie im frühen Universum herbeizuführen. Immerhin sind wir der lebende Beweis, dass sie existiert. Zum Glück gibt es eine andere Methode. Anstatt die hypothetische große Vereinheitlichung zu bemühen, könnte man sich die Tatsache zunutze machen, dass die schwache Kraft ohnehin schon die C- und CP-Erhaltung verletzt (Sacharows Kriterium Nummer zwei). Vielleicht lässt sich so die Materieasymmetrie bei niedrigeren Energien, bei denen das Standardmodell gilt, erzeugen, ein Vorgehen, das viel vernünftiger und greifbarer erscheint. Aus kosmologischer Sicht würde das die Phase der Baryogenese nach hinten verschieben: Von einer billionstel billionstel billionstel Sekunde nach dem Urknall – der Zeit, bis zu der unseren Annahmen zufolge die Vereinigung von starker, schwacher und elektromagnetischer Kraft galt (in etwa die Zeit, zu der die Expansion stattfand, siehe Teil II) – hin zu einer billionstel Sekunde nach dem

Urknall. Sie läge dann noch innerhalb der Zeit, in der die Vereinigung von schwacher und elektromagnetischer Kraft galt. Die Herausforderung sind die Kriterien 1 und 3: Man müsste im Standardmodell ein Instrument zur Verletzung der Baryonenzahl finden und Abweichungen vom thermischen Gleichgewicht erzeugen. Das nächste Kapitel beschäftigt sich damit, wie das funktionieren könnte.

34

Ein Universum im Übergang

„Baryogenese im elektroschwachen Phasenübergang“ ist ein ziemliches Wortungetüm, aber wir können es mit dem, was wir in diesem Buch bereits kennengelernt haben, durchaus verstehen. Die *Baryogenese* ist die Entstehung eines Baryonenüberschusses, also von mehr Materie als Antimaterie. *Elektroschwach* steht für die Kraft, die sich aus der vereinheitlichten Beschreibung der elektromagnetischen und der schwachen Wechselwirkung ergibt. *Phasenübergänge* sind Prozesse, in denen eine Änderung der Umgebungsbedingungen zu einer qualitativen Zustandsänderung im System führt, zum Beispiel, wenn sich Wasser bei sinkender Temperatur in Eis verwandelt. Wir werden sehen, dass Prozesse, die Phasenübergängen gleichen, qualitative Veränderungen in den inneren Symmetrien der Teilchenphysik beschreiben.

Das Standardmodell fasst alles zusammen, was auf der Suche nach der Vereinheitlichung bislang erreicht worden ist. Wir hatten bereits die mit dem Nobelpreis gewürdigte Arbeit von Glashow, Salam und Weinberg erwähnt, die die Existenz der schwachen Eichbosonen W^+, W^- und Z^0, der Austauschteilchen der schwachen Wechselwirkung, vorhergesagt hatte. Ihre Entdeckung im Jahr 1983 kündete von einer neuen Ära der Teilchenphysik und verlieh dem Standardmodell seine Glaubwürdigkeit. Die Theorie ging über die Vorhersage neuer Teilchen hinaus und lieferte einen neuen Ansatz dafür, was unter „Masse" zu verstehen ist. Das Higgs-Teilchen ist ja das Quant des hypothetischen Felds, das den Materie- und Austauschteilchen ihre Masse verleiht. Dieses Feld ist überall im ganzen Universum präsent. Dem Standardmodell zufolge kann jedes Teilchen in einer von zwei möglichen Phasen sein, die durch das Higgs-Feld bestimmt sind. Beträgt es null, dann sind alle Teilchen masselos. Ist es ungleich null, bekommen alle Teilchen eine Masse. Die Masse eines Teilchens wird dadurch bestimmt, wie stark es mit dem Higgs-Feld wechselwirkt: Je stärker die Wechselwirkung, desto größer die Masse. Nachdem sich herausgestellt hat, dass auch Neutrinos eine kleine Masse haben (deren Wert wir allerdings noch nicht kennen), ist das Photon als einzige masselose Ausnahme verblieben.[30]

Wie kommt es zu dieser dramatischen Änderung der Eigenschaften von Teilchen, bei der sie ihre Masse erlangen? Phasenübergänge geben die Antwort darauf. Wir befinden uns in dem „gefrorenen" Zustand, in dem das Higgs-Feld ungleich null ist und Teilchen eine Masse haben. Das ist der Zustand bei niedrigen Energien. Aktuellen Schätzungen zufolge wird das Higgs-Feld bei Energien über zwei- bis dreihundert Protonenmassen (mal der Lichtgeschwindigkeit zum Quadrat) „durchsichtig" und für andere Teilchen unsichtbar. Weil die Masse aller Teilchen durch ihre Wechselwirkung mit dem Higgs-Feld bestimmt wird, werden sie sämtlich masselos. Das ist der „flüssige" Zustand bei hohen Energien.

Zurück zum Vergleich mit Wasser und Eis: Es fällt auf, dass Wasser und Eis sehr unterschiedliche räumliche (äußere) Symmetrien aufweisen. Während Wasser homogen ist, im Durchschnitt also überall gleich aussieht, ist Eis inhomogen: Die gefrorenen Wassermoleküle nehmen ganz bestimmte Positionen ein. Sie bilden nämlich ein hübsches, hexagonales Gitter, das an Bienenwaben erinnert. Die Sauerstoffatome sitzen an den sechs Ecken und die beiden Wasserstoffatome auf den Verbindungslinien zwischen den Ecken. Die sechszählige Symmetrie des Eiskristallgitters führt zu den wunderschönen sechseckigen Mustern in Schneeflocken, makroskopischen Erscheinungsformen einer mikroskopischen Symmetrie. Obwohl Kristalle ein hohes Maß an Symmetrie aufweisen, ist flüssiges Wasser noch symmetrischer, da es überall gleich aussieht: Die durchschnittliche Aufenthaltswahrscheinlichkeit für ein Wassermolekül ist überall die gleiche. Wenn die Temperatur sinkt und Wasser vom flüssigen in den festen Zustand übergeht, verliert es an Symmetrie: Der Phasenübergang sorgt für eine Verringerung der Symmetrie.

Etwas Ähnliches passiert mit dem Higgs-Feld und der elektromagnetischen und der schwachen Wechselwirkung. Wenn das Higgs-Feld durchsichtig ist, sind die schwachen Eichbosonen genau wie das Photon masselos: Die Reichweite der schwachen Wechselwirkung ist dann groß und sie verhält sich in etwa so wie die elektromagnetische. Aus diesem Grund sagt man, die beiden Wechselwirkungen seien im Zustand hoher Energien zur elektroschwachen Wechselwirkung vereint. Bei niedrigen Energien verliert das Higgs-Feld seine Transparenz, wechselwirkt mit allen Materie- und Austauschteilchen und verleiht ihnen so ihre Masse. Das Photon ist die einzige Ausnahme und bleibt masselos. Die schwachen Eichbosonen werden sehr schwer, wodurch die schwache Kraft auf sehr kurze Reichweiten beschränkt wird. Infolgedessen spaltet sie sich vom Elektromagnetismus ab. Wie im Fall von Wasser und Eis ist der Übergang vom hochenergetischen zum niederenergetischen Zustand mit einem Symmetrieverlust verbunden. Weil sich die beiden Kräfte im hochenergetischen Zustand ähnlich verhalten, ist die Symmetrie höher als im niederenergetischen, in dem wir uns befinden und in dem sich die beiden Kräfte sehr unterschiedlich verhalten. Der feine Unterschied besteht darin, dass es sich nicht um eine räumliche, sondern um eine innere Symmetrie handelt, die mit den speziellen Ladungen schwach und elektromagnetisch wechselwirkender Teilchen zu tun hat. Dieser Verlust, diese Brechung der Symmetrie ist das Kennzeichen des *elektroschwachen Phasenübergangs*.

Während ich in London auf das Ende meiner Doktorarbeit hinarbeitete, veröffentlichten 1985 die drei russischen Physiker Vadim Kuzmin, Valery Rubakov und Mikhail Shaposhnikov eine Forschungsarbeit, die wie eine Bombe einschlug.[31] Ihre clevere Idee war es, den elektroschwachen Phasenübergang als Quelle des Materieüberschusses heranzuziehen. Dazu griffen sie auf die Kosmologie zurück und sahen, dass das Urknallmodell vorhersagt, dass das Universum in seiner Frühphase sehr heiß gewesen ist. Genau wie Eis, das erhitzt wird und schmilzt, wäre auch das Higgs-Feld in der Frühphase erhitzt worden. Die Aufheizung würde das Higgs-Feld in Richtung seines durchsichtigen, hochenergetischen Zustands bringen. Verfolgt man dies lange genug, bis vor die erste billionstel Sekunde nach dem Urknall, zurück, war das Higgs-Feld heiß genug, um durchsichtig zu werden: Die Symmetrie, die in unserer Realität gebrochen ist und verhindert, dass schwache Wechselwirkungen über größere Abstände hinweg möglich sind, war wiederhergestellt! Es ist bekannt, dass Eis bei 0° Celsius schmilzt. Das Higgs-Feld wird bei Energien von rund 200 Protonenmassen (mal der Lichtgeschwindigkeit zum Quadrat) durchsichtig. Die Konsequenz ist unausweichlich: Das frühe Universum durchlief einen Phasenübergang.

Der elektroschwache Phasenübergang trägt auf zwei Arten zur Lösung des Problems des Materie-Antimaterie-Ungleichgewichts bei. Erstens liefert er eine Möglichkeit, wie die Baryonenzahlerhaltung im frühen Universum verletzt worden sein kann (Sacharow-Kriterium eins), die ja bei niedrigen Energien gilt. Stellen Sie sich vor, Sie arbeiten in einem kafkaesken Bürokomplex, einer unendlichen Reihe von Bürozelle an Bürozelle, jeweils getrennt durch sehr dicke, etwa drei Meter hohe Wände. Wie in einem gewöhnlichen Bürogebäude, in dem jedes Büro eine eigene Nummer hat, hat jede Bürozelle eine eigene Baryonenzahl, die von ihren zwei Nachbarn jeweils um drei Einheiten abweicht. Nach rechts wird die Baryonenzahl um drei Einheiten größer; nach links um drei Einheiten kleiner. Jede Bürozelle entspricht einer anderen, durch ihre Baryonenzahl definierten „Welt“. Bei gewöhnlichen Energien und Temperaturen ist die einzige Möglichkeit, von einer Zelle in die nächste zu gelangen (und dabei je nach Richtung die Baryonenzahl um drei zu erhöhen oder zu verringern), ein Loch durch die Wand zu bohren. Weil es in Ihrer Zelle kein Werkzeug gibt, würden sie sehr lange brauchen – länger als ein übliches Menschenleben –, um vielleicht mit den Fingernägeln einen Tunnel durch die Wand zu kratzen. Vielleicht ist das nicht ganz unmöglich, aber doch sehr unwahrscheinlich (und auf jeden Fall schmerzhaft). Während Sie sich damit abzufinden beginnen, für immer in der gleichen Zelle gefangen zu sein, fällt Ihnen ein, dass jede Zelle einen Hocker hat, der auf einer Feder festgemacht ist. Aufgeregt stellen Sie fest, dass ein temperaturempfindlicher Riegel die Feder blockiert. Bei ausreichend hoher Temperatur gäbe der Riegel die Feder frei, die den Hocker mit großer Kraft nach oben schnellen lassen würde. Der Rest ist einfach. Sie schieben viele Seiten Papier voller falscher Rechnungen unter den Riegel und entfachen ein großes Feuer. Während Sie warten, dass das Papier richtig Feuer fängt, setzen Sie sich auf den Hocker. Nach einer Weile gibt der Riegel die Feder frei, und schon schnellen Sie nach oben und fliegen in die nächste Zelle.

Die kafkaesken Bürozellen veranschaulichen das Prinzip des Kuzmin-Rubakov-Shaposhnikov-Mechanismus. Bei niedrigen Temperaturen kann die Baryonenzahl (genauer: deren Erhaltung) im Standardmodell nur mit sehr geringer Rate verletzt werden. Obwohl die Wände, die „Welten“ mit unterschiedlicher Baryonenzahl (die Bürozellen) voneinander trennen, theoretisch per Quanteneffekt durchtunnelt werden können, kommt das praktisch nicht vor. Und das ist gut so, denn sonst würde das Proton zerfallen, und wir wären nicht hier, um über die Baryogenese nachzudenken. Bei hohen Temperaturen sind Baryonenzahl-verletzende Vorgänge jedoch weniger stark unterdrückt: „Welten“ mit unterschiedlicher Baryonenzahl werden ohne große Schwierigkeiten zugänglich. Das heiße, frühe Universum bot die hohen Temperaturen, die solche Sprünge ermöglichen. Sacharows erstes Kriterium ist damit erfüllt.

Kombiniert man das mit der C- und mit der CP-Verletzung durch die schwache Wechselwirkung, sieht das Ganze sogar noch besser aus. Insgesamt bewirken diese Verletzungen eine Neigung der Bürozellen in eine Richtung, als wären sie auf einem Abhang gebaut. So wird die Verletzung der Baryonenzahl in Richtung „bergab“ bevorzugt, und es wird mehr Materie als Antimaterie erzeugt. Damit ist Sacharows zweites Kriterium erfüllt.

Wie sieht es mit dem Ungleichgewicht aus, das notwendig ist, um zu verhindern, dass der Materieüberschuss nicht wieder ausgeglichen wird? Es rührt vom Phasenübergang selbst her. Man denke wieder an Wasser, das zu Eis wird. Zu Anfang ist, das Wasser hübsch homogen, und es gibt keine Anzeichen von Eiskristallen. Sinkt die Temperatur, beginnen wir, kleine Agglomerate aus gefrorenem Wasser zu bemerken. Die winzigen Eiskristalle sind die Keimzellen des Übergangs. Tatsächlich wird ihre Entstehung häufig durch eine Verunreinigung ausgelöst. Dasselbe geschieht, wenn es regnet oder schneit. Wasserdampf in abgekühlter Luft kondensiert an einem Staubteilchen. Findet die Kondensation nahe der Erdoberfläche statt, sehen wir das Ergebnis als Tautröpfchen. In größerer Höhe sehen wir Wolken. Fällt die Temperatur weit genug ab, kann ein Tröpfchen gefrieren und seine benachbarten Tröpfchen ebenfalls. Weil Eis kälter als Wasser ist, wird beim Gefrieren Energie frei. Das ist ein typischer Ungleichgewichtsprozess. Das Gleichgewicht ist erst wieder hergestellt, wenn das ganze System in den neuen Zustand übergegangen ist. Wie sich im Eisfach beobachten lässt, passiert nicht mehr viel, nachdem das Wasser einmal zu Eis gefroren ist.

Zurück zum elektroschwachen Phasenübergang: Es gibt zwei Phasen, die symmetrische, heiße und die asymmetrische, kalte Phase. Teilchen im symmetrischen Zustand sind masselos, während sie im asymmetrischen Zustand eine Masse besitzen. Wie weiter oben erwähnt, kann im heißen Zustand die Baryonenzahl verletzt werden und ein Materieüberschuss entstehen: Die Wände zwischen den Bürozellen können übersprungen werden. Es geht los mit dem frühen, heißen Universum, als das Higgs-Feld noch durchsichtig war. Mögliche Teilchenreaktionen bedeuteten Sprünge von Bürozelle zu Bürozelle, und die Baryonenzahl(-erhaltung) wurde verletzt. Die C- und die CP-Verletzung sorgten dafür, dass mehr Baryonen erzeugt wurden. Währenddessen dehnte sich das Universum aus und kühlte ab. Schließlich unterschritt die Temperatur den Kondensationspunkt des Higgs-Felds, und die Symmetrie wurde gebrochen: Sprünge in benachbarte Bürozellen wurden unterdrückt und der Übergang in den asymmetrischen Zustand begann. Wie fand der Übergang an verschiedenen Orten statt? Gibt es ein Gegenstück zu den Keimzellen des gefrierenden Wassers, den winzigen Eiskristallen? Die Antwort hängt davon ab, wie schwer das Higgs-Teilchen ist, etwas, das wir noch immer nicht wissen.

Ich kam recht spät zur Baryogenese-Forschung, etwa 1990, nach meiner Promotion am Institut für Theoretische Physik in Santa Barbara. (Zuvor war ich noch mit der Forschung über die Auswirkungen der Superstringtheorien auf die Kosmologie beschäftigt gewesen.) Zu dieser Zeit dachten wir alle, das Higgs-Teilchen könne relativ leicht und mit etwa 40 bis 50 Protonenmassen leichter als die schwachen Eichbosonen sein. In diesem Fall wäre der Übergang von der Symmetrie zur Asymmetrie ein Phasenübergang „erster Ordnung" (d. h. unstetig): In einem Meer aus durchsichtigem Higgs-Feld und Baryonenzahl-verletzenden Vorgängen – dem Reich der elektroschwachen Symmetrie und der Sprünge zwischen Bürozellen – würde eine kleine Blase im asymmetrischen Zustand auftauchen (das Pendant der Eiskristalle, die im Wasser erscheinen). Wäre die Blase groß genug, würde sie weiter wachsen und auf andere ähnliche Blasen treffen. Schließlich würden die sich ausdehnenden Blasen den Großteil des Raums im Universum ausfüllen, und man wäre in der Phase des schweren Higgs-Teilchens angekommen: Alle Teilchen bis auf das Photon hätten eine Masse und die Baryonenzahl wäre erhalten. Der Phasenübergang wäre abgeschlossen.

Der Mechanismus zur Entstehung des Materieüberschusses nutzt die sich ausdehnenden Blasen aus. Man stelle sich vor, was in den Blasen und außerhalb vor sich ginge. Außerhalb, im symmetrischen („flüssigen") Zustand, wurde die Baryonenzahl verletzt und ein Überschuss an Materieteilchen erzeugt. In der asymmetrischen, niederenergetischen Welt in den Blasen wären solche Prozesse nicht erlaubt. Und hier kommt der Trick: Die Hüllen der Blasen wären nicht komplett undurchsichtig. Wie ein Spermium, das in ein Ei vordringt, kämen ab und zu Materie- und Antimaterieteilchen von der Außenwelt herein. (Ich habe den Vergleich gewählt in der Hoffnung, dass man ihn nicht so leicht vergisst.) Weil außen ein Materieüberschuss herrschte (so, als ob es mehr Spermien für männliche Nachkommen – „Materie-Spermien" – als solche für weibliche Nachkommen – „Antimaterie-Spermien" – gäbe), kämen mehr Materieteilchen als Antimaterieteilchen durch die Hüllen in die Blasen herein, um für das beobachtete Ungleichgewicht zu sorgen. Ist das nicht ein schöner physikalischer Mechanismus zur Erklärung, warum es mehr Materie als Antimaterie im Kosmos gibt?

1993 schrieb ich gemeinsam mit Rudnei Ramos, damals als Gastwissenschaftler aus Brasilien in meiner Gruppe am Dartmouth College, eine Forschungsarbeit, die vorhersagte, dass der auf Blasenbildung beruhende Mechanismus versagen müsste, wenn die Masse des Higgs-Teilchens bei über 70 Protonenmassen läge. Bald darauf bestätigten Shaposhnikov (einer der drei Russen, die das hier beschriebene Szenarium elektroschwacher Baryogenese ins Spiel gebracht hatten) und seine Kollegen unsere Ergebnisse (und gingen dabei noch weit über unsere Arbeit hinaus), indem sie die Einzelheiten des elektroschwachen Phasenübergangs mit großangelegten Computersimulationen untersuchten. Ich war am Boden zerstört, als sich einige Jahre später zeigte, dass das Higgs-Teilchen mindestens 105-mal schwerer als das Proton sein muss. Das einfache Blasenbildungsszenarium war damit ausgeschlossen. Ich gab nicht nach und zeigte, dass eine Variante, schwacher Phasenübergang erster Ordnung genannt, auch für ein so schweres Higgs-Teilchen funktionieren könnte. Doch die Masse des Higgs-Teilchens stieg immer weiter, was alles immer schwieriger machte. Die Schlussfolgerung war beunruhigend: Mit dem Standardmodell in seiner jetzigen Form lässt sich im elektroschwachen Phasenübergang kein Materieüberschuss herbeiführen. Natürlich kann es jederzeit passieren, dass jemand eine zündende Idee hat – und in der Literatur finden sich viele Szenarien, die das Standardmodell erweitern –, die das Problem lösen könnte. Zurzeit ist die gängigste Alternative, wenig überraschend, die SUSY zu bemühen. Mit Aufnahme der Supersymmetrie ins Standardmodell lässt sich das Ungleichgewicht zwischen Materie- und Antimaterieproduktion steigern. Jedoch scheinen die einfacheren Ansätze auch in diesem Fall zu scheitern. Mit meinem Freund und Kollegen Mark Trodden testete ich im Jahr 2001 einige davon. In Wahrheit wissen wir noch immer nicht, wie sich der Materieüberschuss im Universum erklären lässt, auch wenn die meisten von uns das Gefühl haben, dass wir uns einer korrekten Lösung langsam annähern. Die Suche ist auf jeden Fall aufregend.

35
Eine Kritik der Vereinheitlichung

Von Thales über Kepler und Einstein bis zu den Superstrings – die Suche nach der endgültigen Wahrheit war die Antriebsfeder einiger der größten Denker der Geschichte. Auch wenn die Superstringtheorie noch in Arbeit ist, und das vielleicht noch die nächsten Jahrhunderte, ist die Suche bislang zumindest gescheitert. Einige partielle Vereinheitlichungen sind durchaus gelungen. Wir hatten erwähnt, wie Elektrizität und Magnetismus sich als gemeinsame Welle mit Lichtgeschwindigkeit durch den Raum bewegen. Wir hatten auch angedeutet, wie das Fehlen magnetischer Monopole die Vollkommenheit dieser Vereinheitlichung beeinträchtigt, auch wenn man den Elektromagnetismus trotzdem als eine einzige Wechselwirkung behandeln kann. Wir hatten gesehen, wie die schwache Wechselwirkung eine ganze Reihe innerer Symmetrien verletzt: die Ladungskonjugation, die Parität und sogar die Kombination beider. Die Konsequenzen daraus sind ganz grundsätzlich mit unserem Dasein verknüpft: Sie legen auf mikroskopischer Ebene eine Richtung der Zeit fest und liefern einen möglichen Mechanismus für die Entstehung des Ungleichgewichts zwischen Materie und Antimaterie. Ohne diese Asymmetrien wäre das Universum nur eine Suppe aus Strahlung, in der nur wenige, vereinzelte Teilchen schwämmen: es gäbe weder Atome noch Sterne oder Menschen. Die Botschaft der modernen Teilchenphysik und Kosmologie ist eindeutig: Wir sind das Produkt von Unvollkommenheiten der Natur. Auch wenn andere Symmetrien innerhalb der Genauigkeit unserer Messungen gelten – Energieerhaltung, Ladungserhaltung –, müssen wir einsehen, dass das auf viele nicht oder nur näherungsweise zutrifft. Asymmetrien sind der Schlüssel zu unseren Ursprüngen.

Große vereinheitlichte Theorien machen zwei wichtige Vorhersagen: Das Proton sollte instabil sein und zerfallen, und es sollte neue Arten magnetischer Monopole, nämlich schwere Verwandte der einfacheren, elektromagnetischen geben. Nach Jahrzehnten der Suche ist in Labors rund um die Welt noch kein Proton zerfallen und kein magnetischer Monopol aufgetaucht. Sicher lässt sich immer behaupten, dass sie das eines Tages tun werden, dass unsere aktuellen Modelle zu einfach gestrickt und unsere Detektoren zu unempfindlich sind. Die GUT-Monopole zum Beispiel lassen sich mithilfe der kosmischen Inflation loswerden, wobei letztlich im sichtbaren Universum nicht mehr als einer oder einige wenige übrig bleiben. Dennoch, während die Zeit vergeht und immer genauere Experimente den Raum für die Modelle immer enger eingrenzen, kann man sich nur schwer des Gefühls erwehren, dass an dem ganzen Bild etwas grundsätzlich nicht stimmt.

Dann ist da noch die vereinheitlichte elektroschwache Wechselwirkung, das einzige Modell zweier Kräfte, die sich oberhalb einer bestimmten Energieschwelle in ihrem Verhalten angleichen. Einige der wichtigsten Vorhersagen dieses Modells konnten zumindest experimentell bestätigt werden. Ohne Frage ist die Theorie ein Triumph der modernen Physik, den wir auch bereits gebührend gewürdigt haben. Bei genauerer Betrachtung zeigt sich allerdings, dass die elektroschwache Vereinheitlichung keine *wahre* Vereinheitlichung ist, zumindest nicht im Sinn einer großen Vereinheitlichung, der zufolge alle Kräfte zu einer einzigen werden. Die elektroschwache Theorie wird die Unterscheidung zwischen Elektromagnetismus und schwacher Wechselwirkung nie wirklich los. Die neutralen Austauschteilchen, die wir bei niedrigen Energien als das masselose Photon und das schwere Z^0 identifizieren, sind Kombinationen der schwachen Eichbosonen der Theorie bei hohen Energien.[32] Darüber hinaus ist die Theorie auf Grund des linkshändigen Neutrinos in einer Schieflage: Um sie in Einklang mit Experimenten zu bringen, werden rechtshändige Teilchen ganz anders als ihre linkshändigen Partner behandelt.

Das Standardmodell ist eine fantastische Leistung und sollte als solche gewürdigt werden. Aber es zeigt auch auf beeindruckende Weise, wie sich die Natur in Unvollkommenheiten und näherungsweisen Symmetrien ausdrückt. Wir haben eine Beschreibung geschaffen, eine noch unvollständige Erzählung, die mit unseren gegenwärtigen Experimenten übereinstimmt. Das Standardmodell hat viele Löcher und ungeklärte Eigenschaften. Die Neutrinomassen sind ein Beispiel, das noch immer nicht gefundene Higgs-Feld ist ein anderes; der Grund, warum die Masse des Elektrons sich so sehr von der des Protons unterscheidet, während beide die genauso große, aber entgegengesetzte elektrische Ladung haben, ist ein weiteres. Viele hoffen, dass die Lösungen dieser Probleme den Weg zu einer fundamentaleren Theorie, in Richtung wahrer Vereinheitlichung weisen werden. Die Supersymmetrie ist der gängigste Lösungsansatz, und man muss sehen, ob sie sich bewahrheiten wird. Sollte der Large Hadron Collider (LHC) oder eines der Experimente zur Suche nach dunkler Materie die SUSY in den nächsten Jahren bestätigen, wäre damit eine riesige Lawine für unser Verständnis des Universums losgetreten. Das ganz Kleine und das ganz Große würden noch enger miteinander verknüpft. Die Aussicht einer Großen Vereinheitlichten Theorie käme immer näher. Vereiniger rund um die Welt würden mit gutem Grund jubeln. Und doch wäre die Vereinheitlichung, selbst wenn sie möglich sein sollte, niemals eine wahre Vereinheitlichung. Ich hatte es schon erwähnt: Die endgültige Wahrheit ist ein Konstrukt des menschlichen Verstands, ein monotheistischer Mythos, der Thales, Kepler, Einstein und viele andere inspiriert hat und inspiriert, obwohl in unserer physikalischen Wirklichkeit nicht viel dafür spricht. Die Alternative ist – für viele unvorstellbar und sogar abstoßend, da bin ich sicher –, dass wir solche Theorien niemals finden werden, dass es so eine Vereinheitlichung ganz einfach nicht gibt. Wir können unsere Erzählung nur immer weiter verbessern und tiefer und tiefer in die Wunder der Natur vordringen, indem wir sie mit unseren unvollständigen Theorien beschreiben. Auch ohne einen heiligen Gral ist die fundamentale Physik aufregend.

Zu Beginn meiner Laufbahn, in meiner Arbeit als Vereiniger, war Einstein meine Hauptinspirationsquelle, aber nicht die einzige. Viele bahnbrechende Physiker waren auch

Suchende. Heisenberg, Pauli, Schrödinger ... Wie könnten sie alle falsch liegen, nachdem sie so oft ins Schwarze getroffen haben? Ich habe um die 60 Forschungsartikel zu diesen Themen veröffentlicht, war auf unzähligen Konferenzen auf der ganzen Welt, habe Hunderte von Vorträgen gehalten, habe ein Jahrzehnt in der Höhenluft der Vereinheitlichung und höherdimensionaler Theorien gearbeitet. Gemeinsam mit John G. Taylor, meinem Betreuer als Doktorand, habe ich 1985 sogar eine der ersten Forschungsarbeiten darüber geschrieben, wie die Superstrings den Urknall erklären könnten. All meiner Aktivität zum Trotz begann ich mich Anfang der 1990er Jahre von der Hauptströmung zu entfremden. Ich fing an, mir darüber Gedanken zu machen, dass sich viele Konzepte in der Vereinheitlichung so weit vom Experiment entfernt hatten, dass sie niemals direkt überprüft werden könnten. Sollte das stimmen, wie könnten wir dann jemals herausfinden, ob sie einen Sinn ergeben? Können in der Physik Indizien genügen? Seine gesamte wissenschaftliche Karriere Ideen zu widmen, die vielleicht niemals einer direkten Bestätigung zugänglich sein könnten, birgt ein großes Risiko. Doch der mögliche Lohn ist so groß, die Idee so verlockend, dass viele sich für diesen Weg entscheiden. Sollte ich das auch?

Obwohl ich mich zunächst dagegen wehrte, fasste der Gedanke immer mehr Fuß, dass die Vereinheitlichung nur in unserer Vorstellung existiert. Im Jahr 2002 bauten meine Frau und ich uns ein Haus mitten in den Wäldern New Hampshires, etwa 30 km südlich vom Dartmouth College: keine direkten Nachbarn, nur der altehrwürdige Mount Ascutney am Horizont und im Tal der mächtige Connecticut, von unseren Fragen ganz unbeeindruckt. Die Natur vor unseren riesigen Fenstern ließ sich unmöglich ignorieren. Zum ersten Mal in meinem Leben sah ich die Welt mit offenen Augen, ohne durch die Linse einer vorgefassten Theorie zu blicken. Ich sah, dass sich Bäume nie vollkommen symmetrisch gabeln, dass Wolken nie perfekte Kugeln sind und dass sich die Sterne ohne erkennbares Muster über den Himmel verteilen. Mir wurde klar, dass wir versuchen, der Natur eine Ordnung aufzuzwingen, die wir uns wünschen. Es gibt Naturgesetze, und in ihnen sind Muster organisierten Verhaltens formuliert. Aber sind diese Gesetze der Bauplan der physikalischen Wirklichkeit? Oder sind sie logische Beschreibungen zu ihrer Darstellung, die *wir* erschaffen? Welche Erkenntnis über unsere Ursprünge haben wir in der jüngeren Vergangenheit eigentlich gewonnen? Das Universum dehnt sich mit zunehmender Geschwindigkeit aus. Die Zeit hatte einen Anfang. Unsere Existenz ist auf ein fundamentales Ungleichgewicht in den Wechselwirkungen zwischen Materieteilchen zurückzuführen. Leben kann sich nur durch zufällige genetische Mutationen anpassen und gedeihen. Wir haben erkannt, dass es ohne Unvollkommenheiten weder Atome, noch Galaxien, noch Menschen gäbe. Doch all den sich mehrenden Fakten zum Trotz, hielten (und halten) viele meiner Kollegen, ergriffen vom ionischen Zauber, am Glauben an die abstrakte Vollkommenheit einer endgültigen Wahrheit fest.

Im Winter desselben Jahres, in dem wir in das Haus im Wald eingezogen waren, unternahm ich mit meiner Tochter einen Spaziergang bei Vollmond. Als wir über eine schneebedeckte Lichtung gingen, nahm sie ein paar Schneeflocken in die Hand und ließ sie im Gegenlicht des Vollmondes wie Diamanten funkeln.

„Dad", sagte sie, „wie kommt es, dass zwei Schneeflocken nie genau gleich aussehen, aber immer sechs Ecken haben?" Das ist natürlich keine neue Frage. Kepler hatte bereits Anfang des 17. Jahrhunderts darüber nachgedacht. Aber meine damals sechsjährige Tochter stieß an diesem Punkt auf eine grundlegende Tatsache: Symmetrien mögen sich in vielen Dingen um uns offenbaren, aber sie erschaffen die verblüffende Vielfalt der Natur nicht allein.

„Schneeflocken sind so ähnlich wie Menschen", antwortete ich, „während wir alle zwei Augen, zwei Beine und einen Kopf haben, sind wir alle unterschiedlich. Und es sind die Unterschiede, die das Leben spannend machen. Kannst du dir vorstellen, wie es wäre, wenn wir alle genau gleich aussehen würden? Wenn du genau so aussehen würdest wie ich?"

„Dad, Igitt!"

„Das habe ich mir gedacht, dass Du davon nicht begeistert wärst."

In diesem Winter wurde mir klar, dass Wissenschaftler und Vollkommenheitssuchende jeglicher Art nach dem falschen Ideal streben. Symmetrie und Vollkommenheit, seit Jahrtausenden unsere Leitprinzipien, sollten diese Rolle aufgeben. Wir müssen nicht in der Natur nach dem Verstand Gottes suchen, um ihn in unseren Gleichungen auszudrücken. Die Wissenschaft, die wir erschaffen, ist genau das: unser Werk. So wundervoll sie ist, so ist sie auch immer beschränkt – begrenzt durch unser Wissen über die Welt. Weil wir nicht alles wissen können, was es zu wissen gibt, wird unsere Wissenschaft immer unvollständig bleiben. Wir können nach vereinheitlichten Darstellungen für Vorgänge in der Natur suchen, und wir können dabei einige Vereinheitlichungen entdecken. Aber wir dürfen nicht vergessen, dass eine abschließende Vereinheitlichung immer jenseits dessen sein wird, was wir erlangen können. Genau wie ein Fisch den gesamten Ozean nicht begreifen kann, können wir die Natur nicht in ihrer Gesamtheit begreifen. Die Vorstellung einer wohldefinierten mathematischen Struktur, die alles bestimmt, was im Kosmos existiert und geschieht, ist ein platonischer Irrglaube, der jeder Verbindung mit unserer physikalischen Umwelt entbehrt. Sie ist ein, wenn auch metaphorischer, Versuch, Gott mit dem Instrument der Wissenschaft zu finden. Wir können nur eine bestimmte Menge Informationen sammeln. Das menschliche Verständnis der Welt wird immer unfertig bleiben. Dass wir so viel gelernt haben, zeugt von unserer Kreativität. Dass wir noch mehr lernen wollen, zeugt von unserem Tatendrang und unserem Wissensdurst. Dass wir meinen, alles wissen zu können, zeugt allein von unserer Torheit.

Teil IV:

Die Asymmetrie des Lebens

36
Leben!

Es gab keine Zeugen für das, was geschehen sollte. Es gab Wasser, es gab Erde, und unbelebte Materie regnete vom Himmel. Hitze versengte das Land, trocknete die Meere und brachte die Welt so zum Glühen. Rauch erstickte die Luft. Was war das für Luft? Woraus bestand sie? Was für eine Materie bedeckte das Land? Was für eine Flüssigkeit füllte die Meere?

Erdbeben erschütterten das Erdreich und vermischten den Boden mit vulkanischen Gasen. Flutwellen wüteten über die Meere und über das Land. Zuweilen entstand inmitten des Chaos Ruhe. Die Erde kühlte ab und die Ozeane waren eine Zeitlang friedlich. Ihren chemischen Affinitäten entsprechend verbanden sich das Wasser und die vielen Stoffe miteinander. Moleküle entstanden und zerfielen und reagierten in unzähligen Kombinationen. Einige nahmen im Urschlamm Gestalt an und begannen sich miteinander zu verketten, wild zu wachsen und sich zusammenzuschließen.

Auf einmal wuchs eines der Moleküle über die anderen hinaus, nahm andere in sich auf und verbog und verwand sich dabei in die Form einer Leiter. Nachdem es genug gewachsen war, trennten sich seine beiden Stränge auf und aus dem einen wurden zwei. Beide fanden aufs Neue ihre Gegenstücke und verdrehten sich wieder, wie das erste es getan hatte. Aus den zwei Molekülen wurden vier, aus den vier wurden acht, und immer so weiter. Das Leben, oder etwas in der Art, hatte begonnen.

Nicht wie wir – und dennoch wir.

Das ist die zweite Schöpfungsgeschichte unserer Generation: Auf der frühzeitlichen Erde entsteht das Leben als selbstorganisierendes System aus der Energie-gesteuerten Vereinigung lebloser Stoffe. Wann ist das geschehen? Wie ist das geschehen? Wo ist das geschehen? Wenn es hier geschehen ist, könnte es dann auch an anderen Orten im Kosmos geschehen sein? Gibt es außerirdisches Leben? Ist es intelligent? Die Frage nach dem Ursprung des Lebens und nach seiner möglichen Existenz andernorts im Kosmos, die wie die Frage nach dem Ursprung des Universums noch vor wenigen Jahrzehnten außerhalb des Geltungsbereichs der Wissenschaft schien, ist Inhalt aktueller Forschung.

Die Entstehung des Lebens auf der Erde ist über eine Kette von Ereignissen mit der Geschichte des Kosmos verbunden. Damit sich hier Leben entwickeln konnte, musste ein Planet existieren, der den passenden Abstand vom Mutterstern hatte und über die richtigen chemischen Stoffe verfügte. Voraussetzung für die Geburt des Sterns war eine Wolke aus Wasserstoff, einem Element, das etwa 400 000 Jahre nach dem Urknall entstand, als die Photonen des kosmischen Mikrowellenhintergrunds gerade begannen, sich frei durch den Raum zu bewegen. Unser Universum musste sich mit der richtigen Geschwindigkeit ausdehnen, damit Materie – normale wie dunkle – Wolken bilden konnte: zu schnell, und die Materie hätte sich in der leeren Weite des Kosmos verloren; zu langsam, und das Universum wäre in sich selbst zusammengefallen. Nachdem sie sich einmal gebildet hatten, mussten Wolken dunkler Materie über ihre Schwerkraft wasserstoffreiche Materie anziehen und so das Verschmelzen der ersten Sterne und galaktischen Strukturen auslösen. Zuvor musste ein Überschuss von Materie gegenüber Antimaterie entstehen. Davor noch musste der noch ganz junge Kosmos sich aufblähen, um die winzigen Vakuumfluktuationen eines primordialen skalaren Feldes so stark zu strecken, dass sie ganze Schwärme von Teilchen dunkler Materie zu Wolken zusammenströmen ließen. Die Inflation musste irgendwie mit dem Ausbruch einer kosmischen Blase begonnen haben. Das ist die Geschichte der Instabilitäten und Unvollkommenheiten, die aus Materie die schwer fassbaren Gebilde urzeitlichen Lebens gebildet haben: Die Asymmetrie der Zeit und der Materie sind die Voraussetzungen für den Ursprung des Lebens.

Nachdem vor etwa vier Milliarden Jahren das Leben auf unserem Planeten entstanden war, vereinte sich seine Geschichte mit der Geschichte der Erde. Natürliche Auslese stellte die Grundlage für ihre Entwicklung dar. Es gab weder einen Plan, noch einen Planer. Nur Zeit, Chemie, Geologie und das Streben nach Selbsterhaltung. Vom Einzeller zum Mehrzeller, vom Anaeroben zum Aeroben – es folgten unglaubliche Zunahmen der Vielfalt. Gene verbanden sich, verschränkten sich und mutierten. Das Leben entwickelte sich und tut dies bis heute. Das Leben ist eins mit der Erde. Das ist ein entscheidender Punkt.

Hier eine kurze Geschichte, wie die Erde nach unserem gegenwärtigen Verständnis entstanden ist: Das Universum war etwa neun Milliarden Jahre alt. Unsere Galaxis, die Milchstraße, existierte schon, zumindest Teile davon, und war rund acht Milliarden Jahre alt. Sterne wurden geboren, während andere starben. Eine riesige Wolke, hauptsächlich aus Wasserstoff und etwas Helium, drehte sich in der leeren Weite des Raums um sich selbst. Plötzlich ging ein nahegelegener Stern in einer Supernova auf und verschmolz in einem Gewitter nuklearer Alchemie Wasserstoff zu schwereren chemischen Elementen. Er pulsierte und bebte, zog sich zusammen und dehnte sich aus, bis er schließlich explodierte und seine Innereien in den interstellaren Raum spuckte. Die Stoßwelle traf auf die einsame wasserstoffreiche Wolke und besprenkelte sie mit den Chemikalien des Lebens – Kohlenstoff, Stickstoff, Sauerstoff, Natrium, Eisen ... und ließ sie instabil werden: Die ausschließlich anziehende Schwerkraft zwang die Wolke sich zusammenzuziehen, während sie um ihre Achse rotierte. Es folgten eine Elongation in der Ebene des Äquators und ein Abflachen der Pole, während sich immer mehr Materie im Zentrum zusammenballte, wo Dichte und Druck anstiegen. Die Materie, hauptsächlich Wasserstoff, wurde zusammengepresst. Als die Temperaturen über schwindelerregende 15 Millionen Grad Celsius stiegen, setzte die Kernfusion ein: Wasserstoff wurde zu Helium, und eine gewaltige Menge Energie wurde in Form von Strahlung und Neutrinos freigesetzt. Der neugeborene Stern, unsere Sonne, hatte gezündet. Um sie herum sammelte und vereinigte sich Material in einer pizzaförmigen Scheibe zu Planetesimalen, den Vorläufern von Planeten. Die weiter außen Gelegenen sammelten Brocken aus gefrorenen Gasen und wurden groß: Neptun, Uranus, Saturn, Jupiter. Felsmaterial lieferte den Baustoff der weiter innen Gelegenen, und sie wuchsen zu kleinerer Größe heran: Mars, Erde, Venus, Merkur. Übrig gebliebener Schutt sammelte sich – wie schmuckvolle Gürtel – in Streifen um die junge Sonne: An der Grenze zwischen den Gesteins- und den Gasplaneten, zwischen Mars und Jupiter, entstand der Asteroidengürtel. Jenseits des Neptuns, wo Pluto, einst als Planet, heute nur noch als

Zwergplanet eingestuft, seine Bahnen zieht, bildeten sich die Eiskugeln des Kuipergürtels gemeinsam mit einigen Kometen mit kurzer Umlaufzeit. Noch weiter draußen entstand die Oort'sche Wolke, Zuhause von Milliarden von Eiskugeln und Brutstätte von Kometen. Der Erde, „dem dritten Fels hinter der Sonne", wurde eine günstige Position zuteil. Wäre sie etwas weiter von der Sonne entfernt, wäre sie zu kalt. Etwas näher, und sie wäre zu heiß. Die Bedingungen waren genau richtig für Wasser in flüssigem Zustand, die Wiege der Chemie des Lebens.

Die Frage nach dem Ursprung des Lebens ist komplex und vielschichtig. Wir werden sie darum in einzelne Teilfragen zerlegen, jede mit einer Reihe erstaunlicher Ideen und Möglichkeiten. Wie wir sehen werden, spielen Unvollkommenheiten eine tragende Rolle in dieser Geschichte. Die große Herausforderung ist eine, die Kosmologen geläufig ist: Es gab keine Zeugen für das, was geschah. Wir können nur nach Fossilien suchen, nach Hinweisen, die uns Fenster in die ferne Vergangenheit öffnen könnten, in eine Zeit, die sich der direkten Untersuchung entzieht. Wir müssen eine Geschichte rekonstruieren, von der wir nur zu gut wissen, dass wir sie nicht in allen Einzelheiten rekonstruieren können; wir werden niemals wissen, was *genau* sich vor 4 Milliarden Jahren auf unserem noch jungen Planeten zutrug. Wie zuvor erörtert, können wir nur wissen, was wir messen können, und was wir messen können, ist begrenzt. Aber dank des menschlichen Einfallsreichtums können wir doch eine ganze Menge über unsere Ursprünge erfahren.

Wissenschaftliche Untersuchung erlaubt es uns, mögliche Hypothesen aufzustellen, was geschehen sein *muss*, damit hier Leben entstehen konnte. Genaue Laboranalysen urzeitlicher geologischer Proben, zusammen mit Studien möglicher biochemischer Verläufe und mit Computersimulationen, stoßen gemeinsam das Fenster in vergessene Zeiten einen Spalt weit auf. Astronomische Beobachtungen enthüllen alte und neue Welten, vor Möglichkeiten wimmelnd. Es mag uns verwehrt sein, in die Frühzeit der Erde zurückzukehren, aber wir können neue Sternsysteme und protoplanetare Scheiben in unserer kosmischen Nachbarschaft beobachten. Wir können extrasolare Planeten entdecken, die andere Sterne umlaufen, und aus ihren Umlaufbahnen Schlüsse ziehen. Sogar die chemische Zusammensetzung ihrer Atmosphären wird unseren Untersuchungen zugänglich. So können wir in Dutzenden von Lichtjahren entfernten Welten nach Hinweisen auf Leben suchen, zumindest nach Leben, wie wir es kennen. Die astronomische Suche nach anderen Erden ist eine Suche nach unseren eigenen Ursprüngen und unserem eigenen Schicksal. Wir schauen in den Himmel, um herauszufinden, wer wir sind. Wie wir sehen werden, reicht das, was wir bereits herausgefunden haben, um unser Bild von uns selbst und unserem Planeten von Grund auf zu verändern.

37
Der Funke des Lebens

Luigi Galvani versetzte Fröschen gerne Elektroschocks. Nicht aus sadistischer Freude, sondern aus wissenschaftlicher Neugier. Die Frösche waren bereits tot und seziert, ihre Muskeln und Nerven freigelegt. Während der 1780er Jahre führten Galvani und seine Assistenten in seinem Labor an der Universität von Bologna eine große Anzahl von Versuchen zur Bedeutung der Elektrizität für das Auslösen von Muskelkontraktionen durch. Das war in einer Zeit, in der die Elektrizität eine Welle der Faszination durch ganz Europa und Amerika auslöste. Im Jahr 1767 veröffentlichte Joseph Priestley *Eine Geschichte der Elektrizitätslehre*, die das Wissen der Zeit auf dem Gebiet zusammenfasste. In seinem Buch berichtet Priestley von einer ganzen Reihe grausamer Experimente zu den Auswirkungen von Stromstößen auf Mäuse, Katzen, Frösche und andere Tiere. Hauptsächlich ging es ihm darum, wie viel Elektrizität sie vertrugen und wie (und ob) sie sich von den elektrischen Schlägen wieder erholten. Es ist möglich, dass Galvani durch Priestleys Untersuchungen angeregt worden ist. Priestleys Buch enthält auch die erste detaillierte Schilderung von Benjamin Franklins Drachenexperiment mit der Vermutung, ein Blitz sei einfach eine riesige elektrische Entladung.

Versuche, in denen das Reiben an Pelzen, Haaren, Bernstein und anderen Stoffen eine Rolle spielte, legten nahe, dass elektrische Ladungen nicht nur aus Gewitterwolken, sondern auch aus den mikroskopischen Strukturen der Materie hervorquollen. Ein Ungleichgewicht, ein Mechanismus zur Erzeugung einer Unausgewogenheit der Ladungen zwischen zwei Gebieten genügte, und Elektrizität floss, bis das Gleichgewicht wiederhergestellt war. Die Elektrizität konnte in Leidener Flaschen, den Vorläufern der bekannten Kondensatoren moderner elektrischer Schaltungen, eingelagert werden. Zwei separate Metallfolien bedeckten die Innen- und die Außenseite der Glasflaschen. Mit Maschinen, die Funken erzeugen konnten (elektrostatischen Generatoren), wurde elektrische Ladung auf die Metallfolien übertragen, auf denen sie „gespeichert" blieb. Durch Verbinden der inneren und der äußeren Metallfolie wurde eine schlagartige elektrische Entladung ausgelöst, die für verschiedene Experimente genutzt werden konnte. Die rätselhaften Ursprünge der Elektrizität und ihre potenziell tödlichen Auswirkungen faszinierten die Naturphilosophen ebenso wie das gemeine Volk. Festliche Zurschaustellungen von Kindern und Hunden, die riesige Stromstöße aus Leidener Flaschen erhielten, waren gegen Ende des 18. Jahrhunderts groß in Mode.[1]

In einem seiner Experimente beobachtete Galvani, dass ein am freigelegten Ischiasnerv eines Frosches anliegendes Skalpell das Bein des Frosches zucken ließ, wenn ein elektrostatischer Generator am anderen Ende des Tisches funkte. Ein rhythmisches Funkenschlagen ließ das Froschbein im gleichen Rhythmus zucken, als würde es tanzen. Voller Aufregung legte Galvani einen Kupferdraht um die

Wirbelsäule eines toten Frosches und befestigte ihn an einem Eisengeländer. Wieder zuckte der Frosch, als werde er wiederbelebt. In einem bei Gewitter durchgeführten Versuch begann eine ganze Gruppe toter Frösche, die an einem Draht hingen, bei jedem Blitz gemeinsam zu tanzen. Was für ein makabres Schauspiel! Elektrizität konnte tote Frösche Revue tanzen lassen! Galvani folgerte daraus, dass „natürliche“ (aus dem Blitz) und „künstliche“ (aus den Maschinen) Funken und das Berühren verschiedener Metalle eine angeborene „tierische Elektrizität“ aktivierten, die dem tierischen Gewebe innewohnte. Er vermutete, dass Nerven als Leitungen für diese Form der Elektrizität dienten, die letztendlich der Bewegung von Muskeln zu Grunde lag. Elektrizität war die Grundessenz des Lebens. Am Leben zu sein, hieß, sich in einem elektrischen Ungleichgewicht zu befinden. Erst mit dem Tod endete die elektrische Aktivität.

Eine wilde Flut von Experimenten folgte. Auf Stromstößen basierende Heilverfahren wurden schnell zum Mittel der Wahl bei allen möglichen Arten von Lähmungserscheinungen.[2] Der Begriff *Galvanismus* wurde zur Benennung elektrischer Phänomene in tierischem Gewebe geprägt. Der Wortschmied war kein anderer als Alessandro Volta, Galvanis Zeitgenosse und akademischer Konkurrent. Obwohl sich beide anscheinend mit herausragender Kollegialität begegneten, waren sie unterschiedlicher Meinung bezüglich des Wesens der elektrischen Impulse, die durch ihre Testobjekte flossen. Volta widersprach Galvani, indem er ganz richtig behauptete, dass Nerven die Leitungen normaler Elektrizität waren, der einzigen, die es gab, wie Franklin zuvor gezeigt hatte. Es gab keine „tierische

Elektrizität", nur den Fluss eines elektrischen „Fluids" durch die Nerven (Elektronen wurden erst 1897 entdeckt).

Volta nahm Galvanis Entdeckung, dass sich berührende Metalle einen Strom des elektrischen „Fluids" hervorrufen, auf und erfand das, was wir heute eine Batterie nennen. Er stapelte Kupfer- und Zinkscheiben, jeweils mit in Salzwasser getränktem Stoff dazwischen, im Wechsel aufeinander. Nun konnte er zeigen, dass in einem Draht, der Ober- und Unterseite des Stapels miteinander verband, ein Strom floss. Die wundersame Erfindung, die schon bald Voltasäule genannt wurde, lieferte einen stetigen Strom, der die Untersuchung der Elektrizität enorm vereinfachte und den Naturphilosophen, die an den mysteriösen elektrischen Eigenschaften der Materie interessiert waren, ein neues Forschungsgebiet eröffnete. Welche geheimen Kräfte lagen in der mikroskopischen Struktur der Materie verborgen? Welche Verbindung bestand zwischen Elektrizität und Leben und Tod? War das Leben ein Zustand elektrischen Ungleichgewichts? Wenn Nerven die Leitungen von Elektrizität waren und sich wie ein umgedrehter Baum vom Hirn aus verzweigten, wie entstand die Elektrizität dann dort?

Das waren einige der heißesten Forschungsfragen des frühen 19. Jahrhunderts. Sie waren zugleich vielversprechend und beängstigend. Sollten sich Wissenschaftler näher an die unsichtbare Grenze zwischen Leben und Tod herantasten? Würde sich der Tod gar bezwingen lassen? Oder standen manche Fragen außerhalb des Bereichs der Erforschung durch den Menschen? Sollten der wissenschaftlichen Forschung Grenzen gesetzt werden?

Am 6. März 1815 verlor die 17-jährige Mary Godwin ihr Baby, ein um einige Wochen zu früh geborenes Mädchen.

Bilder des toten Babys suchten sie noch Monate später heim. In einem Traum sah Mary, wie ihre tote Tochter wiederbelebt wurde, indem sie vor einem Feuer kräftig warmgerieben wurde. Mary lebte damals unehelich mit dem verheirateten Dichter Percy Shelley zusammen und musste seine Freude darüber ertragen, Vater eines kleinen Jungen zu werden, den er mit seiner inzwischen getrennt lebenden Frau gezeugt hatte. Was kam für sie da zusammen! Doch ihre Liebe zu Shelley wurde nur größer, und gemeinsam bekamen sie Anfang 1816 einen kleinen Jungen. Den folgenden Sommer verbrachten sie in der Nähe von Lord Byrons Villa am Genfer See in der Schweiz. Mehrere Tage nacheinander zwang eintöniger Regen die Freunde, drinnen zu bleiben. Sie unterhielten sich über Galvanismus und Erasmus Darwins (Charles' Großvater) Behauptung (oder vielleicht wurde sie ihm auch nur nachgesagt?), tote Materie wiederbelebt zu haben. Byron schlug vor, dass jeder zum Zeitvertreib eine Geistergeschichte schreiben sollte. Mary erinnerte sich, wie sie der Aufforderung nachkam: „Ich konzentrierte mich darauf, mir eine Geschichte *auszudenken*. ...Eine, die die rätselhafte Angst vor unserer eigenen Natur ansprechen und aufregend gruselig sein sollte." So sehr sie sich auch anstrengte, ihr wollte keine Grundidee einfallen. Eines Nachts, als sie wach in ihrem Bett lag, hatte sie eine Vision:

> Ich sah den blassen Schüler unheiliger Künste neben dem Ding knien, das er zusammengesetzt hatte. Ich sah das scheußliche Traumbild eines Mannes vor Augen, der zunächst nur dalag, um dann auf das Tun einer mächtigen Maschine hin Anzeichen von Leben zu zeigen und sich mit einer ungelenken, halb lebendigen

> Bewegung zu erheben. Schrecklich müsste es sein; denn höchst schrecklich wäre jedes menschliche Unterfangen, das erstaunliche Wirken des Schöpfers dieser Welt nachzuahmen. Der Künstler wäre von seinem Erfolg schockiert; von Horror gepackt würde er vor seinem abstoßenden Werk fliehen. Er würde hoffen, dass der winzige Funke des Lebens, den er übertragen hatte, sich selbst überlassen erlöschen würde.[3]

So wurde einer der großen Klassiker der Literatur geboren, der 1818 veröffentlichte Roman *Frankenstein oder Der moderne Prometheus.* Er unterscheidet sich wesentlich vom Inhalt des Hollywoodfilms von 1931 mit Boris Karloff in der Rolle der „Kreatur", der die Geschichte berühmt machte. Mary Shelleys „scheußliches Traumbild" war kein geistig zurückgebliebenes, mordendes Monster. Obgleich aus einzelnen Körperteilen zusammengesetzt und von einem „Funken des Lebens" erweckt, war das Monster ein hochintelligentes Wesen, das sich selbst Lesen und Schreiben beibrachte. Alles, was es von seinem Schöpfer wollte, war eine Gefährtin:

> Ich verlange ein Geschöpf des anderen Geschlechts, doch ebenso scheußlich wie ich selbst. ... Zwar werden wir Monster sein, getrennt von der übrigen Welt; aber darum werden wir umso enger miteinander verbunden sein. Unsere Leben werden nicht glücklich sein, aber sie werden harmlos sein und frei von dem Leid, das mich jetzt quält. Oh, mein Schöpfer, mach mich glücklich ... schlag mir meine Bitte nicht ab!

Aus Angst, eine ganze Rasse von Monstern zu erschaffen, verweigert Victor Frankenstein ihm den Wunsch, und die Geschichte nimmt eine tragische Wendung. Der Untertitel verrät es bereits. Der unsterbliche Prometheus stahl Zeus das Feuer und gab es den Sterblichen. Für sein Verbrechen wurde er an einen Fels gekettet, und ein Adler fraß bis in alle Ewigkeit das Fleisch von seiner Leber. Vor dem Hintergrund der Debatte über die ethischen Folgen der Gentechnik, der modernen Version einer Wissenschaft, mit der sich potenziell Leben beherrschen lässt, enthält Mary Shelleys Science-Fiction-Erzählung eine Warnung von aktueller Bedeutung.

Ich war 14, als ich *Frankenstein* zum ersten Mal las. Ich weiß noch genau, wie ich mich über den Doktor ärgerte, der sein Geschöpf im Stich ließ. Das Monster hatte nicht darum gebeten, erschaffen zu werden und scheußlich auszusehen. Ein Wissenschaftler kann sich niemals von seinem Werk lossagen. Und ein Wissenschaftler sollte immer bereit sein, sich den moralischen und ethischen Folgen seiner Arbeit zu stellen, ob gut oder schlecht. Gebrauch und Missbrauch der Atomkraft – einer wahrhaft gefährlichen Art Funken – sind das bekannteste Beispiel. Über das Thema ist schon viel geschrieben worden, und hier ist nicht der Ort darauf einzugehen. Es ist nicht die Wissenschaft, die erschafft oder zerstört – wir sind es.

Als ich als Teenager *Frankenstein* las, beflügelte das meinen Traum, ein im späten 20. Jahrhundert gestrandeter viktorianischer Naturphilosoph zu werden, noch weiter. Als ich 1979 an der Katholischen Universität in Rio Physik zu studieren begann, war ich das perfekte Abbild eines romantischen Wissenschaftlers, komplett mit Bart und Pfeife. Es ist mir peinlich, aber ich erinnere mich an mein Experiment zur „Beantwortung der Frage nach der Existenz der Seele". Wenn es eine Seele gab, so vermutete ich, dann musste sie in irgendeiner Weise von elektromagnetischer Natur sein, um dem Gehirn sein Leben einhauchen zu können. Was wäre also, wenn ich eine medizinische Einrichtung überzeugen könnte, einen im Sterben liegenden Patienten mit Instrumenten zur Messung elektromagnetischer Aktivität – Voltmetern, Magnetometern, usw. – zu umgeben? Würde ich damit nachweisen können, wie das Ungleichgewicht des Lebens dahinschied, wie das endgültige Gleichgewicht des Todes eintrat? Die Instrumente müssten natürlich extrem empfindlich sein, um jede noch so kleine Änderung genau zum Todeszeitpunkt aufzuzeichnen. Um nichts auszulassen, sollte der Patient zudem auf einer sehr genauen Waage liegen für den Fall, dass die Seele ein Gewicht hatte. Ich erinnere mich, wie ich meine Idee einem Professor vorstellte, möglicherweise sogar Professor Carneiro, der mir im Kurs über Elektromagnetismus Weinbergs *Die Ersten Drei Minuten* empfohlen hatte. Ich erinnere mich nicht mehr genau, was er dazu sagte, aber sein Ausdruck ungläubiger Fassungslosigkeit ist mir im Gedächtnis geblieben.

Natürlich war mein Abstecher in das Feld der „experimentellen Theologie" nicht vollkommen ernst gemeint. Aber meine exzentrische, viktorianische Seite hatte, und da bin ich froh, zumindest einen Vorgänger. 1907 führte Dr. Duncan MacDougall aus Haverhill, Massachusetts, eine Versuchsreihe zur Bestimmung des Gewichts der Seele durch. Obwohl seine Methode höchst suspekt war, zitierte die *New York Times* seine Ergebnisse, PHYSIKER: SEELE HAT GEWICHT, lautete die Schlagzeile. Das Gewicht belief sich auf eine dreiviertel Unze (21,3 Gramm), auch wenn es innerhalb der Handvoll sterbender Patienten des

Herren Doktors Abweichungen gab. MacDougalls Kontrollgruppe bestand aus 15 sterbenden Hunden, die zum Zeitpunkt ihres Todes, wie er zeigte, kein Gewicht verloren. Das Ergebnis überraschte ihn nicht, schließlich hatten nur Menschen eine Seele.[4]

38

Leben aus dem Unbelebten: Die ersten Schritte

Frankenstein profitierte von der überaus wirksamen Kombination aus unserer Angst vor dem Tod und dem weitverbreiteten Glauben, dass die Fähigkeit der Wissenschaft, einige der tiefsten Rätsel der Natur zu lüften, eines Tages das Ende der Religion besiegeln werde. Auch wenn mir keine ernsthaften Experimente bekannt sind, Tote mit Elektrizität ins Leben zurückzurufen, vermute ich, dass es davon einige gab, auch wenn sie vielleicht nicht dokumentiert sind. Im Grunde schwingt jedes Mal ein Stück Galvanismus mit, wenn ein Herz, das aufgehört hat zu schlagen, dank eines Stromstoßes aus dem Defibrillator wieder zu pumpen beginnt.

Wie sich herausstellt, tritt die tiefe Verbindung zwischen Leben und Elektrizität nicht am Ende des Lebens – in der Wiederbelebung von Toten –, sondern an seinem Anfang am deutlichsten zutage. 1952 bat ein Doktorand an der University of Chicago seinen Betreuer, einen Nobelpreisträger, um Erlaubnis, ein ehrgeiziges Experiment vorzubereiten: Stanley Miller wollte die Atmosphäre der *präbiotischen* Erde (also vor der Entstehung des Lebens) im Reagenzglas nachbilden und von Elektrizität erzittern lassen. Die Funken sollten die intensiven Blitze simulieren, von denen man annimmt, dass sie in früheren Zeiten häufig bei Gewittern und Vulkanausbrüchen auftraten. Miller gab die chemischen Stoffe, aus denen die Atmosphäre der jungen Erde Harold Urey, seinem Betreuer, zufolge bestehen sollte – Wasser, Ammoniak, Methan und Wasserstoff –, in einen Kolben (wesentlich größer als ein Reagenzglas).[5] Anschließend schickte er einen Stromstoß durch das Gemisch. Einige Tage später entdeckte Miller einen zähen, orangenen Brei, der sich am Boden des Kolbens sammelte. Zu seiner Freude bestätigte sich, dass 10 bis 15 Prozent des ursprünglichen Kohlenstoffs aus dem Methan nun in *organischen Verbindungen* vorlag, als Teil solcher chemischer Stoffe also, die Kohlenstoff enthalten und aus denen der Großteil der Lebewesen besteht. Nicht weniger als neun Aminosäuren – die Bausteine des Lebens – fanden sich darunter. Indem sie elektrische Entladungen durch die präbiotische Suppe anorganischer Verbindungen jagten, erschufen Urey und Miller Stoffe, aus denen das Leben besteht. Noch kein Leben an sich, aber doch die Verbindungen, die Leben möglich machen. Ganz sicher ein Schritt in die richtige Richtung.

Das Experiment war wegweisend für viele weitere, alle mit gewaltiger Bedeutung für unser Verständnis vom Ursprung des Lebens. Während sich die Bedingungen änderten, die immer weiter voranschreitenden Forschungen zufolge auf der frühen Erde geherrscht hatten, änderte sich auch die chemische Zusammensetzung in Experimenten des Miller-Urey-Typs: Einige nahmen das gehaltvolle, energiespendende Methan und Ammoniak heraus und ersetzten es durch Kohlendioxid und reinen Stickstoff. Sie fanden keine Aminosäuren. Andere gaben Schwefelverbindungen hinzu, die bei Vulkanausbrüchen in großen Mengen freigesetzt wurden und fanden zahlreiche. Auch wenn die elektrischen Funken durch ultraviolette (UV-) Strahlung ersetzt wurden, entstanden Aminosäuren und andere organische Verbindungen, allerdings mit unterschiedlichen Erträgen.[6]

Zusammengenommen führten diese Experimente zu einer Schlussfolgerung von höchster Bedeutung: Es ist möglich, aus am Leben unbeteiligten (abiotischen), anorganischen Stoffen am Leben beteiligte (biotische), organische Verbindungen zu erzeugen. Das war der erste Schritt des komplexen Übergangs von unbelebter Materie zu lebendiger. Dieser Vorgang heißt *Abiogenese*, Leben aus dem Unbelebten. Wenn man übernatürliche Einmischung nicht mit in Betracht zieht, gibt es keinen anderen Weg. Heute weiß man, dass die Kette der Ereignisse, die zum Leben führt, im All beginnt: Chemische Elemente, die in der Kernfusion in sterbenden Sternen entstanden, verbinden sich zu anorganischen Molekülen, aus denen wiederum organische Moleküle erzeugt werden können. In der richtigen planetarischen Umgebung werden die organischen Moleküle immer komplexer, bis manche sich zu einer lebendigen, zu Stoffwechsel und Fortpflanzung fähigen Einheit zusammentun. Ungleichgewicht ist die treibende Kraft zwischen den einzelnen Gliedern der Kette zum Leben: Um asymmetrische Ladungsverteilungen auszugleichen, reagiert Materie und erzeugt komplexe Strukturen.

Wie und wo lief der Prozess vom Unbelebten zum Leben ab? Hat er sich anderswo im Universum wiederholt? Oder ist die Erde einzigartig? Organische Moleküle gibt es nicht nur auf der Erde, sondern auch im Weltraum: In Meteoriten, die auf die Erde gefallen sind, sind Dutzende von Aminosäuren nachgewiesen worden; rund 140 organische Moleküle wurden beobachtet, wie sie durch den interstellaren Raum trieben, wobei sie wahrscheinlich wie in den UV-Varianten des Miller-Urey-Experiments durch das UV-Licht junger Sterne verschmolzen sind. Das Weltall ist ein Schmelztiegel für die Grundstoffe des Lebens. Man sollte darum die durchaus realistische Möglichkeit in Betracht ziehen, dass die Grundbausteine des Lebens, insbesondere Aminosäuren, auf die Erde herabgeregnet sind. Sollte das Leben hier aus den Tropfen dieses kosmischen, organischen Regens entstanden sein, könnte das Gleiche natürlich auch andernorts geschehen sein. Radikaleren Hypothesen zufolge könnten schon fertige, *lebendige* Wesen zu uns herabgeregnet sein. Dieses Konzept, demzufolge primitives Leben und/oder Vorläufer davon sich durch den Kosmos bewegen, wie Samen, die vom Wind verweht werden, heißt *Panspermie*. Wenn die Samen (manchmal Sporen genannt) zufällig in einer Welt mit den passenden Umgebungsbedingungen landen, können sie keimen. Wimmelt es im Kosmos vor Leben oder sind wir allein? Die Antwort auf diese Frage könnte Sie überraschen. Und sie wird Sie dazu zwingen zu überdenken, wer Sie sind und was die Zukunft ihnen und der übrigen Menschheit bringen wird. Doch alles der Reihe nach. Fangen wir also ganz am Anfang an.

39

Das erste Leben: Wann?

Den Zeitpunkt zu bestimmen, zu dem das erste Leben auf der Erde auftauchte, ist keine leichte Aufgabe. Organische Materie hat die lästige Eigenschaft, nach dem Tod schnell zu zerfallen. Aus gutem Grund beerdigen oder verbrennen wir unsere Toten so schnell. Fossilien prähistorischer Tiere – versteinerte organische Relikte oder Felsabdrücke – müssen erst einmal das stete Mahlen und Verformen der Zeit überstehen, bevor wir sie nutzen können. Da Geologen uns versichern, dass die Geschichte der urzeitlichen Erde im Fels gespeichert ist, findet man die zuverlässigsten Informationen über frühzeitliches Leben durch die genaue Analyse von Gesteinsschichten. Diese Methode funktioniert gut bei der Suche nach verhältnismäßig jungen tierischen Überresten von weniger als einer halben Milliarde Jahren.[7] Das Problem ist, dass die junge Erde, insbesondere im Verlauf ihrer ersten halben Milliarde Jahre, eine wahre Hölle war. Die Planetenbildung ist kein sanfter Prozess: Das junge Sonnensystem war vollgepackt mit Schutt. Während einiger davon in anwachsenden *Planetesimalen* angelagert wurde, nahmen andere Bestandteile mehr oder minder stabile Umlaufbahnen um die Sonne ein. Es gab Fels- und Eiskugeln mit Größen von einigen Kilometern bis hin zu Miniplaneten. Wie die Krater auf dem Merkur und dem Mond zeigen, waren Bombardements die Regel. Tatsächlich führen moderne Theorien den Ursprung des Mondes auf eine gewaltige Kollision der Erde mit einem Planeten von der Größe des Mars vor rund 4,5 Milliarden Jahren, also genau nach der Entstehung der Erde, zurück. Man nimmt an, dass der dezentrale Aufprall eine riesige Menge Material aus der Erde herauslöste, die sich in einer Scheibe um die Erde sammelte. Mit der Zeit verschmolz das Material in der Scheibe zu unserem silbrigen Satelliten. So gewaltig und apokalyptisch das Ereignis auch war, hat der Gedanke, dass der Mond tatsächlich die Tochter der Erde ist, gemischt mit einem gebührenden Beitrag des Himmelskörpers, der mit unserem kollidierte, durchaus etwas Poetisches. Der Mond ist eine Rippe aus der Erde.[8]

Das Gesamtergebnis dieser heftigen Einschläge war eine junge Erde, die häufig in einen flüssigen Zustand zerschmolz. Felsen und Metalle konnten nicht lange im festen Zustand bleiben; sobald eine Ruhephase ein Auskühlen und Festwerden der Kruste erlaubte, verwandelte schon der nächste Einschlag den ganzen Planeten oder zumindest große Teile davon in eine brodelnde Lavasuppe. Wasser, das höchstwahrscheinlich auch in Urozeanen vorkam, existierte wohl hauptsächlich als Dampf in der Atmosphäre. Unter diesen Umständen war Leben, oder zumindest dauerhaftes Leben, unmöglich. Selbst wenn molekulare Verbindungen in vergleichsweise ruhigen Phasen begonnen hätten, sich in Richtung organischer Komplexität zu bewegen, wären ihre Bindungsversuche nicht von langer Dauer gewesen. Noch unzugänglicher wird dieser Zeitabschnitt unserem Blick dadurch, dass es keine Felsen gab, in denen irgendetwas hätte aufgezeichnet werden können. Der genaue Verlauf der Ereignisse, darunter auch die Möglichkeit, dass sich das Leben auf irgendeine Art und Weise auch unter diesen Bedingungen herausgebildet haben könnte, wird wahrscheinlich im Dunkeln bleiben.

Der jugendliche Sturm und Drang des Planeten musste irgendwann nachlassen. Obwohl die genauen Zeitabläufe, als das kosmische Bombardement nachließ, noch nicht geklärt sind, kann man ziemlich sicher sagen, dass sich die Lage bald nach der Zeit vor 3,9 Milliarden Jahren beruhigte.[9] Die Erde kühlte sich ab; die Felsen verfestigten sich etwas; Wasser, Mineralien und einfache organische Verbindungen sammelten sich in flachen Tümpeln; und die präbiotische Suppe begann richtig zu brodeln. Moleküle trieben umher und reagierten miteinander in einem Tanz elektrischer Anziehung und Abstoßung: Die Choreographie des Lebens hatte begonnen. Lehmige Böden, Gezeiten und heiße Unterwasserquellen könnten lebensbildende Reaktionen ermöglicht haben. (Mit der „Wo-Frage" werden wir uns bald noch beschäftigen.) Wie lange brauchte das Leben, um sich aus der präbiotischen Suppe zu entwickeln? Wie der inzwischen verstorbene Biochemiker Leslie Orgel einmal zu mir sagte: „Das ist die falsche Frage; das Leben entwickelte sich sofort. Die Frage lautet, wann in der Erdgeschichte gelang es dem Leben sich festzusetzen?" Die „Wann-Frage" lässt sich also so formulieren: Wie bald, nachdem das Bombardement sich gelegt hatte, können wir die ersten Anzeichen dauerhaften Lebens finden?

Beginnt man mit unumstößlichen Beweisen, sind die ersten Anzeichen von Leben 2,8 Milliarden Jahre alt: Kolonien von Stromatolithen, geschichteten, pilzförmigen, braunen Felsstrukturen, die sich in flachem Wasser aus den versteinerten Überresten von Mikroorganismen bildeten. Die Fakten weisen darauf hin, dass die Mikroorganismen, die die Kolonien gebildet haben, Cyanobakterien (auch bekannt als Blaualgen) waren, die durch Photosynthese Sauerstoff produzieren können. Man nimmt an, dass das Aufkommen von Cyanobakterien auf der jungen Erde unseren Planeten grundlegend verändert hat: Sie sind die Hauptquelle, die energiespendenden Sauerstoff zu einem der vorherrschenden Gase in der Atmosphäre machte – was weitreichende Auswirkungen auf die Komplexität des Lebens hatte. Wir kommen darauf später zurück. Im Moment interessieren wir uns für die weiter zurückliegende Zeit. In Australien entdeckte Stromatolithen, deren Alter mit 3,5 Milliarden Jahren bestimmt worden ist, weisen weithin als solche anerkannte Spuren frühen Lebens auf. Ursprüngliche Behauptungen, sie seien ebenfalls auf Cyanobakterien zurückzuführen, werden inzwischen angezweifelt; einer anderen Erklärung zufolge sind sie das Relikt einer Urmikrobe, die in der Umgebung einer Hydrothermalquelle gelebt hat. So oder so erlauben uns die gegenwärtigen Belege, den Ursprung des Lebens auf 3,5 Milliarden Jahre zurückzudatieren. Können wir noch weiter zurückgehen?

Bezüglich jüngster Behauptungen über Spuren primitiven Lebens in 3,85 Milliarden Jahre alten Felsproben von der Insel Akilia in Westgrönland besteht noch kein Konsens. Die Indizien beruhen hier auf dem Verhältnis zwischen den beiden Kohlenstoffisotopen ^{12}C und ^{13}C. (Von denen eines also sechs, das andere sieben Neutronen im Kern enthält.) Ein Überschuss von ^{12}C im Vergleich zum schwereren ^{13}C weist oftmals auf biologische Aktivität hin: Biochemische Prozesse sparen gerne Energie und verarbeiten den leichteren Kohlenstoff. So ein Überschuss scheint in den verfügbaren Proben gemessen worden zu sein. Da es auch andere mögliche Erklärungen geben kann, die nichts mit biologischem Leben zu tun haben, ist die Frage noch nicht abschließend geklärt. Sollte es tatsächlich so sein, würde das Gestein aus Grönland den Ursprung des Lebens unheimlich nah ans Ende der Zeit des großen Bombardements schieben und die These untermauern, dass Leben sehr schnell entsteht, sobald es eine Chance hat. In diesem Fall sollte das Leben im Kosmos ziemlich weit verbreitet sein.

Im Jahr 2008 wurden Behauptungen über Anzeichen für noch früheres Leben veröffentlicht. Die Proben, diesmal aus Westaustralien, sind aus solch einer Urzeit der Erdgeschichte, dass kein Gestein die Zeit seitdem hätte überstehen können. Stattdessen wurde das oben erwähnte Ungleichgewicht zwischen den Kohlenstoffisotopen in winzigen Graphit- und Diamantstückchen entdeckt, die in extrem harten, 4,25 Milliarden Jahre alten Zirkonkristallen eingeschlossen waren. Auch hier könnten andere, nichtbiologische Prozesse das Ungleichgewicht der Isotope erklären. Zum Zeitpunkt, als dieses Buch verfasst wurde, wäre es voreilig gewesen, eine der beiden Behauptungen als gesichert anzusehen. Man sollte also den Wecker für das Leben auf spätestens 3,5 Milliarden Jahre v. Chr. stellen. Das Leben könnte schon vorher entstanden sein, aber man weiß es nicht sicher. Es könnte sogar mehrmals entstanden und wieder eingegangen sein, ohne eine Spur zu hinterlassen. Wahrscheinlich werden wir niemals wissen, was sich in diesen frühen Zeiten abspielte. Das sind die Grenzen der Naturwissenschaft: Wir wissen nur das, was wir messen können. Ob mit oder ohne großes Bombardement – es gibt verlässliche Hinweise, dass innerhalb weniger hundert Millionen Jahre verhältnismäßiger Ruhe primitives Leben aufgetaucht ist, was ziemlich schnell im Vergleich zum Alter der Erde von 4,54 Milliarden Jahren ist. Das erste Leben hatte es eilig.

40

Das erste Leben: Wo?

Als ich 15 war, zeigte mir mein Bruder Luiz seinen Lieblingsort in der Natur, die damals noch fast menschenleere tropische Insel Itacuruçá etwa 90 Minuten südlich von Rio. Die kleine Insel ist eine von Hunderten, die sich um den Wendekreis des Steinbocks an der Küste zwischen Rio und São Paulo entlangreihen. In einem Eintrag vom 8. April 1842 auf seiner *Reise mit der Beagle* beschrieb der junge Charles Darwin die Magie dieses Ortes perfekt:

> Der Anblick, der sich beim Überqueren der Hügel hinter Praia Grande bot, war wunderschön; die Farben waren intensiv, überwiegend dunkelblau; der Himmel und das ruhige Wasser der Bucht überboten sich gegenseitig in ihrer Pracht. Nachdem wir durch ein Stück bewirtschafteten Landes gegangen waren, kamen wir in einen Wald, der in der Herrlichkeit all seiner Komponenten unübertrefflich war.

„Wunderschön", „Pracht" und „Herrlichkeit" sind die richtigen Wörter für das spektakuläre Zusammentreffen von klarem, tropischem Wasser und üppigem Dschungel, der diese Gegend ausmacht. Von überall schießt Leben hervor: Bäume, die in Orchideen und Lianen gekleidet sind, deren

Äste sich von Blumen und schweren Früchten biegen; Vögel in jeder Größe und Farbe, eine Überfülle an Spinnen und Käfern, an Ameisen mit riesigen roten oder auch winzig kleinen Köpfen, und im Wasser Fische, Garnelen und Krabben jeglicher Art. Nachts belebt das geisterhafte, silbrige Licht eines lumineszierenden Planktons, das die Einwohner *argentia* nennen, das sanfte Schaukeln der Wellen. Das Meer hebt und senkt sich wie ein riesiges Lebewesen.

„Hier, Marcelo. Setz Dich auf diesen Felsen und lass Deinen Gedanken freien Lauf. Mach die Augen zu; öffne Deine Seele. Spüre das Leben!“, sagte Luiz.

Ich sehe die Aussicht von diesem Felsen – „Pedra da Baleia“ – vor mir, als wäre es gestern gewesen. Ich wünschte, es wäre gestern gewesen. Es war ein großer, runder Granitblock, etwa fünf Meter über dem Sandstrand, mit Blick auf die vielen Inseln in wenigen hundert Metern Entfernung. Akazienzweige bildeten ein natürliches Dach aus gelben Blüten darüber. Weiter draußen zerpflügte ein Schwarm Snooks die Wasseroberfläche auf der Jagd nach Garnelen. Ein Bem-te-vi („Ich habe Dich gesehen!“), der Vogel des tropischen Brasiliens, rief immer wieder seine Artgenossen mit seinem Mantra-artigen Gesang. Ich war verzaubert. Nach kurzer Besinnung spürte ich, wie ich eins mit der Umgebung wurde. Die mächtige Kraft des Lebens ergriff mich. Ich erlebte eine mir vollkommen neue Dimension einer tiefen, geweihten Verbindung mit dem Leben, auf einer Ebene, die weit über das Menschliche hinausging. Manche Mystiker nennen dies das *Numinose*. Selbst heute, Jahrzehnte nach diesen kurzen Momenten der Transzendenz, läuft mir ein angenehmer Schauer über den Rücken, wenn ich meine Augen schließe und an die Magie des Augenblicks zurückdenke. Das Leben betet am Altar der Natur. Die Wissenschaft, zumindest so, wie ich sie verstehe, ist einer der Wege, die zu diesem Tempel führen.

Mein Bruder brachte mich auf den Boden zurück. „Genug, Marcelo. Lass uns einen Spaziergang machen." Wir gingen auf einem schmalen Pfad, der die Insel umrundete, über Strände und durch Waldstücke, mit Aussichten, die den von Darwin beschriebenen glichen. An einer Stelle hielten wir an, um uns einen schlammigen Tümpel näher anzusehen, der mit einer glibberigen, gelblichen Schmiere gefüllt war. „Das", sagte Luiz, „ist der Stoff des Lebens. Aus so etwas ist alles entstanden." Ich tunkte einen Stock hinein und versuchte mir vorzustellen, wie sich Moleküle zusammentaten, um zu etwas Lebendigem zu werden. „Woher weiß man, ob etwas lebt?", fragte ich. „Gute Frage", antwortete mein Bruder. „Vielleicht kannst Du eines Tages versuchen, das herauszufinden." Es hat viele Jahre gedauert, Bruder, aber hier bin ich, und ich versuche es.

Zu jeder Diskussion über die Entstehung des Lebens gehört auch eine Definition des Lebens selbst. Das ist keine leichte Sache. Eine allgemeingültige Definition gibt es nicht. Wissenschaftler haben Arbeitsdefinitionen, mit denen wir beginnen wollen. Zum Beispiel: „Lebendig ist, was weich, aber trotzdem fest ist." Nun, das ist nicht sehr wissenschaftlich, aber es passt in vielen Fällen, besonders auf Spielplätzen oder Sommerlagern, wo Kinder Würmer und Käfer sammeln und wegrennen, wenn sie eine Biene sehen. Man kann etwas exakter werden, indem man sagt: „Leben besteht aus einem chemisch reagierenden System, das sich aus seiner Umwelt versorgt und sich fortpflanzt." Das ist besser, aber Babies, alte Leute oder Kinderwunschzentren zeigen, dass sich durchaus nicht alle Lebewesen fortpflanzen. Darum eine noch sorgfältigere Definition: *Leben ist ein selbstständiges, chemisch reagierendes System, das in der Lage ist, sich aus seiner Umwelt zu versorgen und mit der Fähigkeit zur Fortpflanzung ausgestattet ist.* Auch sie ist nicht vollkommen, reicht für unsere Zwecke aber aus. Viren und bizarre Prionen sind nicht miteingeschlossen, sondern auf die Stufe bloßer *Replikatoren* verwiesen, weil sie sich erst fortpflanzen können, nachdem sie durch Übernahme einer Wirtszelle bzw. von Proteinen das Replikationsmaterial zur Verfügung haben. Sie sind nur in anderen Lebewesen lebendig. Auf der Suche nach den Ursprüngen des Lebens halte ich es für logisch, sich zunächst auf den Wirt zu konzentrieren und nicht auf die Parasiten, die lebendige Wirte voraussetzen, damit sie überhaupt existieren können.

Die kursiv gedruckte Definition bedeutet, dass das Leben ein System ist, das nur unter starken Einschränkungen möglich ist, selbst wenn wir seine Möglichkeiten auf das Maximum noch plausibler biochemischer Prozesse ausweiten. Die erste Voraussetzung für das Leben sind die richtigen chemischen Substanzen. Um die Entstehung des Lebens zu verstehen, müssen wir ermitteln, welche chemischen Substanzen das sind und woher sie kamen. Das gehört zur „Wie-Frage", die im nächsten Kapitel behandelt wird. Die zweite Voraussetzung sind die richtigen Umgebungsbedingungen. Insbesondere benötigt das Leben flüssiges Wasser und Wärme. Chemische Reaktionen finden statt, wenn sich die verschiedenen Atome und Moleküle ausbreiten und aufeinandertreffen. Anders ausgedrückt kann man sich die Atome und Moleküle als kleine Stückchen Materie vorstellen, deren positive und negative Ladungen nicht immer symmetrisch verteilt sind. Sobald sich die Gelegenheit bietet, verbinden sich diese asymmetrischen elektrischen Agglomerate miteinander, um die Ladungsasymmetrien zu verringern. Dabei ist Wasser das Medium, das universale Lösungsmittel, das die atomaren und molekularen Treffen ermöglicht. Weil Wasser nur innerhalb eines bestimmten Temperatur- und Druckbereiches flüssig ist, kann sich auch nur in diesem Bereich Leben bilden. Auf der Erdoberfläche ist Wasser zwischen etwa 0 °C und 100 °C flüssig. Einige Bakterien können tatsächlich auch unter 0 °C überleben und wachsen, während „extrem thermophile" Bakterien bei Temperaturen von bis zu 85 °C überleben können. In Felsen tief unter der Erde oder den Meeren, wo der Druck höher ist, können Bakterien bei über 100 °C wachsen. Bei aller bakteriellen Tapferkeit scheint eine Temperatur von 115 °C aber eine absolute obere Grenze für das Leben darzustellen. Hohe Temperaturen neigen dazu, die molekularen Verbindungen zu zerstören, die das Leben ermöglichen: Die Atome werden befreit und gehen ihre eigenen Wege.

Es ist natürlich vorstellbar, dass Leben auch ohne Wasser als Lösungsmittel existieren kann, oder ohne eine Chemie, die auf Kohlenstoff beruht: ein Leben, wie wir es nicht kennen. Vielleicht könnte flüssiges Ammoniak das Lösungsmittel sein oder Silizium das Grundelement. Doch auch dann würden sich die Temperaturen des Lebens von den oben genannten nicht sehr stark unterscheiden.[10]

Anhand dieser Schlüsse lässt sich die „Wo-Frage" angehen. Selbst unter Miteinbeziehung von Extremophilen, Mikroorganismen, die unter extremen Temperaturen, pH-

Werten und Drücken leben, benötigte das erste Leben flüssiges Wasser. Zu viel flüssiges Wasser jedoch verdünnt die Konzentrationen der chemischen Stoffe, sodass sie sich nur schwer finden und miteinander reagieren können. Vielleicht boten flache Tümpel ausreichende Konzentrationen chemischer Stoffe und es lief alles nach Plan: Reaktionen begannen, und es entstanden immer komplexere Moleküle bis zu den ersten Reaktionssystemen, die ihrer Umgebung Energie entziehen und sich damit selbsterhalten konnten. Irgendwann bildete sich um eine Gruppe reagierender Chemikalien eine Membran und so entstand eine *Protozelle*, eine primitive Urzelle. Die Ummantelung dieser Chemikalien mit einer halbdurchlässigen Membran ließ die chemischen Reaktionen florieren. So wurde der erste Prokaryot, der erste einzellige Organismus, geboren.[11]

In einem Forschungsartikel, den ich 2009 mit meiner damaligen Forschungsstudentin Sara Walker veröffentlichte, zeigten wir, dass der Übergang von reiner Chemie zu einem reaktiven System, das von seiner Umgebung durch eine einfache Membran getrennt ist, zumindest prinzipiell und in sehr einfachen chemischen Systemen, möglich ist. Obwohl unser theoretisches Modell weit davon entfernt ist, aus reiner Chemie heraus eine lebendige Zelle zu erschaffen, zeigt es einen plausiblen Weg auf, der von der Chemie zur Biologie führen könnte, ein Ansatz, der sich der Entstehung des Lebens von den Grundbausteinen ausgehend nähert. Weil die Biologie auf ihrer fundamentalsten Ebene in gewisser Weise lebendige Chemie ist, müssen selbstgesteuerte chemische Reaktionssysteme auf die Zellwand als die beste Methode gestoßen sein, zwei Fliegen mit einer Klappe zu schlagen: sich selbst vor Angreifern zu schützen und sich gleichzeitig mit Energie und Nährstoffen aus der Umgebung versorgen zu können. Eine Burg mit dicken Mauern, aber ohne Türen oder Tore ist eine starke Festung, aber die Leute drinnen überleben nicht sehr lange. Eine Burg mit hauchdünnen Wänden lässt sich leicht einnehmen. Die besten Burgen sind so gebaut, dass die Balance zwischen Wehrhaftigkeit und Zugang stimmt. Zellwände funktionieren genau so.

Während der letzten Jahrzehnte wurden viele Orte von Wissenschaftlern als möglicher Schauplatz der einfachen Reaktionen, die zur Entstehung des Lebens führten, ins Spiel gebracht. Lehm gab es auf der frühen Erde wahrscheinlich im Überfluss und könnte den Reaktionen als Untergrund gedient haben, indem er bestimmte chemische Verbindungen förderte. Man kann sich vorstellen, wie flache Lagunen mit vielen organischen Molekülen verdunsteten und dabei hohe Konzentrationen organischer Materie im Lehm zurückließen. Auch Ebbe und Flut könnten die betreffenden Stellen regelmäßig befeuchtet und getrocknet haben, was notwendig war, damit sich die Reaktionen zu größerer Komplexität hin entwickeln konnten. Allerdings sollte man sich die Gezeiten auf der jungen Erde nicht als sanften Vorgang ausmalen. Sie waren viel heftiger als heute. Die Gezeiten werden bekanntlich von der gegenseitigen Schwerkraftanziehung zwischen Erde, Mond und Sonne verursacht. Weil die Schwerkraft mit dem Abstand im Quadrat abnimmt und der Mond der Erde früher viel näher war, weiß man, dass die Gezeiten früher viel stärker waren.[12] Stellt man sich die Erde als eine mit Wasser bedeckte Kugel vor, erfährt die Seite, die dem Mond zugewandt und ihm somit näher ist, eine stärkere Anziehungskraft als ihr

Mittelpunkt oder die gegenüberliegende Seite. Während sich flüssiges Wasser dadurch am meisten verformt, wird auch die Erdoberfläche in Richtung Mond gezogen. Weil der Mond heute weiter entfernt und die Erde härter ist, verformt sich die Kruste nur um etwa 20 Zentimeter, und die Gezeiten erreichen eine durchschnittliche Höhe von einem Dreiviertel Meter. Aber in den ersten hunderten Millionen von Jahren ihres Daseins, als die Erde noch flüssig und der Mond noch viel näher war, hob und senkte sich ihre Kruste zwischen Ebbe und Flut um über 60 Meter und die Ozeane (falls es sie gab) um 200 Meter! Mit der Zeit wuchs der Abstand des Mondes, und die Erde kühlte sich ab und härtete aus.[13] In der Zeit vor 3,8 bis vor 3,5 Milliarden Jahren, in der vermutlich das erste Leben entstanden ist, hoben die Gezeiten die Ozeane noch um mehrere Meter an. Frühzeitliche Inseln wurden regelmäßig überschwemmt.

Indessen spülten Hydrothermalquellen tief unter den Meeren heißes Material aus dem Erdinneren in ihre Umgebung. Die Entdeckung, dass die Umwelt dunkler, sauerstoffarmer Unterwasservulkane voller Leben ist, ließ viele Forscher die Möglichkeit in Betracht ziehen, dass das Leben in solchen extremen Umgebungen zuerst entstanden sein könnte. Eine Voraussetzung wäre das Vorhandensein der richtigen chemischen Stoffe in den richtigen Konzentrationen. Die Idee klingt reizvoll. Selbst wenn das nicht der Weg sein sollte, auf dem sich das Leben auf der frühzeitlichen Erde durchsetzte – und dieses Szenarium scheint auf viele praktische Schwierigkeiten zu stoßen, wie etwa die Frage ausreichender Konzentrationen – könnte das Leben jedoch so oder ähnlich an anderer Stelle im Kosmos entstanden sein.

Wenn es so widerstandsfähig ist und an solchen Orten ohne Licht und Sauerstoff gedeihen kann, dann könnte das Leben im Universum viel häufiger vorkommen, als man noch vor wenigen Jahrzehnten hätte vermuten können. Obwohl Darwins „kleine, warme Teiche" noch immer die Orte sind, an denen das erste Leben am einfachsten auf die Welt gekommen sein könnte, hat die aktuelle Forschung gezeigt, dass man auf Überraschungen vorbereitet sein sollte. Es ist durchaus möglich, dass das Leben an unterschiedlichen Orten und mit unterschiedlichen Eigenschaften aufgetaucht ist. Wenn wir vermuten, dass auch an anderen Orten im Universum Leben existiert, dann ist diese Annahme „vieler Schauplätze" praktisch schon gegeben. Wir sollten uns die vielen möglichen Schauplätze der Entstehung von Leben auf der Erde – warme Teiche an der Küste, Tonminerale, Hydrothermalquellen in der Tiefsee, Meeresregionen mit Wintereisbedeckung – als kleine Labore der Arten von Leben vorstellen, die anderswo existieren. Es gibt nicht den *einen* Ursprung des Lebens, sondern deren *viele* mögliche.

Indem wir aus Erasmus Darwins 1791 veröffentlichten *The Botanic Garden* zitieren, verabschieden wir uns nun von der „Wo-Frage". Sicherlich hat der junge Charles das berühmte Gedicht seines Großvaters, 17 Jahre vor seiner Geburt veröffentlicht, gelesen:

> Das Leben in strandlosen Wellen,
> Geboren und gehegt in perlenschillernden Höhlen;
> Winzige erste Gestalten, nicht von der Lupe erfasst,
> Bewegung im Schlamm oder durchs Wasser, das große Nass;

Wo neue Generationen erblühn,
Mit stärkeren Körpern neue Kräfte auftun;
Wo zahllose Gruppen von Pflanzen her sprießen,
Im atmenden Reich von Flossen, Flügeln und Füßen.

Der Evolutionsgedanke lag bei den Darwins ganz offensichtlich in der Familie.

41

Das erste Leben: Wie?

Das Leben veranschaulicht die Grenzen des Reduktionismus sehr schön. Obwohl jedes Lebewesen letztendlich eine Ansammlung von chemisch miteinander verbundenen Atomen ist, lässt sich Leben damit nicht beschreiben. Noch weiter zu gehen und das Leben auf Elementarteilchen, die über die vier fundamentalen Kräfte wechselwirken, zurückzuführen, grenzt ans Lächerliche. Die Theorie für Alles, der die Vereiniger sich verpflichtet haben, sagt nichts darüber aus, wie das Leben funktioniert. Allerdings würden die meisten Forscher das sofort zugeben. Wie der Nobelpreisträger Philip Anderson, der Biologe Stuart Kauffman und viele andere in der Vergangenheit sehr deutlich gezeigt haben, hat der Weg von den Teilchen über Atome zu Molekülen, weiter zu riesigen Biomolekülen und zu chemischen Netzwerken mit Stoffwechsel und Reproduktion zahlreiche Lücken und Sprünge. So gut sich das Verhalten von Elektronen und der einfachsten Atome und Ionen mit der Quantenmechanik beschreiben lässt, scheitert der Versuch der Anwendung auf größere Atome und komplexe Moleküle.[14]

Wie wir gesehen haben, gehen Atome und Moleküle elektrische Verbindungen ein: Einige haben Ladungen abzugeben oder zu teilen (Donatoren), während andere Ladungen benötigen (Akzeptoren). Verbindungen vermindern große Ladungsungleichgewichte, indem sie die Energie eines Systems verringern: So wie verheiratete Paare den besten Einkommenssteuersatz bekommen, ist es energetisch häufig geschickter, zusammenzuleben als getrennt. (Dabei unterscheidet die Chemie anders als das Finanzamt nicht zwischen verheirateten und unverheirateten Paaren.) Allgemeiner betrachtet beschreibt die Chemie den Drang der Materie, Verbindungen einzugehen mit dem Ziel, Asymmetrien elektrischer Ladungsverteilungen zu verringern. Leben ist ein sehr komplexes Produkt dieses Drangs, ein Ungleichgewicht, das sich reproduziert.

In der Natur ändern sich die Dinge, um so zu bleiben, wie sie sind. Ein System im stabilen Gleichgewicht, in dem sich anziehende und abstoßende Kräfte die Waage halten, ändert sich nicht. Selbst wenn lokale Schwankungen auftreten, bleibt es im Mittel unverändert. Vielleicht schaukeln Sie auf Ihrem Stuhl hin und her, während Sie dieses Buch lesen, doch bis Sie sich entscheiden aufzustehen, bleiben Sie an der gleichen Stelle, der lokalen Gleichgewichtslage, sitzen. Genauer gesagt ist ein System im stabilen Gleichgewicht immun gegenüber kleinen Störungen: Wird es ausgelenkt, dann begibt es sich wieder zurück in seine stabile Gleichgewichtslage (wobei die Reibung etwas hilft, da es sonst immer weiter um seine Ausgangslage schwingen würde). Stellen Sie sich eine Murmel vor, die in einer Suppenschale hin und her rollt. Nach einer Weile bleibt sie am tiefsten Punkt der Suppenschale liegen. Ein instabiles Gleichgewicht dagegen führt zu Veränderung; kleine Störungen können das System von seinem Anfangszustand weg führen. Wenn wir die Suppenschale umdrehen und die Murmel auf dem höchsten Punkt ausbalancieren, dann genügt dazu die kleinste Berührung. Veränderung lässt sich auch herbeiführen, indem man ein System aus einem Gleichgewichtszustand in einen Ungleichgewichtszustand versetzt. Wir tun das zum Beispiel jedes Mal dann, wenn wir kaltes Wasser in eine heiße Badewanne laufen lassen: Das Wasser wird sich auf eine neue, niedrigere Gleichgewichtstemperatur abkühlen. Ob man mit einem instabilen Gleichgewicht beginnt (Kugel auf der umgedrehten Suppenschale) oder ein System in einen Ungleichgewichtszustand versetzt (kaltes Wasser in die heiße Badewanne), Ungleichgewicht führt zu Veränderung. Manche Systeme, wie die Börse, sind nie im Gleichgewicht: Aktienkurse ändern sich ständig und erzeugen oder vernichten dabei Vermögen. Lebendige Systeme befinden sich ebenfalls in permanentem Ungleichgewicht. Um am Leben zu bleiben, müssen Organismen Energie und Nährstoffe aus der Umwelt aufnehmen und dafür minderwertige Abfälle abgeben. Für das Leben bedeutet Gleichgewicht den Tod.

Eine der aufschlussreichsten Entdeckungen der modernen Wissenschaft ist, dass viele komplexe Muster und Strukturen, die wir in der Natur erkennen – Galaxien, Wirbelstürme, Meeresströmungen, Lebewesen –, Instrumente zum Ausgleich von Ungleichgewichten sind. Auf dem Weg von Veränderung zu Konstanz, vom Ungleichgewicht zum Gleichgewicht geschehen die wundervollsten (und manchmal auch schreckliche) Dinge. Wenn zum Beispiel ein Stein in einen ruhigen Teich geworfen wird, dann überträgt er seine Bewegungsenergie auf das Wasser. Ziemlich direkt führen auslaufende Wellen diese überschüssige Energie ab. Die Wellen sind zusammenhängende, makroskopische

Strukturen, die einen Abbau des Ungleichgewichts bewirken. So stellen sie schließlich das Gleichgewicht im Teich wieder her. Im Allgemeinen erzeugen die Wechselwirkungen zwischen den vielen Komponenten eines Systems komplexe Phänomene, die Ausgleich schaffen. Dazu gehören die Temperatur der Atmosphäre und die Druckunterschiede, die Wind und Wirbelstürme verursachen, Ansammlungen von Sternen, die sich selbst in Galaxien anordnen, oder überhöhte Konzentrationen chemischer Stoffe in einer Lösung, die lebenserhaltende Reaktionen steuert. Ungleichgewicht bewirkt Veränderung, die zu Phänomenen führt, die ein Gleichgewicht erzeugen. Das ist das Wesen des unvollkommenen Kreislaufs der Schöpfung in der Natur.

So betrachtet ist eine Zelle ein komplexer, teilweise isolierter, selbsterhaltender, chemischer Reaktor mit der Hauptaufgabe, Energie zu entwerten. Um funktionieren zu können, nehmen Zellen hochwertige, nutzbare Energie aus ihrer Umwelt auf und geben sie in einer minderwertigen, nicht mehr nutzbaren Form wieder ab. (Wir tun das gleiche, wenn wir etwas essen und später in veränderter Form wieder ausscheiden). Daraus folgt: Je mehr Zellen es gibt, je mehr sie sich also reproduzieren, desto effizienter kommen sie ihrer Aufgabe, Energie zu entwerten, nach. (Genau so wie mehr gegessen und ausgeschieden wird, je mehr Leute es gibt.) Als eine Konsequenz hat die Fortpflanzung einen einfachen Sinn: Das Leben erzeugt mehr Leben, um immer weiter Energie zu entwerten. Leben ist ein Mechanismus zur Minderung von Ungleichgewichten in der Verteilung von Energie, eine Art Dampfwalze, die Energiespitzen plattwalzt.[15]

Lassen Sie sich von dieser mechanistischen Betrachtungsweise der Energiebilanz von Leben nicht entmutigen. Das Wunder findet sich sowohl in seiner Funktion, in seinen genialen biochemischen Mechanismen, als auch in seiner Gestalt, in seiner erstaunlichen Vielfalt. Wie Darwin am Ende von *Die Entstehung der Arten* schreibt: „… aus so einfachem Anfang sich eine endlose Reihe immer schönerer und vollkommenerer Wesen entwickelt hat und noch fort entwickelt.“ Diese göttliche Dimension des Lebens sollte Ehrfurcht und Freude bereiten.

Um die primitiven Anfänge des Lebens zu verstehen, müssen wir mit präbiotischer Chemie beginnen und feststellen, welche Zutaten auf der jungen Erde bereit standen Verbindungen einzugehen. Welche chemischen Stoffe verbanden sich, um als lebendiges Wesen aus einer unbelebten Suppe aufzutauchen? Wie wurde Leben aus dem Unbelebten? Diese faszinierende und extrem schwierige Frage ist noch ungelöst. Wir haben gesehen, wie wenig wir über die vorherrschenden Umgebungsbedingungen auf der urzeitlichen Erde wissen. Unterschiedliche Miller-Urey-Experimente verwenden unterschiedliche Rezepte für die Ursuppe und den entscheidenden, lebensbringenden Funken (zumindest den Funken, der die Erzeugung von Aminosäuren auslöst). Dennoch führt die Vermischung und Verbindung von Chemikalien in den gegenwärtig anerkannten Zusammensetzungen stets zu mehreren wichtigen Zutaten aller Lebewesen.[16] Wie bei den zuvor behandelten Modellen der kosmologischen Inflation fehlen uns vielleicht die Einzelheiten, aber wir verstehen das allgemeine Konzept.

Einer anderen Sicht zufolge war die Erde vielleicht gar nicht der Schmelztiegel für die Zutaten des ersten Lebens: Sie könnten auch aus dem All herabgeregnet sein, entweder als direkte Ablagerungen, indem die Erde mit ihrer Schwerkraft im interstellaren Raum umherirrende organische Moleküle einfing, oder als Mitbringsel von Meteoriteneinschlägen. Die Entdeckung vieler Aminosäuren in einigen Meteoriten, insbesondere dem großen, der 1969 über Murchison in Australien niederging, zeigt, dass viele der Grundstoffe des Lebens auch im Weltall produziert werden. Die Liste der an Leben beteiligten (und unbeteiligten) organischen Stoffe im Murchison-Meteorit ist tatsächlich ziemlich lang.

Anfang 2006 interviewte ich Stanley Miller für eine brasilianische Fernsehdokumentation in seinem Labor in La Jolla in Kalifornien. Er war dabei, sich von einem Schlaganfall zu erholen, und das Sprechen fiel ihm sehr schwer. Ich war aufgeregt wie ein kleiner Junge, in der Gegenwart des berühmten Mannes zu sein und die Apparatur, die ihn bekannt gemacht hatte, zu berühren. Der bräunlich-gelbe, präbiotische Schleim war am Boden des Kolbens gut zu sehen. Stanley Miller drückte einen Knopf, und Funken stieben aus kleinen Elektroden hervor. Bilder von Dr. Frankensteins Labor drängten sich auf. Während ich mich bemühte, sie zu unterdrücken, fragte ich Stanley Miller, was er von der Idee der Panspermien hielte. „Unsinn", rief er erregt, „es hat alles genau hier angefangen."

Eine der Schwierigkeiten der Hypothese, der zufolge alles aus dem All gekommen sein soll, besteht darin, dass organische Moleküle dazu neigen, sehr fragil zu sein. Demgegenüber steht das Bild von Raumfahrzeugen, die beim Wiedereintritt in die Atmosphäre glühend leuchten. Moleküle könnten beim Eintritt in die Atmosphäre zerfallen, auch wenn kosmisches Treibgut mit geringer Masse und niedriger Eintrittsgeschwindigkeit sanft herabregnen würde. Im Falle des Transports per Meteor könnten organische Verbindungen während des Eintritts in die Atmosphäre oder beim Aufprall zerstört werden. Verfechter der Hypothese der organischen Saat aus dem All wenden ein, dass die Proben, die im Meteorit von Murchison und anderen gefunden wurden, beweisen, dass einige chemische Stoffe den Eintritt und Aufprall überstehen. So weit haben sie Recht. Zudem zeigen neuere Studien, dass das Innere von Meteoriten ziemlich kalt bleibt, auch wenn die äußeren Schichten beim Eintritt in die Atmosphäre versengt werden. Möglicherweise könnten sich molekulare Mitfahrer tief im Gestein eingenistet haben und wohlbehalten hier angekommen sein, obwohl sie dann natürlich irgendeinen Weg aus ihren Nestern gefunden haben müssten. Wie bei der „Wo-Frage" scheint es mangels abschließender Beweise angezeigt, offen zu bleiben und beide Wege – hier entstanden oder aus dem All geregnet – als Möglichkeiten im Auge zu behalten. Vielleicht reicherten beide gemeinsam die präbiotische Suppe an. So oder so sind die Zutaten wie bei jedem Rezept nur der erste Teil – und die „Wie-Frage" hat viele Teile.

42

Das erste Leben: Die Bausteine

Wir wollen zu dem Zeitpunkt zurückgehen, zu dem sich das erste Leben auf der Erde festsetzte. Vor etwa 3,6 Milliarden Jahren (oder noch früher), möglicherweise in einer austrocknenden Lagune, reagierten eine Reihe kohlenstoffreicher Substanzen, darunter auch Aminosäuren, mit steigender Komplexität bei dem Versuch, Ungleichgewichte von Ladungen zu minimieren, und schufen dabei immer längere molekulare Ketten. Diese Ketten verbanden sich miteinander und ordneten sich selbst in immer komplexeren Strukturen an. Möglicherweise tauchten auch einfache Kohlenhydrate (also Nährstoffe) auf. Schließlich begannen die Ketten irgendwie damit, sich selbst in unvollkommener Kopie voneinander aufzuspalten. Man wird niemals mit Sicherheit wissen, aus welchen Molekülen sich die Ketten zusammensetzten oder wie sie begannen, sich selbst zu reproduzieren. Wir können nur zurückblicken und versuchen, mit dem, was wir heute im Labor über das Leben erfahren können, plausible Szenarien für das erste Leben nachzustellen. Auch wenn uns unser erster gemeinsamer Vorfahre, das erste Lebewesen, keine Spuren hinterlassen hat, können wir aus dem, was wir heute wissen, unsere

Schlüsse ziehen und uns entlang des Pfades zurücktasten, der zum ersten Leben führt.

Die einfachste Einheit des Lebens, das einfachste Lebewesen, ist eine Zelle. Nun gibt es auch unter den Zellen verschiedene Arten und Größen; ganz sicher haben sie sich mit der Zeit entwickelt. Eine typische Zelle hat einen Durchmesser von einem hunderttausendstel Meter (10 Mikrometer), etwa ein Zehntel der Dicke eines (dünnen) menschlichen Haares. Einige Zellen sind ziemlich groß, die größte ist ein unbefruchtetes Straußenei. Blaualgen und viele Bakterien sind Prokaryoten, primitive Zellen, in denen das Erbgut, die bei der Reproduktion angewendete DNA, ohne eine Membran, die es vom Rest der Zelle trennen würde, aufgewickelt ist. In Eukaryoten, den fortschrittlicheren Zellen, wie wir sie in unseren Körpern haben, beherbergt ein isolierter Zellkern das Erbgut. Wenn man die Geschichte des Lebens auf der Erde betrachtet, sieht man, dass Einzeller mit Abstand die standhaftesten Bewohner waren. Die Zahlen sind bemerkenswert: Im Zeitraum von vor rund 3,6 Milliarden Jahren bis vor etwa 1,6 Milliarden Jahren war das Leben einzellig. Das heißt, ungefähr zwei Milliarden Jahre lang bestand das Leben auf der Erde *ausschließlich* aus Einzellern, auch wenn sich einige davon in Kolonien organisierten. Eukaryoten tauchten gegen Ende dieses Zeitraums auf, als sich dank der Photosynthese von zahlreichen Blaualgen Sauerstoff in der Atmosphäre anreicherte.[17]

Das ist eine Tatsache, die uns innehalten lassen sollte. Um den Ursprung des Lebens zu studieren, können wir Mehrzeller vergessen. Prokaryoten sind die Hauptdarsteller. Beim entscheidenden Übergang vom Einzeller zum

Mehrzeller, von unseren amöbenhaften Vorfahren zu Schwämmen, kam eine Anzahl unwahrscheinlicher Faktoren zusammen: Am bedeutendsten war der Anstieg des Sauerstoffgehalts der Atmosphäre zwischen 2,7 und 2,2 Milliarden Jahren v. Chr. Eine Folge dieses Anstiegs ist die gleichzeitige Produktion von Ozon aus Sauerstoff, der UV-Sonnenlicht ausgesetzt ist. Vor eben dieser schädlichen UV-Strahlung schuf das Ozon eine Schutzschicht zwischen der Sonne und den Organismen auf der Erde und ermöglichte die Entwicklung komplexerer Lebensformen. Ohne Ozon wären wir nicht hier. Wenn wir uns später mit der Möglichkeit von Leben an anderen Orten im Kosmos beschäftigen, wird diesen Faktoren (und vielen weiteren) eine entscheidende Bedeutung zukommen.

Zurück zu unserem warmen Teich. Welche Verbindungen ermöglichten den großen Sprung ins Leben? Die ehrliche Antwort ist, dass das niemand weiß. Es gibt zwei konkurrierende Meinungen. Nach der einen kam der Stoffwechsel zuerst; sie wird von Alexander Oparin, einem Pionier der Erforschung des Ursprungs des Lebens, und in den letzten Jahren auch von dem Physiker Freeman Dyson sowie von dem Chemiker Robert Shapiro vertreten. Nach der anderen, überwiegenden Meinung kam die Genetik zuerst. Wir wollen uns beide kurz ansehen, um darauf aufbauend später die Bedeutung molekularer Asymmetrien für den Ursprung des Lebens zu erörtern.

In seinem 1924 erschienenen Buch *Die Entstehung des Lebens auf der Erde* bemerkt Oparin, dass Tropfen öliger Flüssigkeiten sich im Allgemeinen nicht gut mit Wasser mischen und stattdessen kleine, blasenartige Tröpfchen bilden. Jeder, der schon einmal Olivenöl und Essig zu einer Salatsauce verrührt hat, kennt das. Solche Fetttröpfchen ergäben Oparin zufolge eine hübsche schützende Umgebung, die es zufällig darin gefangenen Molekülen erlauben würde, ungestörter miteinander zu reagieren. Bisweilen würden bestimmte Reaktionen mehr chemische Stoffe produzieren und komplexer werden. Ab einer kritischen Schwelle wären die Moleküle in der Lage, in einem selbsterhaltenden („autokatalytischen“) Reaktionsnetzwerk mehr Kopien von sich zu reproduzieren: Aus den kleinen Fettsäckchen wären die ersten Protozellen geworden. Im Gegensatz zu höher organisierten genetischen Systemen fände die Reproduktion hier zunächst zufällig statt, wenn Turbulenzen in der Umgebung eine Spaltung der Tröpfchen erzwängen. (Auch hier ist Salatsauce ein gutes Beispiel.) In seltenen Fällen enthielten die Tochterzellen die richtigen chemischen Stoffe, um ebenfalls selbsterhaltende Reaktionen in Gang zu bringen, und ein Bestand von ähnlichen Protozellen würde sich zu entwickeln beginnen. Doron Lancet und seine Kollegen am Weizmann-Institut in Rehovot, Israel, haben komplexe Computersimulationen solcher „Lipidwelten“ entwickelt und gezeigt, dass eine Kettenreaktion auftreten und zu einer Art von primitivem Leben führen kann, falls eine Elternzelle mehr als eine Tochterzelle erzeugen kann. Eine Genetik könnte sich später entwickeln, wenn sich der Prozess der Fortpflanzung im Laufe unzähliger „Generationen“, geführt von der „unsichtbaren Hand“ einer präbiotischen Version von natürlicher Auslese, perfektionieren würde. Man sollte erwarten, dass Protozellen mit Molekülen, die sich effektiver reproduzieren und Energie aus ihrer Umwelt besser aufnehmen und verarbeiten können, anderen gegenüber einen Vorteil hätten und den Bestand nach und nach beherrschen würden.

Der Gegenmeinung nach kam die Genetik zuerst: Vervielfältigung ging dem Stoffwechsel voraus. Die am weitesten verbreitete Idee innerhalb dieser Strömung ist die Hypothese einer „RNA-Welt“: Von den beiden Erbgutträgern, der DNA und der RNA, hat die RNA die Fähigkeit, den Prozess ihrer eigenen Vervielfältigung in Gang zu setzen. Anders als die DNA kann sie als Enzym fungieren und so ihre eigene Polymerisation (das Auffädeln kleiner Stücke in längeren Molekülen wie von Perlen auf einer Kette) und Reproduktion katalysieren. Unter der ziemlich plausiblen Annahme, dass das erste Leben einfach war, ist ein autarker Replikator eine Möglichkeit.[18]

Wie Tom Fenchel in *Origin and Early Evolution of Life* darlegt, liegt der eigentliche Vorteil des Szenariums, in dem die RNA zuerst kam, darin, dass es in umfassenden Laborexperimenten untersucht werden kann. Viele beachtenswerte Experimente wie die von Manfred Eigen und Leslie Orgel, sowie vor noch kürzerer Zeit von Gerald Joyces Forschungsgruppe am Scripps Research Institute in San Diego, haben die Verbindung zwischen Genetik und natürlicher Auslese auf molekularer Ebene durch direkte Manipulation von RNA und DNA herausgearbeitet und die Beziehung von Chemie und Biologie veranschaulicht. Allerdings sollte hinsichtlich der Entstehung des Lebens klar sein, dass auf der jungen Erde bereits eine Menge komplexer chemischer Synthesen stattgefunden haben mussten, bevor RNA entstehen konnte. „Es ist offensichtlich, dass die mutmaßliche RNA-Welt nicht im Vakuum entstanden sein kann“, wie Fenchel schreibt.[19] Eine Schwierigkeit besteht zum Beispiel darin, dass es Experimenten nach Art von Miller-Urey bislang noch nicht gelungen ist, Nucleoside hervorzubringen, chemische Basen wie Adenosin oder Cytidin, die in RNA und DNA vorkommen. Ohne Ziegelsteine kann man keinen Wolkenkratzer bauen. Doch die Situation könnte gerade im Wandel sein. Im Mai 2009 vermeldeten drei britische Chemiker der Universität Manchester einen großen Fortschritt, der den RNA-Standpunkt stützte. Mit einer neuartigen Abfolge chemischer Reaktionen war es dem Trio gelungen, viele der Schwierigkeiten, denen sich andere Gruppen in den letzten zwanzig Jahren gegenübergesehen hatten, zu umgehen und zwei der vier Nucleoside zu synthetisieren. Als Zugabe verwendeten sie UV-Strahlung, die auf der präbiotischen Erde reichlich zugegen war, um die Synthese zu beschleunigen. Zudem funktionierten die Reaktionen bei ziemlich warmen Temperaturen von rund 60 °C am besten. Die Entdeckung wurde schnell als riesiger Schritt hin zu einem Verständnis der Entstehung des Lebens auf der Erde bejubelt. Dennoch sollte man vorsichtig bleiben; die Tatsache, dass Wissenschaftlern die Synthese von Nucleosiden nach einer bestimmten Methode im Labor gelungen ist, bedeutet keineswegs, dass die Natur den gleichen Weg gegangen sein muss.

Es gibt Konzepte, in denen einfachere organische Moleküle den Vervielfältigungsprozess in Gang gesetzt haben, Peptide etwa (Verbindungen mit zwei oder mehr Aminosäuren, die über bestimmte Bindungen eine Kette bilden). Trotz vieler interessanter Ideen wissen wir noch immer nicht sicher, auf welchem Weg die Natur die Grenze zwischen unbelebter und belebter organischer Chemie überquerte. Wie Dyson in *Origins of Life* anregt, ist es durchaus möglich, dass beide Szenarien zusammenwirkten, um das erste Wesen zu erzeugen, das man als „lebendig“ bezeichnen könnte. Irgendwann wurden Protozellen mit einem primitiven Stoffwechsel und einfachen Lipidhüllen – die „Hardware“ der Zellen – von den Vorläufern von Erbmaterial – der „Software“ der Zellen – eingenommen oder auch zufällig befallen, so, wie Parasiten einen Wirt befallen. Nach Ewigkeiten entwickelte sich schließlich eine symbiotische Verbindung der beiden, und daraus wurde eine Zelle mit optimiertem Replikationspotenzial.

Während die Suche nach dem ersten Replikator eine faszinierende Forschungsfrage darstellt, gilt unser Interesse hier den grundlegenden Asymmetrien und Unvollkommenheiten, die den komplexen Formen in der Natur zu Grunde liegen. Wir haben uns damit auseinandergesetzt, wie die Asymmetrie der Zeit eng mit der Asymmetrie der Materie verwandt ist und wie die Strukturen, die den Kosmos bevölkern, der üppige Garten von Galaxien und Galaxienhaufen, aus der Saat entsprossen sind, die während der primordialen Inflation gelegt wurde. Nachdem wir uns einen Überblick über verschiedene Fragen und Probleme bezüglich der Entstehung des Lebens verschafft haben, sind wir nun bereit, unseren Ausblick auf die Grundessenz des Lebens selbst auszuweiten. Wie wir sehen werden, spielen Asymmetrien auf molekularer Ebene eine entscheidende Rolle für die Entstehung und Evolution des Lebens. Von molekularen Strukturen bis zur Replikation wäre Leben ohne Unvollkommenheit nicht möglich.

43

Der Mörder der Lebenskraft

Das nächste Mal, wenn Sie ein Glas pasteurisierte Milch trinken, danken Sie Louis Pasteur für seine Ausdauer und seine strengen Labormethoden. Danken Sie ihm dann auch für die Erklärung, wie Krankheiten von Keimen herrühren und für die Entwicklung einiger der ersten Impfstoffe, darunter auch dem für Tollwut. Als Nebenprodukt seiner Forschung erkannte Pasteur, dass es sich bei der Fermentation, wie sie in der Wein- oder Biererzeugung stattfindet, um einen biologischen Prozess handelt, für den Mikroorganismen verantwortlich sind. Man kann es guten Gewissens einem französischen Chemiker überlassen, die Wissenschaft der Weinherstellung zu verfeinern.

Pasteur versetzte der Idee der Spontanzeugung, einer seit Aristoteles' Zeiten vorherrschenden Vorstellung, der zufolge Lebewesen spontan aus toter Materie entstehen können, einen entscheidenden Schlag. Falls Ihnen die Vorstellung lächerlich vorkommt, dass Mäuse aus modrigem Mehl, Fliegen aus verfaultem Fleisch oder Frösche und Salamander aus Schlamm geboren werden können, dann sehen sie das anders als die meisten Menschen bis in die Mitte der 1650er Jahre. Beliebte Rezepte erklärten, wie man Bienen erzeugt, indem man einen jungen Stier so begräbt, dass die Hörner gerade noch aus der Erde schauen, oder Mäuse, indem man schmutzige Lumpen in einen offenen Topf mit Weizen darin legt. Im Jahr 1668 veröffentlichte der italienische Physiker Francesco Redi den Bericht über ein entscheidendes Experiment, bei dem er Fleischstücke in Krügen platzierte. Die einen ließ er offen an der Luft verfaulen, während er die anderen versiegelte. Kaum überraschend fand er nur in den offenen Krügen Maden und Fliegen vor. Redi schloss daraus ganz richtig, dass die Fliegen und Maden nicht spontan im verfaulten Fleisch gezeugt wurden, sondern durch die Luft dorthin gelangten. Dank der Erfindung des Mikroskops etwa zur gleichen Zeit konnte man jedoch erkennen, dass Lebewesen auch im Bereich des ansonsten Unsichtbaren existierten. Verfechter der Spontanzeugung verloren keine Zeit. Könnte es nicht sein, dass Bakterien aus dem Nichts erschienen und der Prozess der Spontanzeugung mit dem Auge einfach nicht sichtbar war? Der Streit währte Jahrzehnte lang.

Um 1750 behauptete der schottische Geistliche John Needham, er hätte gezeigt, dass Luft eine Lebenskraft innewohne, die Bakterien erzeugen könne. In seinen Experimenten fand er Mikroorganismen, die in Suppe in offenen Behältern entstanden. Sogar in Suppen, die er vorher kurz gekocht und dann in vermeintlich saubere Kolben gegossen hatte, die er mit Korken verschloss, fand er Mikroorganismen. Könnte eine mysteriöse Lebenskraft im Reich des Unsichtbaren versteckt sein? Wieder brachte ein Italiener Aufklärung. Mitte der 1760er Jahre zeigte Lazzaro Spallanzani, dass Needhams Mikroorganismen verschwanden, wenn man die Suppen lang genug kochte. Außerdem waren die Korken nicht vollständig luftdicht und erlaubten so das Eindringen von Mikroorganismen. Needham, der sich nicht geschlagen geben wollte, entgegnete, dass Spallanzanis stundenlanges Kochen die versteckte Lebenskraft in der Luft „tötete". Eine friedliche Lösung war nicht in Sicht.

Die Situation spitzte sich derart zu, dass die Pariser Akademie der Wissenschaften 1860, fast ein Jahrhundert nach dem Streit zwischen Needham und Spallanzani und zwei nach den Experimenten Redis, einen Preis auf ein Experiment aussetzte, das den Disput ein für alle Mal klären würde. 1864 erfüllte Pasteur die Anforderungen des Preises. Seine Lösung war so genial wie einfach: Er entwarf Kolben mit sehr langem, S-förmigem Hals (Schwanenhals-Kolben) und kochte Suppe in ihnen, wobei er sie unverschlossen ließ. Außerdem versiegelte er Kolben verschiedener Formen und Halslängen mit Baumwolle, da er beweisen wollte, dass Baumwolle für Bakterien von außen undurchlässig wäre. Er kam schnell zu dem Schluss, dass die Suppe in den Schwanenhalsflaschen steril blieb. Die Bakterien, die von der Luft bis zum Hals der Flasche transportiert wurden, schafften nie den gesamten Weg den langen Flaschenhals hinunter bis zur Suppe. Auch in den mit Baumwolle versiegelten Kolben blieb die Suppe steril. Pasteurs Fazit war eindeutig: Es gab keine Lebenskraft, die sich in der Luft verbarg. Nur aus Leben entsteht Leben.

Paradoxerweise ist die Spontanzeugung in moderner Zeit zurück ins Rampenlicht gerückt, wenn wir mögliche Mechanismen zur Erklärung der Entstehung des Lebens untersuchen. Natürlich keine Spontanzeugung durch unsichtbare, mysteriöse Kräfte, sondern durch die chemische Synthese organischer Verbindungen aus anorganischen Bausteinen. Der Begriff Abiogenese, der für dieses Phänomen verwendet wird, passt besser als der Begriff Spontanzeugung, der mehr nach Magie und Mysterium klingt. Denn wie auch immer die chemischen Prozesse, die zum ersten lebenden Wesen führten, im Detail aussahen, waren sie das Ergebnis einer nach und nach immer größer werdenden Komplexität vom Unbelebten zum Leben. Falls kein komplettes Geschöpf auf übernatürliche Weise aus dem Nichts aufgetaucht ist – und das ist keine sehr wissenschaftliche Hypothese –, *muss* das Leben aus dem Leblosen entstanden sein. Während die Frage nicht abschließend geklärt ist, stieß kein anderer als Pasteur auf eine Erkenntnis, die viele als einen fundamentalen Anhaltspunkt sehen: Leben ist nur möglich, wenn es sich aus asymmetrischen Komponenten zusammensetzt.

44
L'Univers est dissymétrique!

Im Jahr 1849, lange bevor Louis Pasteur die Auszeichnung der Pariser Akademie für seine Lösung der Frage der Spontanzeugung erhielt, arbeitete er als 26-Jähriger an der École Nationale Supérieure in Paris an seiner Doktorarbeit, um sich unter den französischen Chemikern einen Namen zu machen. Er hatte vor kurzem geheiratet und musste seine wissenschaftliche Laufbahn absichern.

Seine Studien betrafen die Eigenschaften von Weinsäure, einer kristallinen organischen Säure, die sich in unreifen Weintrauben findet. Weinsäure lässt sich auch durch chemische Synthese im Labor herstellen. Pasteur war bekannt, dass die Säure aus Weintrauben und die aus dem Labor unterschiedliche optische Eigenschaften haben, dass sie also anders mit Licht wechselwirken. Diese unscheinbare Tatsache birgt eine bemerkenswerte Eigenschaft des Lebens in sich, vielleicht den Schlüssel des Lebens überhaupt.

Zunächst aber eine kleine Kunde in polarisiertem Licht. Wie in Teil III erwähnt, besteht Licht aus Wellen von schwingenden elektrischen und magnetischen Feldern. Da die beiden Felder in der Ebene senkrecht zur Ausbreitungsrichtung schwingen, handelt es sich um *Transversalwellen*. Stellen Sie sich zum Beispiel vor, die Felder würden in der Ebene der Seiten dieses Buches schwingen. In diesem

Fall würde sich die spiralförmige Welle aus dem Buch heraus auf Sie zu bewegen. Das elektrische und das magnetische Feld haben noch eine weitere interessante Eigenschaft: Ihre jeweiligen Schwingungsrichtungen stehen wie die Blätter eines Ventilators ✤ immer im rechten Winkel aufeinander. Wenn das elektrische Feld hier von unten nach oben und zurück schwingt, dann schwingt das magnetische Feld von links nach rechts und wieder zurück. Im Allgemeinen können die Felder in jeder Richtung schwingen, die in der Ebene liegt, und wie die Blätter des Ventilators können sich die Richtungen sogar drehen. Bei einer linear polarisierten Lichtwelle zeigen das elektrische und das magnetische Feld in eine feste Schwingungsrichtung, so wie der Ventilator, wenn er ausgeschaltet ist. In diesem Vergleich entspricht „die Rotation der Polarisationsrichtung des Lichts" einfach einer Drehung der „Blätter" um einen bestimmten Winkel nach links oder rechts.

1815 entdeckte der französische Physiker und Chemiker Jean-Baptiste Biot, dass die Polarisation sich änderte, wenn Licht durch Lösungen verschiedener, natürlich vorkommender, organischer Stoffe lief. Ziehen wir wieder den Ventilator heran, hieße das, dass diese Substanzen die Blätter des Ventilators (also die Polarisationsrichtung des Lichts) nach rechts oder links drehen konnten. Pasteur war mit den Studien Biots vertraut. Wie er 1860 in einer Vortragsreihe schrieb, zog „[Biot] von Anfang an mit aller Bestimmtheit den Schluss, dass die Einwirkung der organischen Körper eine dem Moleküle, dem kleinsten Teilchen eigene sei und von seiner individuellen Konstitution abhänge."[20] Die von Pasteur angesprochene „Wirkung" war die Fähigkeit dieser natürlichen organischen Verbindungen, die Polarisationsrichtung des Lichts zu drehen. Mit erstaunlicher Vorahnung hatte Biot gefolgert, dass etwas auf molekularer Ebene diese Eigenschaft erklärte. Aber was? Pasteur stellte Biots Vermutung auf ein solides Fundament, indem er zeigte, dass die optischen Eigenschaften gewisser organischer Verbindungen – das heißt, wie sie also mit Licht interagieren – von der räumlichen Struktur ihrer einzelnen Moleküle bestimmt werden.

Ausgehend von den Arbeiten Biots wies Pasteur nach, dass nichts passierte, wenn linear polarisiertes Licht durch eine Lösung von Weinsäure aus dem Labor lief: Die synthetische Lösung war optisch inaktiv. Wenn polarisiertes Licht dagegen durch eine Lösung lief, die Weinsäure enthielt, die aus Weintrauben, also *aus einem Lebewesen*, extrahiert worden war, dann änderte sich seine Polarisationsrichtung (die Rotorblätter drehten sich also etwas). Pasteur begriff, dass die Moleküle beider Substanzen aus den gleichen Atomen bestanden, weil beide die gleichen chemischen Eigenschaften hatten. Was also sonst konnte so ein verwirrendes, asymmetrisches Verhalten hervorrufen? Konnten sich denn lebende und nichtlebende Stoffe in ihrem Verhalten unterscheiden, obwohl sie anscheinend identisch waren? Er untersuchte Kristalle beider Substanzen unter dem Mikroskop. Er bemerkte, dass die im Labor synthetisierte Säure zwei Sorten von Kristallen hatte, die Säure aus den Trauben dagegen nur eine einzige. Mit der Pinzette und unendlicher Geduld trennte er die beiden Kristallsorten voneinander. Indem er Licht durch Lösungen der einzelnen Sorten laufen ließ, zeigte er, dass die verschiedenen Kristalle die Polarisationsrichtung des Lichts in entgegengesetzter Richtung drehten:

> Ich trennte sorgfältig die rechtshemiëdrischen [-asymmetrischen] Kristalle von den linkshemiëdrischen [-asymmetrischen] und beobachtete die Lösungen beider, jede für sich, im Polarisationsapparat. Da sah ich mit ebenso großer Überraschung wie Freude, dass die rechtshemiëdrischen [-asymmetrischen] Kristalle die Polarisationsebene nach rechts, die linkshemiëdrischen [-asymmetrischen] dieselbe nach links ablenkten, und dass, wenn ich eine gleiche Menge beider Kristalle nahm, die aus ihnen gemischte Lösung für das Licht inaktiv blieb durch gegenseitige Kompensation der beiden gleichen, aber in entgegengesetztem Sinne wirkenden Drehungen.[21]

Als Pasteur seine Ergebnisse Biot zeigte, war der alte Mann sichtlich gerührt: „Mein lieber Junge, mein ganzes Leben habe ich die Naturwissenschaft so sehr geliebt, dass das hier mein Herz höher schlagen lässt.“ Biots Vermutung, dass die Ursache der unterschiedlichen optischen Eigenschaften auf molekularer Ebene lag, hatte sich bestätigt.

Pasteurs Ergebnisse waren absolut bahnbrechend, insbesondere zu jener Zeit, im Jahr 1849, als die Existenz des Atoms noch gar nicht allgemein anerkannt war. Er vermutete richtig, dass der asymmetrische räumliche Aufbau der Moleküle der Grund für die verschiedenen optischen Eigenschaften der beiden Weinsäurelösungen war. Die Moleküle von Weinsäure können in zwei Formen existieren, die die Polarisation von Licht nach links oder nach rechts drehen können. Wie Pasteur bemerkte: „Wir erhalten identische, aber nicht deckungsgleiche Moleküle; Produkte, die sich gleichen wie die rechte Hand der linken.“ Pasteur fuhr fort mit der Vermutung, in der Natur gebe es zwei Arten von Molekülen: solche, die wie Wasser in nur einer räumlichen Konfiguration auftreten, und solche, die wie Weinsäure in zwei Konfigurationen vorkommen, von denen die eine das Spiegelbild der anderen ist.

Pasteurs erstaunliche Erkenntnis war, dass die Verbindung in der Natur nur in einer ihrer zwei Formen vorkommt, bei Herstellung im Labor jedoch in beiden. Wählte die Natur eine bestimmte molekulare Orientierung aus?

In weiteren Untersuchungen zeigte Pasteur, dass viele organische Verbindungen, die aus lebenden Organismen gewonnen wurden, die gleichen einseitigen optischen Eigenschaften hatten. In einem Experiment fügte er Schimmelpilze zu einer Probe synthetischer Weinsäure hinzu. Wie erwartet, war anfänglich keine optische Aktivität zu erkennen. Doch als der Schimmel sich ausbreitete, begann die Probe optisch aktiv zu werden. Mehr noch, die immer größere Drehung ging in die gleiche Richtung wie die der natürlich vorkommenden Weinsäure. Das ließ nur einen Schluss zu: Das Leben hat eine eindeutige molekulare Präferenz! Pasteur schrieb später: „Das Universum ist dissymmetrisch und ich bin überzeugt, dass das Leben, wie wir es kennen, ein direktes Resultat der Asymmetrie des Universums oder eine indirekte Konsequenz daraus ist.“ *L'Univers est dissymmétrique!*

Welch prophetische Worte! Die Links-rechts-Asymmetrie bestimmter organischer Moleküle wurde *Chiralität* genannt, genau wie die Spiegelasymmetrie von Neutrinos, mit der wir uns in Teil III beschäftigt hatten. Wie unsere Hände sind die beiden Varianten „chiraler“ Moleküle nicht deckungsgleich, weil die eine das Spiegelbild der anderen ist. Der junge Pasteur hatte eine faszinierende Eigenschaft des

Lebens entdeckt. Heute weiß man, dass nahezu alle Aminosäuren in Proteinen linkshändig sind (bzw. linksdrehend, weil sie die Polarisationsebene nach links drehen), während alle Zucker in RNA oder DNA rechtshändig (oder rechtsdrehend) sind. Das Leben ist wirklich asymmetrisch. Die Herausforderung, die Pasteur uns überlassen hat, ist zu verstehen, warum das so ist.[22]

45

Die Chiralität des Lebens

Man kann sich Proteine als lange Ketten von Aminosäuren vorstellen; als Perlenketten, in denen jede Perle einem molekularen Baustein entspricht. Stellen Sie sich eine linkshändige Aminosäure als eine weiße Perle vor und eine rechtshändige als eine schwarze. Das Leben hat eine eindeutige Präferenz für Ketten aus weißen Perlen: Proteine, die essenziellen Moleküle des Lebens, haben ein asymmetrisches Rückgrat. Das Gleiche gilt für das Zuckerrückgrat von RNA und DNA. In ihrem Fall ist die Richtung jedoch genau umgekehrt: Die Zucker sind rechtshändig. Man wird den Verdacht nur schwer los, dass diese molekulare Asymmetrie irgendwie mit der Entstehung des Lebens selbst verknüpft ist. Pasteur dachte als Erster in diese Richtung:

> Warum überhaupt rechte und linke Moleküle, warum nicht nur symmetrische von der Art der anorganischen? Es gibt sicherlich Ursachen für dies merkwürdige Spiel der molekularen Kräfte … Ist es nicht notwendig und auch hinreichend anzunehmen, dass im Augenblick, wo der pflanzliche Organismus entsteht, eine asymmetrische Kraft wirksam ist?[23]

Wie bei der Materie-Antimaterie-Asymmetrie wollen wir den Grund für dieses fundamentale Ungleichgewicht der Natur verstehen. An welchem Punkt der frühen Evolution des Lebens wurde die bestimmte Chiralität der Aminosäuren und der Zucker festgelegt? Geschah es gleich zu Anfang, als einfache Moleküle – wahrscheinlich Aminosäuren – in der präbiotischen Suppe zu wechselwirken begannen? Oder ist die Chiralität von Biomolekülen eine Folgeerscheinung des Lebens, die erst auftrat, nachdem die Reproduktion bereits eingesetzt hatte? Wir wollen beide Möglichkeiten betrachten.

Es gibt zwei widerstreitende Meinungen. Einige Wissenschaftler, zu denen ich mich zähle, denken, dass die Chiralität zuerst da war und dass man sich nur schwer vorstellen kann, wie molekulare Wechselwirkungen angefangen haben könnten, die auch nur irgendwie in Richtung Leben führten, wenn es sowohl rechts- als auch linkshändige Moleküle gleichzeitig gab. Wenn es anfänglich genauso viele links- wie rechtshändige Bausteine gab, wie es bei den Aminosäuren in Experimenten der Miller-Urey-Art der Fall ist, müsste dieser Hypothese zufolge irgendein Mechanismus die Konzentration einer der zwei Varianten bis auf nahezu komplette chirale Reinheit verstärkt haben: Ziehen wir wieder den Vergleich mit den Perlenketten heran, hätte es am Anfang etwa gleich viele schwarze wie weiße Perlen gegeben, doch aus irgendeinem Grund hätten nur Ketten mit weißen Perlen überlebt, sodass die Bausteine des Lebens alle die gleiche Händigkeit besitzen. Erst als chirale Reinheit vorlag, liefen die Reaktionen in Richtung Leben ab.

Alternativ behaupten einige Wissenschaftler, dass Moleküle, die nicht chiral sind, die also keine voneinander verschiedenen links- oder rechtshändigen räumlichen Konfigurationen besitzen, die chemischen Prozesse in Gang gesetzt haben könnten, die schließlich zum ersten Leben führten. Obwohl es mögliche Vorläufer der RNA gibt, die achiral sind (zum Beispiel Verbindungen, die Peptidnucleinsäuren oder kurz PNA heißen), finde ich diese Vorstellung wenig glaubwürdig. Die Händigkeit des Lebens ist unzertrennlich mit ihrer molekularen Wirkungsweise verbunden. Pasteur sah das genauso: „So tritt also die molekulare Asymmetrie der Körper als ein wichtiges Agens zur Veränderung der Affinitäten auf."[24] Mit anderen Worten, beeinflussen die räumlichen Strukturen von Molekülen die Art und Weise, in der sie miteinander reagieren. Aus Sicht der natürlichen Selektion war die Händigkeit ein Vorteil, weil sie die Wechselwirkung zwischen komplexen Molekülen erleichterte und möglicherweise den Weg zur Fortpflanzung ebnete: Händigkeit und Reproduktion sind nah miteinander verwandt.

Man kann sich die Reaktionen, die das Leben kontrollieren, als lange Folge von Toren vorstellen, die sich nur dann öffnen lassen, wenn die Schlüssel in der richtigen Reihenfolge ins jeweilige Schloss passen. So interpretieren Biochemiker zum Beispiel die Rolle von Enzymen bei den meisten Stoffwechsel- und Replikationsprozessen auf Zellebene.[25] So, wie ein Puzzle nur aufgeht, wenn die einzelnen Teile passen, benötigten die Reaktionen, die zur höheren molekularen Komplexität lebender Systeme führten, eine festgelegte räumliche Struktur. Experimente deuten darauf hin, dass selbst die kleinste Anzahl von Verbindungen mit der falschen Chiralität die Polymerisation unterbrechen, das heißt, ein weiteres Wachstum der molekularen Ketten verhindern. Außerdem finden sich keine Anzeichen einer primordialen molekularen Symmetrie, die in der Struktur von Proteinen oder Nucleinsäuren verankert wäre: Sie sind durch und durch chiral asymmetrisch, bis hin zu ihren Grundbausteinen. Anders gesagt, scheint die Händigkeit keine spätere Planänderung im Verlauf der Evolution zu sein. Aus Sicht der Konstruktion ist nicht zu erkennen, welchen Vorteil es bringen sollte, große Moleküle aus achiralen oder zu gleichen Teilen aus links- und rechtshändigen Bausteinen zu bauen, nur um sie dann so umzubauen, dass sie nur noch aus einer von beiden Varianten bestehen. Scheint es da nicht zweckmäßiger von vornherein entweder nur rechts- oder linkshändige Bausteine zu verwenden? Obwohl es also auf beiden Seiten keinen entscheidenden Beweis gibt, schließe ich mich der Meinung an, dass für das Leben chiral getrennte, asymmetrische Anfangsbedingungen notwendig sind. Herrschten auf der präbiotischen Erde solche Bedingungen?

1953, in dem Jahr, in dem James Watson und Francis Crick die Doppelhelixstrukter der DNA enthüllten und Miller in seinen Experimenten nach dem Funken des Lebens suchte, veröffentlichte Sir Frederick Charles Frank, ein theoretischer Physiker an der Universität Bristol in England, eine wegweisende Forschungsarbeit. Darin formulierte Frank die drei notwendigen Bedingungen dafür, dass eine Lösung, die zu Anfang *nahezu gleich* viele links- und rechtshändige Moleküle enthält, sich zu chiraler Reinheit hin entwickelt, schließlich also vornehmlich entweder links- oder rechtshändige Moleküle enthält. Erstens müssen die chemischen Reaktionen umso mehr von einer Verbindung erzeugen können, je mehr von ihr schon vorhanden ist. Solche Systeme werden *autokatalytisch* genannt. Einige Leser erinnern sich vielleicht an die Disney-Version von Paul Dukas' *Zauberlehrling* in *Fantasia.* Der bemitleidenswerte Mickey Mouse stiehlt als Lehrling seinem Meister, als der gerade ein Schläfchen macht, seinen magischen Hut, um sich in der schwarzen Kunst zu üben. Mickey hat die Aufgabe, Wasser aus dem Brunnen zu holen und die riesige Badewanne des Meisters zu füllen. Mickey verhext einen Besen und befiehlt ihm, seine Arbeit für ihn zu machen. Nachdem er dem Besen eine Weile beim Eimerschleppen zugesehen hat, schläft er ein und träumt davon, mit seiner Macht Sterne und Planeten zu kontrollieren. Als er aufwacht, sieht er zu seinem großen Schrecken, dass der Besen immer weitergemacht hat und der ganze Fußboden dabei ist, überflutet zu werden. Weil es ihm mit seiner unbeholfenen Magie nicht gelingt, den Besen zu stoppen, nimmt er eine Axt und schlägt den Besen in Stücke. Doch Herrje, jeder kleine Holzsplitter wird zu einem ganzen Besen und holt weiter Wasser. Je mehr er hackt, desto mehr Stücke verwandeln sich in Besen, die die Zimmer des Schlosses unter Wasser setzen. So ist es auch mit autokatalytischen Reaktionen: Wenn von einer bestimmten Verbindung mehr Moleküle erzeugt werden, dann beginnen auch die neuen Moleküle zu reagieren, und es werden noch mehr produziert.[26]

Die zweite Bedingung in Franks Modell besagt, dass es zu Beginn einen kleinen Überschuss einer Variante der chiralen Verbindung, entweder der links- oder der rechtshändigen, geben sollte. Mit anderen Worten, die Symmetrie ist schon am Anfang nicht exakt. (Den Grund dafür werden wir bald erfahren.) Der autokatalytische Charakter der Reaktion verstärkt diesen kleinen anfänglichen Überschuss dann, bis er groß wird. Die dritte Bedingung verlangt, dass links- und rechtshändige Bausteine, wenn sie sich miteinander verbinden, das heißt, wenn weiße und schwarze Perlen sich vermischen, chemisch inerte Ketten, eine Art präbiotischen Brei, bilden. Frank bezeichnete diese Eigenschaft als „gegenseitigen Antagonismus".

In den letzten Jahren haben verschiedene Forschungsgruppen in Japan, Großbritannien, Schweden und Spanien sowie meine eigene in den Vereinigten Staaten zu untersuchen begonnen, unter welchen Bedingungen Franks simples Modell in realistischen Szenarien erfolgreich umgesetzt werden könnte. Wir wissen natürlich nicht, welche chemischen Substanzen vor rund vier Milliarden Jahren auf der Erde vorherrschten – welche Zutaten in die „präbiotische Suppe" kamen. Auch über die Atmosphäre und Umwelt dieser Zeit ist wenig bekannt. Zumindest scheint in der Atmosphäre genug CO_2 enthalten gewesen zu sein, damit es dort angenehm warm war, obwohl die Sonne damals 30 Prozent schwächer leuchtete. Aber das Schöne an Modellen ist ja gerade, dass man mit ziemlich allgemeinen Annahmen anfangen und daraus Resultate erhalten kann, die, im Prinzip zumindest, im Labor überprüft werden können. „Im Prinzip", betone ich. Autokatalytische Reaktionen, die dazu in der Lage sind, eine kleine, anfängliche chirale Tendenz zu verstärken, sind dafür berüchtigt, dass sie nur sehr schwer im Reagenzglas durchführbar sind. 1995 stieß Kenso Soais Gruppe in Japan auf das einzige Beispiel einer autokatalytischen, chiralitätsabhängigen Reaktion, das wir haben. Obwohl es höchst unwahrscheinlich ist, dass die verwendeten Zutaten auch auf der frühen Erde zur Verfügung standen, dienen Soais großartige Ergebnisse als erfolgreiche Machbarkeitsstudie.

Seitdem haben Raphaël Plasson, der inzwischen am Nordita, dem Nordic Institute for Theoretical Physics, in Stockholm ist, und seine Kollegen ein alternatives Modell vorgeschlagen, das ohne explizite – und schwer umzusetzende – autokatalytische Komponente auskommt. Es ist faszinierend, dass sich ohne ein autokatalytisches Reaktionsnetzwerk dessen Verstärkungseffekt nachahmen lässt.[27]

46

Aus so asymmetrischem Anfang …

Lässt sich ein realistisches Szenarium konstruieren, wie anfänglich symmetrische Bedingungen asymmetrisch wurden und schließlich zum Leben führten? Ich würde sagen ja. Die Schritte sind klar. Zunächst benötigt man sowohl links- als auch rechtshändige Bausteine. Das scheint plausibel, denn ausgehend von einer sehr einfachen Chemie entstehen in Lebensfunkenexperimenten wie bei Miller und Urey gleich viele links- und rechtshändige Aminosäuren. Außerdem benötigt man, wie Frank bemerkte, einen kleinen Überschuss vom einen Typ eines chiralen Moleküls über den anderen, eine winzige Anfangsasymmetrie. Frank zufolge ist diese kleine Symmetrie grundlegend mit der Entstehung des Lebens verwoben.

Welcher Mechanismus oder welche Mechanismen könnten die Ursache für dieses anfängliche Ungleichgewicht sein? In Teil III hatten wir argumentiert, dass die Strukturen, die wir in unserem Universum beobachten, von Galaxien bis zu Lebewesen, letztendlich aus einem kleinen Überschuss von Materie über Antimaterie resultieren: Auf eine Milliarde Antiteilchen müssen einen Milliarde und ein Teilchen kommen. Um diesen Überschuss zu erzeugen, formulierte Sacharow drei Bedingungen, darunter die Verletzung einiger der fundamentalen Symmetrien der Teilchenphysik. Offenbar benötigt das Leben ebenso wie die Materie ein anfängliches Ungleichgewicht. Vielleicht können wir Sacharow zum Vorbild nehmen und Bedingungen formulieren, die bestimmen, wie sich eine chirale Asymmetrie in präbiotischer Zeit entwickelt hat? Leider gibt es für die Entstehung des Lebens keine solchen wohldefinierten Bedingungen. Präbiotische Chemie ist in gewisser Weise nicht so „sauber" wie die Teilchenphysik. Nichtsdestotrotz gibt es Möglichkeiten, wie ein kleiner Überschuss von Molekülen einer bestimmten Händigkeit entstanden sein könnte. Vielleicht könnte ganz einfach Wärme eine Rolle gespielt haben? Durchaus, denn thermische Fluktuationen lassen die Anzahl von Molekülen der beiden Typen geringfügig von Ort zu Ort variieren.[28] Erstaunlicherweise ist es in Modellen, die entweder autokatalytische Reaktionen oder aktivierte Aminosäuren verwenden, schwer, aber nicht unmöglich, einen so kleinen Überschuss vom einen Typ in relativ kurzer Zeit auf ein überwältigendes Übergewicht zu verstärken. Wie Frank in seiner wegweisenden Veröffentlichung bemerkt, könnte so ein Mechanismus – wenn er nicht nur in theoretischen Modellen, sondern tatsächlich im Labor nachgewiesen werden könnte – Gebiete (wie zum Beispiel flache Teiche) entstehen lassen, in denen Moleküle verschiedener Händigkeit nebeneinander existieren und um die Vorherrschaft ringen: natürliche Selektion auf präbiotischer Ebene. Doch detailliertere Rechnungen deuten darauf hin, dass thermische Fluktuationen allein zu schwach sein könnten, um eine hinreichende Anfangsasymmetrie hervorzurufen. Wir brauchen etwas Besseres. Pasteur hatte auch das vorhergesehen:

> Existieren vielleicht solche asymmetrischen Wirkungen, kosmischen Einflüssen unterworfen, im Licht, in der Elektrizität, im Magnetismus, in der Wärme? Stehen sie vielleicht in Zusammenhang mit der Erdbewegung, mit den elektrischen Strömen, durch welche die Physiker die magnetischen Pole der Erde erklären? Wir sind heute noch nicht einmal im Stande, die geringsten Vermutungen darüber anzustellen.[29]

Aber heute, mehr als eineinhalb Jahrhunderte, nachdem Pasteur diese Zeilen schrieb, *können* wir Vermutungen anstellen.

In den letzten Jahrzehnten haben viele Wissenschaftler Möglichkeiten vorgeschlagen, wie ein Anfangsüberschuss von Molekülen einer bestimmten Händigkeit, eine chirale Asymmetrie, zustande gekommen sein könnte. Der bekannteste Mechanismus beruht auf der räumlichen Asymmetrie der schwachen Kernkraft, der in Teil III behandelten Paritätsverletzung. Vielleicht erinnern Sie sich, dass Neutrinos ausschließlich in ihrer „linkshändigen" Variante auftreten. Wenn die Natur auf Atomkernebene schon eine bestimmte Neigung hat, könnte die dann auch die Neigung auf molekularer Ebene veranlassen, die man in Lebewesen antrifft? Das wäre mit Abstand die befriedigendste Lösung, eine herrliche Verbindung zwischen einer fundamentalen Asymmetrie der Materie mit der des Lebens. Das hätte etwas Überraschendes zur Folge: *Jede* außerirdische Lebensform, egal an welchem Ort des Universums, hätte linkshändige Aminosäuren (und vermutlich rechtshändige Zucker). Wie die Neutrinos hätte das Leben überall den gleichen, universellen Fingerabdruck.

Den Mühen vieler geschätzter Kollegen zum Trotz, ist es unwahrscheinlich, dass die schwache Kraft – die ihre Wirkung nur im Atomkern entfaltet und deren Reichweite somit *viel* kleiner ist als Moleküle – der Auslöser der Asymmetrie des Lebens ist. Dafür gibt es einen Hauptgrund: Der Effekt ist extrem gering. Biomoleküle sind im Vergleich zu Atomkernen riesige Konstrukte. Es ist schwer vorstellbar, was für ein Verstärkungsmechanismus derart wirksam sein könnte, selbst in extrem instabilen Systemen. Die zugehörigen Energien eines chiralen Ungleichgewichts, das auf der schwachen Wechselwirkung beruht, sind Billionen mal kleiner als die typischen Bindungsenergien in Zuckern. Wie wir bereits gesehen haben, muss die einfachste Lösung nicht immer die richtige sein, auch wenn sie die attraktivste ist. Außerdem müsste man dann noch verstehen, warum die chirale Präferenz bei Aminosäuren und Zuckern umgekehrt wäre.[30]

Könnte eine Art von Strahlung, wie von Pasteur angedeutet, das chirale Ungleichgewicht verursacht haben? Angenommen, das Sonnensystem sei in seiner Frühzeit nah an einem Gebiet der Sternenentstehung vorbeigekommen. Solche Gebiete senden starke zirkular polarisierte UV-Strahlung aus. Viele Forscher meinen, dass diese Art von Strahlung das anfängliche chirale Ungleichgewicht verursacht haben könnte, das dann verstärkt und schließlich in den Biomolekülen des Lebens eingeschlossen wurde. Eine Folge davon wäre, dass das Ungleichgewicht überall im Sonnensystem dasselbe wäre: Wenn wir auf dem Mars oder auf dem Saturnmond Titan chirale Moleküle finden könnten, dann hätten sie dieselbe Präferenz, hin zu vorwiegend linkshändigen Aminosäuren etwa. Außerhalb des Sonnensystems könnten andere Bedingungen die Präferenz jedoch in die entgegengesetzte Richtung zeigen lassen. Anders als die schwache Wechselwirkung würde Strahlung keine universale Präferenz vorgeben. Auch dieses Szenarium hat seine Probleme. Es ist nicht nur schwer, überzeugende Kandidaten für Sternentstehungsgebiete in unserer Nachbarschaft vor vier Milliarden Jahren zu finden, sondern auch über die Effektivität der chiralen Auswahl in UV-Licht im All wird noch diskutiert.

Eine dritte Möglichkeit, einen anfänglichen Überschuss von Molekülen einer bestimmten Händigkeit zu erzeugen, ist mit der „Wo-Frage" verknüpft. Wenn sich die Reaktionen, die zu den ersten Biomolekülen führten, in mineralischen oder lehmigen Oberflächen abspielten, dann könnte das dazu geführt haben, dass eine Seite bevorzugt wurde: Die Kristallstruktur der Oberfläche hätte dann als Schablone gewirkt, als eine Art chemische Eisenbahnschienen, die eine bestimmte räumliche Orientierung der Moleküle festlegten.

Die hier beschriebenen Szenarien lassen ahnen, wie viel Arbeit dem Rätsel der Händigkeit des Lebens gewidmet worden ist. Es gibt jedoch einen Schlüsselaspekt, der weitgehend unbeachtet geblieben ist und der meiner Meinung nach entscheidend sein könnte. Er ist der eigentliche Grund, der meine Begeisterung für dieses Forschungsgebiet geweckt hat. Im Laufe des Sommers 2006 fielen mir viele Parallelen zwischen dem Ursprung der Händigkeit des Lebens und dem Ursprung des Materieüberschusses auf:

Kosmologie trifft auf Biologie. So, wie der Materieüberschuss in der instabilen Umgebung des frühen Universums gekocht wurde, wurde die präbiotische chemische Suppe in der instabilen Umgebung der frühen Erde gekocht. Daher scheint die Annahme sinnvoll, dass die Geschehnisse auf unserem jungen Planeten entscheidenden Einfluss auf das Erscheinen des ersten Lebens, darunter auch die Wahl der molekularen Händigkeit, hatten. Bis zu welchem Grad prägte die aktive Umgebung der jungen Erde die Entstehung des Lebens? Pasteur deutete an, dass dieser Einfluss entscheidend wäre, und Frank einhundert Jahre später ebenfalls. Im Jahr 2005 behaupteten Axel Brandenburg und Tuomas Multamäki vom Nordita, dass Turbulenz den Mechanismus zur Verstärkung einer bestimmten Händigkeit beschleunigt haben könnte. Indessen beobachteten Dilip Kondepudi und seine Kollegen von der Wake Forest University und Cristóbal Viedma von der Universität Madrid, dass Rühren einer Lösung, die sowohl links- als auch rechtshändige chirale Kristalle enthält, die Selektion einer bestimmten Händigkeit beschleunigt, wobei keine Händigkeit offensichtlich bevorzugt wird. Die Lösung könnte am Ende entweder links- oder rechtshändige Moleküle enthalten. Aber sie wäre chiral rein.

Leider haben wir keine Zeitmaschine, mit der wir die frühe Erde besuchen können. Wie können wir dann untersuchen, welchen Einfluss äußere Ereignisse auf die Auswahl der Chiralität des Lebens hatten? Eine größere Menge schneller Computer sind ein Teil der Antwort. Wir können sie als Labore benutzen und mit ihnen praktisch eine Modellerde erschaffen, auf der Chemikalien in einer instabilen Umgebung reagieren. Am Dartmouth College erstellten

Joel Thorarinson, Sara Walker und ich ein Modell, wie Umgebungseffekte die Reaktionen in Frank'schen Systemen beeinflusst haben könnten. Chemische Reaktionen sind sehr empfindlich gegenüber Temperaturschwankungen und Änderungen der Konzentrationen der Reaktionspartner. Wenn man es mit der urzeitlichen Erde zu tun hat, kann man sich vorstellen, dass äußere Störungen – vom Himmel fallende Meteoriten, Vulkanausbrüche, gewaltige Erdbeben – präbiotische Reaktionen an verschiedenen Orten stark beeinflusst haben. Die Ergebnisse unserer Forschung waren ziemlich dramatisch: Umweltereignisse, die genügend heftig waren, konnten einen vorherigen Überschuss einer der beiden Händigkeiten komplett auslöschen. Anders ausgedrückt, wenn sich chemische Reaktionen schön auf einen eindeutigen Überschuss von beispielsweise linkshändigen Aminosäuren hin entwickelt haben, könnte eine Störung in der Umgebung das Ungleichgewicht in Richtung eines Überschusses von rechtshändigen umkehren.

Wir wollen uns dies veranschaulichen. Stellen Sie sich Hunderte von Münzen vor, die auf einem gedehnten Gummituch verteilt liegen. Jede Münze repräsentiert ein Molekül, wobei das Wappen der einen Händigkeit (sagen wir der linken) und die Zahl der anderen entspricht. Das Gummituch kann an verschiedenen Stellen unterschiedlich heftig vibrieren. Stellen Sie sich kleine Störungen der Umwelt als Vibrationen des Gummituchs mit kleiner Amplitude und große als Vibrationen mit großer Amplitude vor. Stellen Sie sich weiterhin vor, dass alle Münzen am Anfang mit dem Wappen nach oben liegen: ein „chiral reiner Anfangszustand". Vibrationen werden die Münzen umher hüpfen lassen. Kleine Vibrationen können die Münzen nicht von der

Zahl- auf die Wappenseite hüpfen lassen, aber große durchaus. Ab einem bestimmten Grenzwert für die Amplitude der Vibrationen wird das System so stark angeregt, dass die Chancen 50:50 dafür stehen, dass die Münze auf der anderen Seite landet. Wenn die heftigen Vibrationen enden, würden wir erwarten, dass etwa die Hälfte der Münzen das Wappen und die andere Hälfte die Zahl zeigen: Die Anfangsanordnung, in der alle Münzen das Wappen zeigen, ist ausgelöscht. Man sagt, das System habe einen „kritischen Punkt" überschritten. Mit Überschreiten dieses Punktes ist die Anfangsanordnung (alle Münzen zeigen das Wappen) zerstört. Ersetzt man die Münzen durch Moleküle und das Wappen und die Zahl durch Links- und Rechtshändigkeit, dann erkennt man, wie Umwelteinflüsse jegliche bisherige Tendenz zu einer bestimmten Händigkeit vernichten können. Im Grunde ist das System nach jedem heftigen Ereignis in seiner Umwelt neu initialisiert und besitzt etwa gleich viele links- und rechtshändige Moleküle. Nachdem sich die Lage dann beruhigt hat, laufen die Reaktionen an und verstärken wieder eine der beiden Händigkeiten.

Anhand von Computersimulationen der frühen Erde lässt sich die kritische Intensität von Umwelteinwirkungen herausfinden, die notwendig ist, um die Händigkeit von Molekülen in einem kleinen „virtuellen Teich" umzukehren. Unsere Ergebnisse deuten darauf hin, dass solche Ereignisse unter plausiblen Annahmen ziemlich wahrscheinlich (in vielen Fällen über 60 Prozent) waren. Als Folge daraus könnte jeder anfängliche Überschuss einer bestimmten Händigkeit im Verlauf der Erdgeschichte mehrmals umgekehrt worden sein. Mit anderen Worten hatte jedes gewaltige Ereignis die Kraft, jegliche vorherige Tendenz zu einer bestimmten Händigkeit auszulöschen, sodass keine Erinnerung an die Vergangenheit mehr existierte. Unser Wissen über die präbiotische Vergangenheit der Erde kann niemals vollständig sein. Nach einiger Zeit, vor 3,8 bis 3,5 Milliarden Jahren, klangen störende Umwelteinflüsse weit genug ab, und die präbiotische Chemie wurde stabil genug, sodass sich eine der beiden Händigkeiten durchsetzte. Unserem Modell zufolge ist die Tatsache, dass die Proteine irdischer Geschöpfe aus linkshändigen Aminosäuren aufgebaut sind, ein reiner Zufall; Aminosäuren hätten genauso gut rechtshändig sein können.

Unser Modell liefert eine weitere starke Vorhersage: Außerirdisches Leben könnte die eine oder auch die andere Händigkeit haben. Anders als im Fall der Ungleichgewichtsmechanismen, die aus der schwachen Kraft oder UV-Strahlung resultieren, könnten Aminosäuren, die wir eventuell anderswo im Sonnensystem finden, entweder links- oder rechtshändig sein – ohne dass es eine offensichtliche Präferenz gäbe. Nun sind in einigen Meteoriten tatsächlich außerirdische Aminosäuren gefunden worden, vor allem im bereits erwähnten Murchison-Meteoriten. Jim Cronin, Sandra Pizzarello und andere haben einen kleinen Überschuss einiger weniger linkshändiger Aminosäuren (zum Beispiel in Proben von Isovalin bis zu 15,2 Prozent) gefunden. Das könnte man als Beweis ansehen, dass unsere Vorhersagen falsch sind und ein anfänglicher Auswahlmechanismus das gesamte Sonnensystem beeinflusst hat. Das wäre jedoch verfrüht. Zum einen ist das Ungleichgewicht zu linkshändigen Aminosäuren hin nicht vollständig wie hier auf der Erde und gilt hauptsächlich nur für Isovalin. Bei anderen Aminosäuren ist das Ungleichgewicht viel schwächer ausgeprägt. Zum anderen sind die Ergebnisse statistischer Natur und bedürfen vieler weiterer Proben, um untermauert zu werden. Alles, was wir zurzeit haben, ist ein kleiner Überschuss an linkshändigen Aminosäuren aus dem Murchison- und dem Murray-Meteoriten.[31] Obgleich sie von großer Bedeutung sind, lässt sich mit diesen Daten nicht belegen, dass Aminosäuren im Sonnensystem vorwiegend linkshändig sind. Abgesehen davon, dass der Überschuss sehr gering ist und nur für wenige Aminosäuren gilt, besteht die Gefahr der Verunreinigung, dass also irdische chemische Prozesse für eine bevorzugte Händigkeit der Aminosäuren in den Meteoriten sorgen, auch wenn viel Sorgfalt darauf verwendet wird, das zu vermeiden. Außerdem, und das ist von entscheidender Bedeutung, stammen diese Aminosäuren nicht aus Lebewesen. Es ist gut möglich, dass das chirale Ungleichgewicht mit der Chemie des Lebens verknüpft ist und nicht mit den chemischen Vorgängen, die auf einem Felsblock abliefen, als er vor vier Milliarden Jahren das Sonnensystem durchquerte.

Wie können wir ermitteln, ob unsere Vorhersagen bezüglich der Beliebigkeit der Chiralität irdischen Lebens zutreffen? Falls künftig weitere empirische Daten aus dem Sonnensystem darauf hindeuten, dass Aminosäuren tatsächlich überwiegend linkshändig sind, dann müssen wir unsere Hypothese fallenlassen und anerkennen, dass ein Ungleichgewichtsmechanismus auf das ganze Sonnensystem, vielleicht auf das ganze Universum, gewirkt hat und dass lokale Umwelteffekte aus welchem Grund auch immer nie stark genug waren, um diese Präferenz umzukehren. Allerdings bin ich da skeptisch. Selbst wenn wir falsch liegen sollten, werden wir etwas über die Voraussetzungen für

Leben lernen. So entwickelt sich Wissenschaft weiter; manchmal hat man recht, manchmal nicht. Nur Daten können darüber entscheiden. Wir wissen nur das, was wir messen können.

Unser Modell erinnert mich an eine dramatische Variation der Evolutionstheorie, die *Punktualismus-Hypothese*, die Niles Eldredge und Stephen Jay Gould in den frühen 1970er Jahren aufgestellt haben. In Anlehnung daran haben wir unseren Forschungsartikel „Punktuierte Chiralität" betitelt. Im Widerspruch zur weithin anerkannten graduellen Evolution der Arten, läuft die Evolution im Punktualismus-Szenarium in plötzlichen Schüben ab. Phasen relativer Ruhe, in denen nur wenige neue Arten entstehen, werden unterbrochen von Phasen beschleunigter Artenbildung. Die Ursachen solcher Veränderungen werden im Allgemeinen Naturkatastrophen wie Meteoriteneinschlägen und Vulkanausbrüchen zugeschrieben. Ein berühmtes Beispiel ist die Kollision mit einem Asteroiden von zehn Kilometern Durchmesser, die vor 65 Millionen Jahren das Ende der Dinosaurier und mit ihnen 40 Prozent allen Lebens auf der Erde bedeutete (oder wesentlich zu ihrem Ende beitrug). Der Einschlag markiert die Grenze zwischen Kreidezeit und Tertiär, als Säugetiere anfingen, das Geschehen zu beherrschen.[32] In gewisser Weise erweitern wir die Punktualismus-Hypothese auf präbiotische Zeiten, wenn wir behaupten, dass Umweltereignisse eine Schlüsselrolle bei der Auswahl der Chiralität des irdischen Lebens gespielt haben. Sollten wir recht haben, dann reicht die tiefe Verbindung zwischen der Geschichte der Erde und der Geschichte des Lebens noch weiter zurück als das Leben selbst.

47

Wir alle sind Mutanten

Leser, die wie ich alte Horrorfilme lieben, haben wahrscheinlich viele Verwandlungen vom Mensch zum Werwolf auf der Leinwand beobachtet. Mein Lieblingsfilm über Werwölfe ist der Klassiker *The Wolf Man* von 1941: Bei Vollmond wachsen dem schwermütigen Lon Chaney Jr. Fell und Krallen, und ein sanftmütiger Mensch verwandelt sich in ein menschenmordendes Monster.

Trotz enormer Leistungen von Maskenbildnern und Meistern der Spezialeffekte in den 1940er Jahren sehen damalige Horrorfilme verglichen mit der Computergraphik heutiger Filme fast komisch aus. Teenager fangen an zu lachen, wenn sie alte Horrorklassiker ansehen, und ihre Komplimente dazu lauten „Dad, das ist lächerlich! Hast Du bei diesem Quatsch wirklich Angst bekommen?“ Eines meiner Kriterien für die Qualität eines Films war, wie realistisch die Metamorphose vom Mensch zum Tier und zurück zum Menschen war. Die gruseligeren Filme waren diejenigen, in denen der Übergang vom Mensch zum Tier und wieder zurück am besten ineinander überging, am nahtlosesten ablief.

Vielleicht kennen manche Leser die alte Jahrmarktsnummer der „Gorilla-Frau“, die in dem James-Bond-Film *Diamantenfieber* und in dem Marvel-Comic *Freaks* vorkommt:

Ein schönes Mädchen in knappem Bikini (in Brasilien jedenfalls) verwandelt sich direkt vor den Augen der Zuschauer nach und nach in einen wilden, grimmig knurrenden, haarigen Affen.[33] Die gruseligsten Darbietungen waren die realistischsten, bei denen die Metamorphose graduell ablief. In der Fiktion muss eine Lüge sehr gut vorgetragen werden, um als Wahrheit durchzugehen.

Sogar schon vor der Zeit des wegbereitenden Geologen Charles Lyell in den 1830er Jahren war das Konzept der graduellen Veränderungen, auch Uniformitarismus genannt, ein Leitbild in der Geologie gewesen. Die Erde ändert sich langsam und stetig über gewaltige Zeitspannen, viel länger als der Mensch sich vorstellen kann. Um Belege über diese Veränderungen aufzuspüren, müssen wir uns Felsgestein zuwenden. Es ist unser Verbindungsglied in die ferne Vergangenheit der Erde.

Als der junge Charles Darwin an Bord der *HMS Beagle* aufbrach, die Welt zu erkunden, lag Lyells Buch auf seinem Nachttisch. Während seine Gedanken zur Evolution Gestalt annahmen, wurde Darwin klar, dass die Geschichte des Lebens auf der Erde und die Geschichte der Erde selbst, ihre geologische Geschichte, tief miteinander verwoben waren. Während Geologen Gestein untersuchten, um daraus die Vergangenheit der Erde zu rekonstruieren, sollten Paläontologen fossile Spuren auf Belege für den graduellen Übergang von einer Art zur nächsten untersuchen. Diese graduellen Übergänge wären die Fingerabdrücke der natürlichen Selektion. Wie Darwin in seinem *Über die Entstehung der Arten* zugab, lagen die Dinge nicht ganz so einfach. Die fossilen Spuren lieferten keine Beweise für „unendlich zahlreiche Übergangsstadien". Er suchte in der Geologie nach

Rat und argumentierte, dass es auch da Lücken gäbe: „Woher kommt es dann, dass nicht jede Formation und jede Gesteinsschicht voll von solchen Zwischenformen ist? Die Geologie enthüllt uns sicherlich keine solche fein abgestufte Organismenreihe.“ Meisterhaft zieht Darwin dann die Verbindung zwischen Geologie und Leben heran, um dieser Art von Kritik an seiner Theorie zuvorzukommen: „Nach den vorangehenden Betrachtungen ist es nicht zu bezweifeln, dass die geologischen Urkunden im Ganzen genommen außerordentlich unvollständig sind; wenn wir dann aber unsere Aufmerksamkeit auf irgendeine einzelne Formation beschränken, so ist es noch schwerer zu begreifen, warum wir nicht enge aneinandergereihte Abstufungen zwischen denjenigen Arten finden, welche am Anfang und am Ende ihrer Bildung gelebt haben. … Wer diese Ansicht von der Beschaffenheit der geologischen Urkunden verwerfen will, muss auch folgerichtig meine ganze Theorie verwerfen.“ Mit anderen Worten: Da wir nicht für alle graduellen Übergänge von einem geologischen Zeitalter zum nächsten Gesteinsschichten finden können, die sie illustrieren, sollten wir auch nicht erwarten, alle Zwischenformen des Lebens beim Übergang von einem ausgestorbenen zu einem modernen lebenden Geschöpf zu finden. Dennoch hoffte Darwin, dass Paläontologen so hart wie möglich daran arbeiten würden, die Lücken zu füllen und den „Übergangsstadien“ nachzujagen.

Darwins Herangehensweise an die Evolution spiegelt sich in den Verwandlungen der alten Horrorfilme wider: Die besten Szenen, in denen aus Menschen Werwölfe wurden, hatten die wenigsten Schnitte – graduelle Verwandlungen mit so vielen Übergangsschritten wie irgend möglich.

Darwin meinte, dass diese „fein graduierten Schritte" zum Beispiel abgelaufen seien, als sich die Dinosaurier (wie beim berühmten Fossil des *Archaeopteryx*) zu Vögeln entwickelten oder als, wie beim krönenden Abschluss der Aufführung der Gorilla-Frau, aus Affen Menschen wurden. Graduelle Verwandlungen würden sich anhäufen und schließlich einen Punkt erreichen, jenseits dessen sich veränderte Mitglieder einer Population nicht mehr mit ihren unveränderten Genossen paaren könnten: Eine neue Art wäre geboren. Weil man dachte, der Pfad der Evolution von Art A zu Art B sei glatt und eben gewesen, sollten fossile Spuren diese graduellen Veränderungen idealerweise dokumentieren; in Wirklichkeit müssen die fossilen Spuren jedoch notwendigerweise lückenhaft sein.[34]

Den Gradualisten stehen die Katastrophisten gegenüber, die behaupten, dass verheerende Ereignisse die Geschichte der Erde und als Folge auch das Leben auf der Erde stark mitbestimmt haben. Ein großer herabstürzender Meteorit, eine Abfolge gewaltiger Vulkanausbrüche, plötzlicher Klimawandel, Erdbeben und Tsunamis könnten alle das gemessene Tempo der Evolution des Lebens regional oder auch global in viel kürzeren Zeiträumen durcheinandergebracht haben, als dass die übliche Geologie hätte mithalten können. Jahrzehnte lebhafter Auseinandersetzung zusammen mit umfangreicher Forschung und Datensammlung führten zu einem Konsens, der beide Meinungen beinhaltet: Die geologische Erdgeschichte ist ein langsamer, gradueller Prozess, der bisweilen von gewaltigen und zerstörerischen Ereignissen erschüttert wird. Wir haben gerade erst angefangen, den Einfluss solcher Ereignisse auf die frühe Erdgeschichte zu verstehen.

Wie können wir zwischen den beiden Vorstellungen unterscheiden? Es ist unmöglich nachzuweisen, dass der Gradualismus funktioniert, wenn wir anerkennen, dass die fossilen Spuren unvollständig sind. Anders ausgedrückt ist der Gradualismus nicht falsifizierbar. Solange wir keine Zeitmaschine erfinden, mit der wir in die Vergangenheit reisen können, um die Einzelheiten der Entstehung der Arten selbst zu beobachten – und das erlaubt auch die modernste Physik nicht – werden wir *niemals* argumentieren können, dass der Gradualismus wirklich richtig ist. Wir wissen nur, was wir messen können. Dieses Problem muss Darwin und seine Anhänger geplagt haben. Wenn wir andererseits von einer Kombination aus Katastrophismus und Gradualismus ausgehen, dann sollten wir mit Unstetigkeiten in den fossilen Spuren rechnen. Das bekannteste Beispiel ist selbstverständlich das plötzliche Aussterben der Dinosaurier an der Grenze zwischen Kreidezeit und Tertiär.

Die entscheidende Zutat, die in Darwins Evolutionstheorie fehlt, ist ein Mechanismus, wie die Arten sich ändern. Er wusste nichts von Genen und Mutationen, DNA-Replikation oder Meiose. Die wesentliche Ergänzung der Darwinschen Evolution durch die Genetik wird manchmal als „Synthese" bezeichnet. Jedes Lebewesen hat seinen eigenen genetischen Code oder *Genotyp*, einen molekularen Bauplan der physischen Eigenschaften, des *Phänotyps*. Man kann ihn sich als detaillierte Anleitung für den Aufbau eines bestimmten Lebewesens vorstellen. Bei der Reproduktion stellt diese Anleitung über eine Reihe komplexer molekularer Wechselwirkungen Nachkommen her. Wenn die Herstellung hundertprozentig effizient ist, erben die Nachkommen die Gene der Eltern. Bei asexueller Reproduktion erhalten die Tochterzellen die gleiche Erbinformation wie die Elternzelle. Das geschieht zum Beispiel bei dem üblichen Gewebewachstum, etwa wenn sich eine Leberzelle in zwei identische Zellen aufteilt. Wenn bei der Teilung einer Leberzelle Herzzellen entstünden, wäre das nicht so gut. Bei sexueller Reproduktion vermischen sich die Gene von Vater und Mutter. Wenn der Herstellungsprozess fehlerhaft ist, erhalten die Tochterzellen in beiden Fällen Erbmaterial, das sich, auch wenn nur minimal, vom Original unterscheidet. Die Unvollkommenheiten der genetischen Erzeugung von Nachkommen heißen Mutationen.[35]

Zweifellos wurde der genetische Kopiervorgang im Verlauf der Evolution des Lebens auf der Erde immer effizienter und ausgefeilter. Die Teilung der ersten Lebensformen war wahrscheinlich sehr fehleranfällig. Vermutlich gab es mehr Mutationen als eigentliche Arten. Als sich im Lauf der Zeit das Leben durchsetzte, entwickelte sich der Reproduktionsapparat weiter. Die Geschöpfe passten sich ihrer jeweiligen Umwelt besser an und entwickelten dadurch eine größere Vielfalt. Eine Art mikrobieller Entstehung von Arten hatte begonnen. Wie Darwin bei seinem Besuch der Galapagos-Inseln bemerkte, beschleunigt geographische Isolation die Herausbildung von Arten stark. Obwohl die komplexen Zellen moderner Mehrzeller weit von den einfachen Einzellern, die vor drei Milliarden Jahren gelebt haben, entfernt sind, haben sie doch vieles gemeinsam. Unsere einzelligen Vorfahren müssen eine genetische Sprache entwickelt haben, die wir heute in allen Lebewesen wiederfinden. Sie beruht auf vier Nucleinbasen und auf Proteinen, die aus zwanzig verschiedenen Aminosäuren zusammengesetzt sind. Stellen Sie sich vor, dass vor etwa drei Milliarden Jahren nach langwierigen Versuchen einem einzelligen Organismus die Fortpflanzung durch DNA-Replikation, wie wir sie heute beobachten, gelang. Dieses Urgeschöpf wäre der letzte universelle gemeinsame Vorfahre, der Vorfahre aller heute lebenden Tiere und Geschöpfe.[36] Jetzt kann man erkennen, was Darwins poetische (und prophetische) Worte wirklich bedeuten, „…aus so einfachem Anfang sich eine endlose Reihe immer schönerer und vollkommenerer Wesen entwickelt hat und noch fort entwickelt." Was Darwin noch nicht wusste, ist, dass die erstaunliche Verzweigung, die vom Urvorfahr zum Menschen führte, durch Mutationen entstand.

Es ist praktisch, sich die DNA als Reißverschluss mit zwei Seiten vorzustellen, die ineinander verzahnt sind. Es gibt nur vier Sorten von Zähnen, die Nucleinbasen, die einander in festen Paaren zugeordnet sind. Adenin (A) bildet ein Paar mit Thymin (T), während Guanin (G) ein Paar mit Cytosin (C) bildet. Wenn auf der einen Seite des Reißverschlusses die Abfolge A-C-A-T-G vorliegt, dann *muss* ihr auf der anderen Seite T-G-T-A-C gegenüberliegen. Ein Gen ist einfach eine bestimmte Basenfolge, die Anweisungen für die Ausführung einer bestimmten Funktion enthält. Verschiedene Gene haben verschiedene Aufgaben. Sie können etwa die Anleitung zum Bau bestimmter Proteine wie zum Beispiel Hämoglobin enthalten. Der vollständige Satz von Genen eines Lebewesens ist das *Genom*.

Nachdem wir nun all diese Konzepte eingeführt haben, können wir erkunden, wie eine Mutation auf genetischer Ebene aussieht. Bei der Reproduktion trennen sich die beiden Stränge der DNA auf und aus jedem entsteht ein neues Exemplar. Dazu müssen die Gene in der richtigen Reihenfolge ausgelesen werden. Man kann sich ein Gen als einen Satz, der aus einigen Wörtern besteht, vorstellen. Wenn eine Schreibkraft beim Abtippen des Satzes ein paar Buchstaben vertauscht, kann es sein, dass der Satz seinen Sinn verliert. Gleichermaßen haben die Nachkommen eine Störstelle in sich, wenn bei der Gensequenzierung ein Fehler auftritt: Ein Mutant ist geboren. In der Mehrzahl der Fälle sind Mutationen neutral und haben keine offensichtliche Auswirkung auf das Überleben des Tieres. Diejenigen, die eine Auswirkung haben, die also bei der natürlichen Selektion eine Rolle spielen, sind häufig tödlich oder eine extreme Bürde für das Geschöpf. Tippfehler machen einen Satz nur selten besser. Es kann zum Beispiel passieren, dass eine mutierte Lungenzelle ein abnormes Zellengeschwür wachsen lässt und Krebs verursacht. In seltenen Fällen kann sich eine Mutation jedoch auch günstig auswirken und dem Lebewesen einen Vorteil im Kampf ums Überleben verschaffen. Giraffen sind das klischeehafteste Beispiel. Wenn die meisten Blätter weiter unten abgefressen sind, können nur noch die Tiere mit den längsten Hälsen die Blätter an den Ästen weiter oben erreichen. Diese Mutanten fressen mehr, werden stärker und paaren sich erfolgreicher. Schon bald hat eine immer größere Zahl ihrer Nachkommen das Langhalsgen, und die Giraffenpopulation tendiert langsam zu langen Hälsen. Mutationen sind die Hauptquelle genetischer Veränderung, der Motor der faszinierenden Vielfalt des Lebens. Wäre die Fortpflanzung perfekt, dann hätten die Arten keine Mutationen durchlaufen und hätten die vielen lang- und kurzfristigen Veränderungen in ihrer Umwelt nicht überlebt. Mit anderen Worten: Der Baum des Lebens hätte sich ohne Mutationen nicht verzweigt, und das Leben wäre ein gescheitertes Experiment.

Wir verdanken unser Dasein den Unvollkommenheiten der genetischen Reproduktion. Wie der große Evolutionsbiologe Ernst Mayr gezeigt hat, kann man verstehen, warum sich eine Art, die geographisch von ihren Vorfahren getrennt ist, mit der Zeit verändert. Mutationen, die die Anpassung an die Lebensumwelt verbessern, bleiben lokal begrenzt und verwandeln langsam (oder anfangs auch nicht ganz so langsam) die gesamte Art. Wenn die Ursache der geographischen Trennung nach einiger Zeit verschwindet oder überwunden wird (zum Beispiel, wenn Gletscher auf Grund globaler oder lokaler Erwärmung schmelzen oder wenn Erosion einen Durchgang zwischen benachbarten Tälern schafft oder wenn Tiere längere Wanderungen überstehen), kann die mutierte Art möglicherweise in ihre frühere Heimat zurückkehren. Millionen von Jahren später könnte ein Paläontologe dann Relikte beider Varianten, jedoch keine Zwischenstufen finden.

Auch wenn Milliarden von Jahren vergangen sind und sich der Baum des Lebens (dank Mutationen) in viele verschiedene Richtungen verzweigt hat, tragen wir alle unsere Ursprungswurzeln in unseren Genen, die bis zum letzten universellen gemeinsamen Vorfahren zurückreichen. Die Geschichte des Lebens auf der Erde veranschaulicht auf beeindruckende Weise, wie Unvollkommenheiten Schöpfung und Vielfalt schaffen. Vom chiralen Rückgrat der Proteine und der DNA in der präbiotischen Suppe bis zu den zahllosen und schönsten Formen des Lebens auf unserer heutigen Erde verdanken wir alle unser Dasein den kleinen, aber wesentlichen Ungenauigkeiten der genetischen Reproduktion. Könnten wir die Geschichte neu schreiben und gleich Göttern die Welt neu gestalten, dann hätte das Leben auf der Erde mit Sicherheit eine andere Richtung eingeschlagen.

Mutationen treten zufällig auf, entweder bei der DNA-Replikation oder ausgelöst durch äußere Ursachen wie Strahlung im UV- oder im Röntgenbereich. *Unsere Existenz ist einer Reihe sehr spezieller Mutationen zu verdanken, die unter sehr speziellen Umweltbedingungen ausgelöst wurden.* Eine andere Mutation oder eine andere Umwelt brächten auch eine andere Verzweigung im Baum des Lebens mit sich. Etwas zugespitzt, gäbe es uns bei einem anderen Ablauf der Ereignisse wahrscheinlich nicht. Wir sind das Resultat einer ganz bestimmten Kette von Ereignissen. Wer weiß, ob Säugetiere sich durchgesetzt hätten, wenn nicht ein Asteroid die Dinosaurier vor 65 Millionen Jahren ausgelöscht hätte. Anders, als viele glauben, fördert die natürliche Selektion nicht notwendig die Entstehung einer intelligenten Art, wenn nur genügend Zeit dafür ist. Obwohl sich bestimmte evolutionäre Merkmale, wie Augen etwa, unter verschiedenen Umständen herausbilden können – ein Phänomen, das einige Biologen als „evolutionäre Konvergenz" bezeichnen –, spiegelt das einfach ihren Nutzen als adaptives Instrument wider. Augen etwa machen das Leben unter einem Stern, der hauptsächlich im gelben Bereich des elektromagnetischen Spektrums leuchtet, offensichtlich leichter. Um auf der Erde überleben zu können, muss man sehen können, aber klug muss man nicht sein. Die natürliche Selektion hat kein vorherbestimmtes Ziel außer der erfolgreichen Anpassung an die jeweilige Umwelt. Mehr als einhundert Millionen Jahre lang waren Dinosaurier die unangefochtenen

Herrscher. Soweit wir das beurteilen können, waren sie ziemlich dumm.

So gesehen ist die Tatsache, dass es uns überhaupt gibt, dass die Zusammenkunft einer ganz bestimmten planetarischen Geschichte mit einer ganz bestimmten Abfolge zufälliger Mutationen zu einer intelligenten Art geführt hat, die über ihre eigenen Ursprünge und ihre eigene Stellung in der Welt nachdenken kann, absolut wundersam. An diesem Punkt haben wir die Wahl: Entweder wir schreiben unsere Existenz einem von übernatürlichen Mächten erwirkten Wunder zu oder wir erkennen an, wie fragil wir sind und wie fragil das Leben ist.

Die moderne Wissenschaft hat gezeigt, wie eine Schrittfolge zum Leben schon begonnen hatte, bevor die ersten Sterne überhaupt geboren worden waren, als Materie im primordialen Kosmos das Übergewicht über Antimaterie erlangte. Die Saat des Lebens, die chemischen Elemente, aus denen alle Protein- und DNA-Moleküle aufgebaut sind, wurden – und werden – im Inneren von sterbenden Sternen durch Kernfusion gebildet. Es gibt Billionen über Billionen solcher Sterne, die in Hunderten von Milliarden von Galaxien durch die Weite des Alls treiben. Um viele, wahrscheinlich die meisten dieser Sterne kreisen Planeten und ihre Monde in imposanter Choreographie. Wie bescheiden nehmen wir uns aus, wenn wir versuchen, uns die unzähligen Planeten auszumalen, die sich über das Universum verteilen. Und wie schwer ist es, sich nicht zu fragen, ob sich auch an anderen Orten Leben entwickelt hat, und wenn ja, welche Stufe der Komplexität es erreicht hat ... Auch wenn wir noch keinem außerirdischen Leben begegnet sind, ist die Vorstellung äußerst reizvoll, für manche aber auch beängstigend. Die Alternative, dass wir zu kosmischer Einsamkeit verdammt sind, allein mit unseren Fragen zum Leben und zum Tod, würde bedeuten, dass wir nur uns selbst haben, dass wir wirklich selten und kostbar sind. Sind wir dazu bereit, unsere kosmische Rolle anzunehmen? Über die Existenz außerirdischer Intelligenz nachzudenken, heißt, als Menschheit in den Spiegel zu schauen. Ausgestattet mit dem, was wir bisher über das Leben, den Kosmos und die Grenzen unserer Suche nach Erkenntnis erfahren haben, wenden wir uns diesen Fragen im letzten Teil dieses Buches zu.

Teil V

Die Asymmetrie des Daseins

48

Angst vor der Dunkelheit II

Ein alter Mann sitzt im Dunkeln, er denkt an diejenigen seiner Lieben, die bereits tot sind. Der Einbruch der Nacht ist schnell gekommen, jeden Tag schneller ... Er blickt aus dem Fenster und sieht in der Ferne einen Stern funkeln. „Gibt es diesen Stern überhaupt, scheint er noch?" Er kann es nicht wissen. Niemand kann das. „Wie viele Planeten gibt es da draußen, unsichtbar für uns, zu weit entfernt für unsere Augen, zu dunkel? Wir sehen so wenig; wir wissen so wenig."

Wieder denkt er an seine verstorbenen Lieben. „Lieben sie mich dort oben im Himmel noch immer? Oder sind sie zu Sternenstaub geworden, über den Raum verteilt. Was wird aus mir werden? Ein Engel? Staub?" Sein ganzes Leben träumte er von Gewissheiten, die es nicht geben konnte. Zuerst wollte er im Glauben über seinen Verlust hinwegfinden. Dann versuchte er es mit Wissen. Er suchte überall nach einem Sinn und stellte schließlich fest, dass es keine einfachen Antworten, kein endgültiges, stimmiges Bild, kein Gesamtkonzept hinter der Schöpfung gibt. Er kämpfte dagegen an und wollte nicht akzeptieren, dass Wissen begrenzt ist, dass er niemals alles würde wissen können. Er fühlte sich klein und hilflos. „Wenn ich die Welt nicht verstehen kann, wer bin ich dann?" Lange Zeit weigerte er sich aufzugeben. Er konnte sich der Einfachheit des Nichtwissens nicht öffnen. Doch langsam vollzog sich ein Wandel. Was schwer gewesen war, wurde leicht. Was verloren schien, zeigte ihm einen neuen Weg auf. Kein Teil eines

Gesamtkonzeptes zu sein, wirkte befreiend. Er würde immer neue Fragen stellen und mehr über sich und die Welt lernen können. Er würde immer lieben können und hoffen, geliebt zu werden. Schließlich verstand er: Was zählt, ist am Leben zu sein und in Erinnerung zu bleiben. Ansonsten gibt es nur Dunkelheit.

49

Hat das Universum ein Bewusstsein?

„Die ganze Philosophie gründet sich bloß auf zwei Dinge: nämlich auf einen neubegierigen Geist und auf ein schwaches Gesicht [schlechte Augen]...so will man aber mehr wissen, als man sieht, und da steckt eben die Schwierigkeit." So beginnt der Monolog des Philosophen in Bernard le Bovier de Fontenelles hervorragenden *Dialogen über die Mehrheit der Welten*, die im Jahr 1686, ein Jahr vor Newtons *Principia,* erschienen. Wir sind voller Wissbegier über die Welt und wollen Antworten auf die großen Fragen finden. Das Problem ist, dass wir mit unseren Instrumenten nur begrenzt weit blicken können. Unverzagt lassen wir uns von unseren Gedanken und unserer Fantasie über die Grenzen des Messbaren hinweg ins Reich des Unbekannten tragen. Wir suchen mit den beiden Mitteln nach Antworten, die uns zur Verfügung stehen: Glaube und Verstand. Die einen halten sich in ihrer Sicht der Welt hauptsächlich an den Glauben und sehen in der Natur der Dinge das Werk einer übernatürlichen Kraft. Auch in ihrem Leben kann die Wissenschaft durchaus eine Rolle spielen – vielleicht nehmen sie Antibiotika oder verstehen, dass die digitale Revolution durch unser Verständnis des Atoms möglich gemacht wurde. In den großen Fragen, wie denen nach dem Ursprung des Universums, nach dem Ursprung des Lebens, oder was nach dem Tod passiert, spielt sie für diese Menschen aber keine Rolle. Vielleicht könnte man die Mitglieder dieser Gruppe „Supernaturalisten" nennen. Die anderen ziehen es vor, die Welt allein mit Vernunft zu betrachten und glauben, dass die Vorgänge der Natur das Ergebnis von Ursachen sind, die fest in unveränderlichen Gesetzen verankert sind. Die wissenschaftliche Methode ist der einzig mögliche Weg, solche Gesetze zu erlangen und der Natur auf diese Weise eine rationale Grundlage zu geben. Diese zweite Gruppe hat keinen Bedarf an übernatürlichen Erklärungen des Unbekannten. Man könnte ihre Mitglieder „Naturalisten" nennen. Aber auch in dieser Gruppe gibt es Raum für eine Kombination aus Vernunft und Glauben. Wir müssen „Glauben" nur etwas weiter, als einen unbewiesenen Glauben an etwas definieren. Was die Supernaturalisten von den Naturalisten unterscheidet, ist, ob dieses „etwas" übernatürlich oder natürlich ist.

Einstein zum Beispiel würde sagen, dass weder Glaube noch Vernunft allein genügen, dass sie einander brauchen. „Wissenschaft ohne Religion ist lahm, Religion ohne Wissenschaft ist blind", lautet ein berühmtes Zitat. Er glaubte jedoch nicht an irgendeine unerklärliche übernatürliche Einwirkung, sondern eher an eine platonische Ordnung in der Natur, die im Kern des Daseins verborgen liegt, wobei es dem Menschen gegeben ist, durch Betreiben von Wissenschaft hin und wieder Teile davon zu enthüllen. Als ein Begründer des Vereinheitlichungsbestrebens in der modernen theoretischen Physik glaubte Einstein, dass die Ordnung, auf die wir in der Natur stoßen, ein Hinweis auf ein grundlegenderes Muster ist, das sich uns durch die mathematisch exakten Gesetze zur Beschreibung der Bewegung und der Wechselwirkungen materieller Körper offenbart: „Ich glaube an Spinozas Gott, der sich in der gesetzlichen Harmonie des Seienden offenbart, nicht an einen Gott, der sich mit den Schicksalen und Taten der Menschen abgibt.“[1] Wie Kepler sehnte sich Einstein nach den Harmonien.

Wir sind Geschöpfe, die nach einem Sinn suchen. Wir streben danach zu verstehen, warum die Welt so ist, wie sie ist, und warum wir so handeln, wie wir handeln. Wir ordnen Handlungen Ursachen zu, Ursachen, die einen Sinn haben. Wir trainieren, wir arbeiten, wir versuchen unser Leben so gut wie möglich zu leben und dabei eine Balance aus Pflicht und Vergnügen zu finden. Verwirrt oder verloren zu sein, wird meistens damit gleichgesetzt, keine Richtung, kein Ziel zu haben. Nichts Gutes kann daraus entstehen. Sollte die Natur da anders sein? Wir betrachten die Welt und sehen überall Ordnung. Wir sehen den Verlauf der Jahreszeiten und wie das Wachstum der Pflanzen und das Verhalten der Tiere davon bestimmt werden; wir sehen die geordnete Bewegung der Himmelskörper und wie erstaunlich gut mathematische Gesetze die Welt in so weiten Teilen beschreiben können. Die Gesetze zeigen uns doch wohl, dass auch die Natur eine Richtung hat? Können wir dann sagen, dass das Universum einen Sinn hat? Dass das Universum eigene Absichten hat und wir irgendwie eine Konsequenz dieses kosmischen Plans sind? Wie der berühmte Physiker John Wheeler es gerne sagte, „Wie kommt es zu dem, was existiert?“ In seinem neuesten Buch *Cosmic Jackpot* setzt sich der Physiker und Naturphilosoph Paul Davies mit Wheelers Frage auseinander und bietet einen sehr eingehenden und überzeugenden Überblick der vielen möglichen Antworten.[2] Ich werde eine kurze Zusammenfassung dieser Fragen geben, damit klar wird, an welchen Stellen ich eine andere Meinung vertrete und was dieses Buch zur Diskussion beizutragen hat.

Ein gängiges Konzept, das als „zufälliges Universum“ oder auch „absurdes Universum“ bezeichnet wird, besagt, dass das Universum genau wie das Leben ein Zufall ist und dass nichts, was geschieht, irgendeinen Sinn hat. Dass wir die Fähigkeit entwickelt haben, zu denken und Fragen zu stellen, ist ebenfalls nur ein Glücksfall. Was mich hier daran interessiert, ist, dass viele, insbesondere Vereiniger und natürlich religiöse Gruppen, diese Sichtweise als feige Ausrede sehen. Indem wir den zufälligen Charakter physikalischer und chemischer Vorgänge in der Natur akzeptieren, gäben wir die Suche nach tieferen Zusammenhängen zwischen Leben, Verstand und Kosmos auf. Schon die Bezeichnung „absurdes Universum“ verleiht diesem Konzept einen negativen Klang. Das zeigt, wie schwer es uns fällt anzuerkennen, dass der Kosmos vielleicht keinen tiefgründigen Sinn hat, dass es kein verstecktes Gesetz der Natur gibt – weder durch die Wissenschaft noch gottgegeben –, das unser Dasein rechtfertigen würde.

Die Gegner dieser Idee haben dagegen nicht begriffen, dass ein sinnloser Kosmos, der Menschen (und möglicherweise andere intelligente Wesen) hervorgebracht hat, für diese (oder andere intelligente Wesen) niemals bedeutungslos sein wird. Die Existenz in einem Universum, das kein Ziel hat, ist sogar noch bedeutungsvoller als eine Existenz, die einzig eine Konsequenz irgendeines mysteriösen Plans ist. Warum? Weil sie die Entstehung von Leben und Verstand von einem allgegenwärtigen und vorgeplanten zu einem seltenen und kostbaren Ereignis macht. Jahrtausendelang meinten wir, dass Gott (oder Götter) uns vor dem Aussterben behütete, dass wir auserwählt und somit vor endgültiger Zerstörung beschützt wären. So ein beruhigendes Denken nimmt uns die Verantwortung für unser eigenes Überleben ab und übergibt es an einen oder mehrere übernatürliche Beschützer. Wenn die Wissenschaft behauptet, der Kosmos verfolge einen Sinn, demzufolge Leben ein vorherbestimmtes Resultat des Naturgeschehens ist, kommt ein ähnlicher Schutzmechanismus zur Anwendung: Wenn das Leben hier scheitert, dann wird es sich anderswo durchsetzen. Es zu erhalten, ist nicht unsere eigentliche Aufgabe. Im Widerspruch dazu werde ich argumentieren, dass wir niemals anfangen werden, das, was wir haben, zu bewahren, solange wir uns unsere Zerbrechlichkeit und unsere kosmische Einsamkeit nicht eingestehen.

Die Vereiniger auf der anderen Seite glauben an einen Gesamtplan, eine mathematische Hyperstruktur, die allem Sein zu Grunde liegt. Der Plan liefert Erklärungen für den Ursprung des Universums sowie alle Eigenschaften der fundamentalen Materieteilchen. Die gesamte Natur leitet sich aus einem einzigen Satz von Formeln ab, der Theorie für Alles. Es gibt eine radikale und eine gemäßigte Sichtweise. Der radikalen Sicht zufolge gibt es eine einzige Theorie, aus der alles folgt. In dieser Variante sind alle Eigenschaften des Kosmos und der Materie in dem Formelsatz enthalten, und es gibt keine freien Parameter, die noch festzulegen wären: Die Theorie ist aus streng mathematischen Beziehungen aufgebaut, in denen sich die größtmögliche Symmetrie widerspiegelt. Die gemäßigte Sicht lässt viele vereinheitlichte Theorien zu, von denen jede eine in sich geschlossene Wirklichkeit beschreibt, als Teil eines Multiversums etwa, und wir existieren nur zufällig gerade in derjenigen, die das Universum wiedergibt, das wir kennen. Beide Sichtweisen sagen nichts über die Entstehung des Lebens, sondern beschränken sich auf die unbelebten Aspekte der Wirklichkeit. Wie der Physiker und Nobelpreisträger David Gross, ein Anhänger der radikalen Form der Vereinheitlichung (der für Multiversen-Ansätze überhaupt nichts übrig hat), mir einmal erzählte, sollten Leben und auch intelligentes Leben im gesamten Kosmos weit verbreitet sein. Wenn es für das Universum einen Gesamtplan gibt, aus dem wir hervorgegangen sind, dann folgt daraus, dass wir nichts Besonderes sein dürften; ähnliche Voraussetzungen an einem anderen Ort sollten dann ebenfalls empfindsame Wesen hervorbringen. Diese Sichtweise ist zu einem Prinzip, dem „Mittelmäßigkeitsprinzip" erhoben worden, einer Erweiterung des kopernikanischen Prinzips, das besagt, dass die Erde ein gewöhnlicher Planet ist und „wir nicht mehr als eine von einer Vielzahl von Zivilisationen sind, die sich über das Universum verstreuen."[3] Da wir bereits manches über die Geschichte des Lebens auf der Erde und im Sonnensystem (und in einigen anderen Sternsystemen, die Astronomen zur Zeit beobachten) wissen, fällt es sehr schwer zuzustimmen, dass die Erde gewöhnlich ist, und noch schwerer zu glauben, dass es dort draußen unzählige von Zivilisationen gibt. Ich möchte Ihnen Gründe dafür anführen, dass so ein Glaube nicht nur eine Vielzahl von Erkenntnissen der Astrobiologie außer Acht lässt, sondern auch sehr negative philosophische und gesellschaftliche Auswirkungen haben kann.

Wie ich weiter oben geschildert habe, wäre unser Universum in einem Multiversum eines unter vielen, möglicherweise unendlich vielen weiteren Universen. In einigen Varianten, wie denen, die mit der Stringlandschaft in Verbindung stehen, können unterschiedliche Universen vollkommen unterschiedliche Eigenschaften haben. In manchen hat das Elektron vielleicht eine andere Masse; in anderen existiert es vielleicht gar nicht. Die meisten Universen wären öde, und jegliches Leben wäre dort unmöglich. Unser Universum ist eben einfach gerade dasjenige, in dem die Dinge genau passen, sodass aus den Gesetzen der Physik und aus den Randbedingungen der Biologie Wesen mit einem Bewusstsein entstanden sind. Anhänger der vereinheitlichten Theorie und des Multiversums hoffen, dass irgendeine Art von Auswahlprinzip aus der zahllosen Vielfalt von Kosmen denjenigen auswählt, der unserem Universum entspricht. Jedes Tal der Stringlandschaft wäre zum Beispiel ein mögliches Universum und nur *ein* Tal wäre unseres. Ein ernsthaftes Problem der Vorstellung von Multiversen besteht darin, dass sie nur sehr schwer zu überprüfen ist. Es gibt Vorschläge, die aber mit Recht als weit hergeholt gelten. In einem Rahmenkonzept, in dem alles möglich ist, ist auch nichts wirklich verstanden, insbesondere dann nicht, wenn widerstreitende Hypothesen nicht falsifizierbar sind. Ein extremes Beispiel ist die ekstatische platonische Variante der Theorie der Multiversen, die Max Tegmark vorschlägt, in der in einer Art hypothetischem mathematischem Wunderland alle vorstellbaren Welten existieren.[4]

Dann gibt es auch diejenigen, die glauben, dass die Existenz von Leben im Universum kein Zufall ist, sondern die

Folge einer vereinheitlichten Theorie der Natur: Es gibt eine Art allumfassendes „Prinzip des Lebens“, das über die reinen physikalischen Gesetze, mit denen wir die dingliche Welt gegenwärtig beschreiben, hinaus wirkt. Dieses Prinzip könnte eines Tages gefunden werden, obwohl wir natürlich noch keine Ahnung haben, wie es aussehen könnte. Die Gesetze der Physik und der Chemie, wie wir sie heute verstehen, machen keinerlei Aussage über die Entstehung von Leben. Wie Paul Davies in *Cosmic Jackpot* darlegt, kranken Konzepte eines Prinzips des Lebens daran, dass sie teleologisch sind und das Leben als ein oberstes Ziel, als eine sinngerichtete kosmische Strategie darstellen. Der menschliche Verstand wäre selbstverständlich das Kronjuwel in diesem schöpferischen Werk. Wieder sind wir die „Auserwählten“ – eine gefährliche Behauptung. Ohne wissenschaftliche Begründung ist nur schwer zu erkennen, inwieweit sich das Prinzip des Lebens wirklich davon unterscheidet, unsere Existenz einem unerklärlichen göttlichen Akt zuzuschreiben. Andererseits haben viele Beispiele in der Geschichte der Naturwissenschaft gezeigt, dass das, was heute noch sehr fantastisch oder sogar übernatürlich erscheint, vielleicht eines Tages wissenschaftlich erklärt werden kann. Die wissenschaftliche Suche nach einem Prinzip, das eine Verbindung zwischen der Entstehung des Lebens und physikalischen und chemischen Ursachen herstellt, ist tatsächlich ein exzellentes Forschungsthema. Die Frage, warum oder mit welchem Ziel das Universum Leben und Verstand erschaffen wollen würde, bliebe selbstverständlich bestehen. Anstelle der Frage: „Warum sind wir hier?“ hätten wir die Frage: „Warum ist das Universum hier?“. Könnte uns das Universum erschaffen haben, um sich selbst zu durchschauen? Argumente, die den „Verstand Gottes" durch den „Verstand des Kosmos" ersetzen, ziehen sich durch unsere Besessenheit mit dem Konzept des Einsseins. Unsere Existenz *muss* nicht geplant sein, um von Bedeutung zu sein.

In den 1970er Jahren schlug der Astrophysiker Brandon Carter das *anthropische Prinzip* vor, demzufolge intelligente Beobachter eine Folge bestimmter physikalischer Eigenschaften sind, die in den Kosmos eingewoben sind. In der starken Version des Prinzips muss das Universum so eingerichtet sein, dass es zu irgendeinem Zeitpunkt Beobachter hervorbringen kann, was wieder von einer mysteriösen Teleologie zeugt. Wie Davies schreibt, „hat sich das Universum auf irgendeine Weise ein eigenes Selbst-Bewusstsein konstruiert." (Daher der Wechsel vom „Verstand Gottes" zum „Verstand des Kosmos"). In gewisser Weise ist das Universum selbst lebendig, ein schöpferisches Wesen mit der Fähigkeit, Geschöpfe hervorzubringen, die über es reflektieren können. Obwohl das Wort Gott hier nicht vorkommt, kommt für mich ein selbst-bewusster Kosmos mit der Fähigkeit, Leben und Verstand zu erschaffen, einer allwissenden Gottheit, und einer eitlen noch dazu, die sowohl innerhalb als auch außerhalb der Zeit existieren kann, sehr nahe. Leben und Verstand sind wirklich bedeutsam, aber meiner Meinung nach nicht aus diesem Grund.

In der schwachen Version des anthropischen Prinzips treten die Beobachter nur in einer Zeugenrolle auf: In der Hypothese der Multiversen gibt es einen passiven Auswahlmechanismus, der die Entstehung von Leben und Verstand in einer bestimmten Teilmenge von Kosmen erlaubt, zu denen natürlich auch unserer gehört. Oberflächlich betrachtet, besagt es, was offenkundig ist: Wir sind hier, weil das

Universum genau die richtigen Eigenschaften hat, damit wir hier sein können. Auf einer tieferen Ebene, die von Steven Weinberg Mitte der 1970er Jahre oder neuerdings von Alex Vilenkin, Jaume Garriga, Andrei Linde und anderen Kosmologen entwickelt wurde, kann das Prinzip darauf angewendet werden, begründete obere und untere Schranken für kosmologische Parameter, etwa für die Menge dunkler Energie im Universum zu bestimmen. Dennoch beschleicht einen das Gefühl, dass wir daraus nichts wirklich Grundlegendes oder Neues lernen, selbst wenn es uns gelingt, solche neuen Schranken festzulegen.

50
Bedeutung und Ehrfurcht

Es ist klar, dass die Meinungen bei dem Thema weit auseinander gehen. Doch bis auf das sogenannte „absurde Universum“ sind alle diese Auffassungen mit dem Konzept des Einsseins verknüpft. Entweder gibt es eine vereinheitlichte Theorie oder ein allumfassendes Multiversum oder einen sich seiner selbst bewussten Kosmos, der Leben und Verstand erschafft. Man könnte sogar alle drei miteinander kombinieren und von einem selbst-bewussten Multiversum, in dem die Vereinheitlichung gilt, sprechen. Wäre es verwunderlich? In diesem Buch habe ich die Meinung vertreten, dass die moderne wissenschaftliche Suche nach einer einzigen, allumfassenden Erklärung der Existenz im monotheistischen Glauben verwurzelt ist und als vernunftmäßiger Ersatz für das Konzept eines übernatürlichen Gottes dient. Vereinheitlichte Theorien, Varianten des Prinzips des Lebens, und sich ihrer selbst bewusste Universen sind alle Ausdruck unseres Bedürfnisses, eine Verbindung zwischen unserem Sein und der Welt, in der wir leben, zu finden. Ich will keineswegs in Frage stellen, wie bedeutsam es ist, die Verbindung zwischen Mensch und Kosmos zu verstehen. Aber ich stelle in Frage, ob sie Vereinheitlichungsprinzipien entstammen muss.

Könnte es nicht vielmehr sein, dass es da gar keine endgültige Wahrheit zu entdecken gibt, dass wir tatsächlich das Produkt einer Reihe von Zufällen sind? Die übliche Meinung ist, dass dann alles verloren wäre: Wenn das Universum nur ein Zufall ist, dann gibt es für uns keine Motivation, kein Ziel mehr auf unserer Suche nach einem Sinn. Ich bin vollkommen anderer Meinung. Im Gegenteil, ich würde behaupten, dass es *gerade* unser Beharren auf der Suche nach „einzigen" und „endgültigen" Erklärungen ist, die das Weiterkommen auf unserer wahren Suche nach einem Sinn aufhält. Je obskurer die Suche nach dem Einssein wird, desto weiter entfernen wir uns von der Natur und den drängenden Problemen unserer Zeit. Schlimmer noch, die ganze Suche gestaltet sich zu einer Ausflucht, einem „Opium für den Verstand", um es in Anlehnung an den berühmten Spruch von Marx auszudrücken. Das erinnert mich erneut an Keplers leidgeplagte Worte, die er in einer Zeit des persönlichen und politischen Chaos fast wie ein Gebet hervorbrachte: „Wenn der Sturm wütet und der Schiffbruch des Staates droht, können wir nichts Würdigeres tun, als den Anker unser friedlichen Studien in den Grund der Ewigkeit zu senken."[5] Es ist kein Wunder, dass Sokrates, der Suche seiner Vorgänger nach dem Einen müde, „die Philosophie vom Himmel herabrief", wie Cicero schrieb. Es ist an der Zeit, den Anker unserer friedfertigen Studien in die Wirklichkeit hinabzulassen.

In unserem Drang nach Erkenntnis steckt auch eine tiefe Verehrung der Schönheit und des Spektakels der dinglichen Welt, eine Ehrfurcht vor der Erhabenheit der Schöpfung. Anders als viele jahrtausendelang geglaubt haben, gibt es nicht notwendigerweise eine Verbindung zwischen dieser

Ehrfurcht und der „Sehnsucht nach den Harmonien“, der Suche nach einer endgültigen Erklärung alles Seienden. Die Ehrfurcht, die unsere Suche nach einem Sinn motiviert, muss nicht an eine veraltete Vorstellung, dass alles eins ist, gekoppelt sein. Wir können die Weltmeere erkunden, ohne auf der Suche nach einem mythischen Schatz zu sein. Wir können die Rätsel der dinglichen Welt erforschen, ohne glauben zu müssen, dass sie alle einer endgültigen Wahrheit, einem versteckten Gesetz der Natur entspringen. „Alle“ bedeutet „viele“ und nicht „eines“. Es gibt unzählige Formen, wie Veränderung Gestalt hervorbringt, wie Asymmetrien die Strukturen erschaffen, die wir in der Welt um uns sehen. Der Gipfel davon ist das Leben in all seiner berauschenden Vielfalt, das Ergebnis molekularer Asymmetrien und genetischer Mutationen. Kann der Mensch lernen, das Leben und den Verstand zu preisen, ohne das eine oder das andere auf einen gottartigen Status zu erheben? Ich hoffe es. Zu sagen, das Leben sei das Werk eines zielgerichteten Kosmos, heißt, ihm einen Status pseudoreligiöser Immunität zu verleihen – losgelöst von Handlungen und Entscheidungen. Das ist meiner Meinung nach ein schwerer Fehler, weil es uns von unserer Verantwortung als einzige Lebewesen (von denen wir wissen), die sich der Bedeutung des Lebens bewusst sind, entbindet. „Wenn uns der Kosmos erzeugt hat, dann hat er sicherlich auch andere denkende Wesen erzeugt“, würden viele einwenden. Nun, wir wissen es nicht, und wie ich noch ausführen werde, werden wir das, wenn überhaupt jemals, wahrscheinlich auch für lange Zeit nicht feststellen. Es liegt also an uns, etwas zu unternehmen und schnell zu handeln. Das Leben gebietet Ehrfurcht, gerade weil es als das kostbare Resultat einer

Verkettung von Zufällen so selten und fragil ist. Wenn wir es nicht behüten, dann wird es das Universum vermutlich auch nicht tun.

51
Jenseits von Symmetrie und Vereinheitlichung

Eines der Hauptprobleme der lange währenden Fehde zwischen Wissenschaft und Religion ist die Anschuldigung, die Wissenschaftler hätten den Menschen Gott genommen und nichts dafür wiedergegeben. Das ist es, wessen mich der brasilianische Zuhörer, dem wir weiter vorn in diesem Buch begegnet sind, beschuldigte, als ich eine wissenschaftliche Erklärung des Urknalls vortrug. Wenn es nur Logik, nur Ursache und Wirkung gibt, wenn alles auf rationalen Erklärungen beruht, wo ist dann noch Platz für unsere menschlichen Emotionen, den Schmerz über Verlust und Verzweiflung, für unsere Fähigkeit zu lieben?

Das Ungerechteste an so einer Anklage gegen die Wissenschaft ist vielleicht die Vorstellung, dass eine naturalistische – im Gegensatz zu einer supernaturalistischen, übernatürlichen – Darstellung der Existenz frei von Wunder und Magie sei. Viele angesehene Wissenschaftler, darunter Carl Sagan, Edward O. Wilson, Richard Dawkins und Jacob Bronowski, haben das sehr eloquent zum Ausdruck gebracht. Tatsächlich verspricht die Wissenschaft kein Leben nach dem Tod und keine Jungfrauen im Paradies, und sie erklärt auch nicht den zyklischen Charakter der Wiedergeburt oder die Existenz von Geistern. Auch den Ursprung allen Seins vermag sie nicht zu beschreiben, weil sie nicht ohne einen Rahmen theoretischer Hypothesen und mathematischer Konstrukte funktionieren kann. Selbst wenn das manchen Wissenschaftlern nicht gefällt, lassen Sie sich nicht täuschen: Jedes Modell, das angeblich den Ursprung des Universums „erklärt", hat einen ganzen Sack voller Gesetze und Annahmen im Gepäck, von denen viele unbeweisbar sind. Wie ich schon dargelegt habe, macht das Konzept an sich, dass wir möglicherweise eine Theorie aufstellen könnten, die alles erklärt – eine endgültige Theorie – keinen Sinn. Weil unsere Instrumente letztendlich die Grenzen unseres Wissens über die Welt der Dinge bestimmen, werden wir niemals dazu in der Lage sein, alles zu messen, was es zu messen gäbe. Infolgedessen können solche „endgültigen Theorien" niemals abschließend sein: Es kann da draußen immer etwas geben, das unserer Wahrnehmung entgangen ist. Die Grenzen der Wissenschaft anzuerkennen, heißt, die Grenzen menschlichen Wissens einzugestehen. Selbst wenn wir intelligente, selbsterhaltende Maschinen erschaffen würden, die unser Dasein hinfällig machen würden, wären auch diese synthetischen, mythischen Wesen ihren eigenen, materiellen Grenzen unterworfen. Auch sie bräuchten eine Energiequelle und wären dem unerbittlichen Vordringen des Chaos ausgesetzt, wie es der zweite Hauptsatz der Thermodynamik verlangt. In gewisser Weise besteht die ultimative Grenze für Materie, auch wenn sie mit Bewusstsein ausgestattet ist, darin, dass sie in sich selbst gefangen ist.

Durch die Wissenschaft können wir lernen und Bedeutungen erkennen. Sie wird von dem gleichen Gefühl von

Ehrfurcht angetrieben, das auch die Frömmigkeit von Heiligen und das Werk von Visionären motiviert und das Einstein als „kosmisches religiöses Gefühl" bezeichnete. Wir wollen die Dinge verstehen, und wir glauben, dass wir das können. Wir vertrauen auf unsere Fähigkeit, die wundersamen Wege der Natur so zu verstehen, dass sie für uns einen Sinn ergeben. Wenn ich sage, dass wir die Hoffnung fahren lassen sollten, eine endgültige Theorie zu finden, dass auch eine Vereinheitlichung der vier Naturkräfte auf einer Grundlage der Superstringtheorien (oder ihrem Erbfolger) niemals das letzte Wort über die materiellen Eigenschaften der Welt wäre, dann nicht, weil ich aufgeben möchte. Was ich möchte, ist, den „Verstand Gottes" aus der Wissenschaft herauslassen. Wir brauchen kein heiliges Ziel, um unsere Suche nach Wissen zu rechtfertigen. Der Wissenschaft geht es gut, auch wenn sie für immer unvollständig bleibt, ja, eigentlich sogar umso besser. Wenn wir einsehen, dass die Wissenschaft eine menschliche Schöpfung und kein Fragment göttlichen Wissens ist, dann schwächen wir sie damit nicht, sondern machen sie stärker als Teil unserer Identität als denkende, fehlbare Wesen.

Unsere Leidenschaft für Symmetrien hat zu unbestreitbaren Erfolgen in den Naturwissenschaften geführt. Sie hat auch zu großen Überraschungen geführt, indem sie uns wieder und wieder vor Augen geführt hat, dass unsere Hoffnung auf Vollkommenheit einfach nur die Projektion unserer eigenen Voreingenommenheit ist. Ohne das chirurgische Skalpell des wissenschaftlichen Experimentes würden unsere Theorien für immer auf dem Nährboden der Vollkommenheit weiterwuchern. Manchen mag das nicht gefallen, aber der Spiegel der Natur ist zersprungen: In einem vollkommen symmetrischen Kosmos hätte sich keine Materie zu Lebensformen zusammengefügt.

Wir sind Meister darin, Modelle zu bauen, die das Funktionieren der dinglichen Welt erstaunlich gut beschreiben. Das Standardmodell der Teilchenphysik ist ein Beleg dafür, genauso wie das Urknallmodell der Kosmologie. Natürlich sollten wir danach streben, bessere und einfachere Modelle zu finden, und dabei Ockhams Rasiermesser anwenden. Es gibt für Wissenschaftler noch viele fundamentale und praktische Fragen zu erforschen. Dabei reden wir noch gar nicht von all den Fragen, die noch nicht gestellt worden sind, aber mit Sicherheit noch gestellt werden. Zu sagen, dass das Ende der Physik oder der Wissenschaft bevorstehe, ist meiner Meinung nach kompletter Unsinn.[6] Genauso schlimm ist es zu glauben, es gebe nur noch langweilige Forschung, wenn wir der Physik das Ziel einer „endgültigen Theorie" wegnähmen. Ich bin überzeugt, die große Mehrheit der Festkörperphysiker und Astrophysiker sähe so eine Aussage als Beleidigung. Wissenschaftler müssen nicht an einen „Verstand Gottes" glauben, der der gesamten Natur zu Grunde liegt, um mit ihrer Suche nach tieferem Verständnis fortzufahren oder das Gefühl zu erleben, von Ehrfurcht ergriffen zu sein.

Trotzdem, mit einer bestimmten Herangehensweise an die Wissenschaft sollte Schluss gemacht werden: Eine Wissenschaft, bei der nahezu religiöse Konzepte der Ordnung und Symmetrie auf eine Welt voller Asymmetrien und Unordnung projiziert werden, die nach endgültigen vereinheitlichenden Darstellungen sucht, hilft uns nicht weiter. Man könnte es als das Ende des „ionischen Traums" bezeichnen. Wie ein verstimmter Eugene Wigner, der für seine

Entdeckung von Symmetrieprinzipien der Quantenmechanik des Atoms den Nobelpreis für Physik erhielt, einmal zu meinem älteren Kollegen Robert Naumann sagte: „Diese Ordnungsprinzipien, von denen Sie sprechen, sind selbst wahrscheinlich nur Näherungen." Wir erträumen Symmetrien, damit die Natur sie brechen kann. Wir sollten uns damit zufrieden geben, dass diese Symmetrien nur Näherungen sind, dass unsere Modelle beschreiben, was wir messen können und wie wir uns die Welt vorstellen, aber keine endgültige Wahrheit formulieren. Warum ist das so wichtig? Weil es die Wissenschaft auf die Ebene des Menschen zurückholt und sie von der Vorstellung von Vollkommenheit und endgültigen Wahrheiten befreit.[7] Was ich damit sagen will, ist, dass es keine endgültige Wahrheit zu entdecken gibt, kein Gesamtkonzept, das der Schöpfung zu Grunde liegt. Die Wissenschaft schreitet voran, indem alte Theorien von neuen überholt oder durch sie ersetzt werden. Das Wachstum läuft größtenteils schrittweise ab. Dazwischen liegen völlig unerwartete Sprünge, Entdeckungen über das Wirken der Natur, bei denen ganze Weltbilder zerbrechen. Beispiele dafür sind die dramatischen frühen Jahre der Quantenmechanik, einer Revolution, die vollständig aus dem Versagen der damals bestehenden Theorien heraus entstanden ist, neue experimentelle Ergebnisse zu erklären; später die Entdeckung der beschleunigten Expansion des Universums; und der noch immer rätselhafte Charakter der dunklen Energie, möglicherweise der Auftakt einer neuen Revolution in der Physik.

Wenn wir verstehen, dass die Wissenschaft eine Schöpfung des menschlichen Verstandes und nicht die Verfolgung eines göttlichen Plans (auch nicht im übertragenen

Sinn) ist, konzentrieren wir unsere Suche nach Wissen vom Metaphysischen aufs Wirkliche. Sollten wir uns angesichts der faszinierenden Bandbreite dessen, was die Wissenschaft mit ihren spektakulären Erklärungen erreicht hat, und der Herausforderungen, die noch auf uns warten, nicht einig sein, dass der vor uns liegende Weg unglaublich aufregend wird?

52

Marilyn Monroes Schönheitsfleck und der Irrtum vom Kosmos, der für das Leben „genau richtig" ist

Wenn Sie der Meinung sind, Unregelmäßigkeiten seien hässlich, dann denken Sie an Marilyn Monroes Schönheitsfleck. Wäre sie (und mit ihr Cindy Crawford und so viele andere weibliche oder männliche Schönheiten) ohne ihr Muttermal im Gesicht attraktiver oder eher nicht? Warum heißen sie „Schönheitsflecken", wenn sie doch offensichtlich die perfekte Symmetrie des menschlichen Gesichts stören? Gesichtspiercings haben eine ähnliche Funktion. Menschen, die in beiden Nasenflügeln oder in beiden Augenbrauen ein Piercing haben, sieht man ganz selten.[8]

In der letzten Zeit haben mehrere kognitionspsychologische Studien gezeigt, dass Menschen leicht asymmetrische Gesichter bevorzugen und attraktiver finden.[9] Es scheint eine Verbindung zwischen unseren ästhetischen Präferenzen und der Links-rechts-Asymmetrie des Gehirns und der menschlichen Wahrnehmung zu bestehen. (Das Gehirn ist ein weiteres starkes Beispiel für die Funktionalität von

Asymmetrie, denn jede Hälfte hat ganz bestimmte Aufgaben, die sich nicht überschneiden.) Mit dem Computer kann man ein Gesicht digital in zwei Hälften zerlegen. Setzt man die linke oder die rechte Seite mit ihrem jeweiligen Spiegelbild zusammen, dann entsteht ein vollkommen symmetrisches Gesicht. Das Ergebnis scheint aber weniger attraktiv zu sein als die natürlichen, asymmetrischen Gesichter. Tatsächlich habe ich beim Schreiben dieser Zeilen ein kurzes Experiment mit dem Programm Photo Booth eingeschoben, das Apple-Computern beiliegt. Das Ergebnis war ein ziemlich beängstigendes, links an links Marcelo-Gesicht, das ich besser nicht meiner Familie und meinen Freunden zeigen möchte. Leser mit einem Computer könnten das Experiment mit ihrem eigenen Gesicht durchführen. Ich bin sicher, dass diejenigen mit einem Schönheitsfleck, der nun auf beiden Seiten auftaucht, auch nicht mehr so gut aussehen. Das Geheimnis der Schönheit eines Gesichts kann in der *leichten* Brechung seiner ansonsten vollkommenen Symmetrie liegen.

Um als schön empfunden zu werden, muss sich ein Leberfleck genau an der richtigen Stelle befinden und genau die richtige Größe haben (große, dunkle Leberflecken in der Mitte der Stirn wirken meist nicht sehr attraktiv): Sind sie zu klein, dann werden sie kaum wahrgenommen und bleiben daher ohne Wirkung; zu groß und sie wirken einfach hässlich. Anscheinend beträgt die kritische Größe, die Grenze zwischen schön und grotesk, etwa einen Zentimeter. Die Leberflecken von Marilyn Monroe und Cindy Crawford waren „genau richtig“, um als schön empfunden zu werden. Darin zeigt sich eine Ästhetik des Asymmetrischen, die darauf wartet, genauer erforscht zu werden. Uns würde das hier wohl doch etwas zu weit wegführen, sodass wir die Kosmetologie verlassen und uns, frisch inspiriert, wieder der Kosmologie zuwenden wollen.

Wir haben gesehen, wie die zwei Standardmodelle in der Physik, das der Elementarteilchen und das des Urknalls, von einer großen Zahl von Parametern abhängen (um die 30). Dazu gehören die Massen und elektrischen Ladungen von Elektronen und Quarks, die Masse des Higgs-Teilchens, die Menge an dunkler Materie und dunkler Energie im Universum und der Betrag des Ungleichgewichts zwischen Materie und Antimaterie. Dazu kommen die fundamentalen Naturkonstanten, darunter die Lichtgeschwindigkeit, die Konstante der Schwerkraft und das Planck'sche Wirkungsquantum h, das die Größenordnung der Quanteneffekte bestimmt.[10] Diese fundamentalen Naturkonstanten bilden in gewisser Weise das Alphabet der Physik. Jede mathematische Formel, die einen physikalischen Vorgang beschreibt, beinhaltet – implizit oder explizit – mindestens eine von ihnen. Man könnte die Gesetze der Natur als Grammatik der Physik bezeichnen, die Modellparameter und Naturkonstanten als das Alphabet und die Mathematik als die Sprache. Die möglichen Orbitale des Elektrons im Wasserstoffatom hängen beispielsweise von der Masse und von der Ladung des Elektrons und vom Planck'schen Wirkungsquantum h ab.[11] Ein sehr wichtiger, wenn auch offensichtlicher Punkt ist der, dass alle Naturkonstanten in sorgfältig durchgeführten Experimenten bestimmt worden sind. Sie stehen für Größen, die wir nicht erklären können, die aber im gesamten Kosmos gegenwärtig sind. Wenn Astronomen die Spektren ferner Sterne untersuchen, erkennen sie dieselben möglichen Elektronenorbitale in Wasserstoff, Chlor und jedem anderen Element wie auf der Erde. Das bedeutet, dass das Elektron auf fernen Sternen (bis auf kleine und wohlverstandene Korrekturen auf Grund der Relativitätstheorie) dieselbe Ladung und Masse hat wie auf der Erde. Wäre das nicht so und würden sich Naturkonstanten und Modellparameter von Ort zu Ort unterscheiden oder zu unterschiedlichen Zeiten zufällige Werte annehmen, wäre es sehr schwer, nützliche Naturtheorien aufzustellen.

Die augenscheinliche Willkür der Größen der verschiedenen Naturkonstanten ist vielen Physikern ein Dorn im Auge. Viele angesehene Kollegen glauben, dass es uns möglich sein sollte, eine grundlegendere Theorie zu formulieren, die erklärt, warum zum Beispiel die Lichtgeschwindigkeit 300 Millionen Meter pro Sekunde beträgt und nicht 100 oder 200. (Genaugenommen sind es 299 792 458 Meter pro Sekunde.) So eine Traumtheorie sollte tatsächlich die Werte *aller* Naturkonstanten und *aller* Modellparameter erklären. Wie wir wissen, ist das Ziel der Vereinheitlichung die endgültige Erklärung der physikalischen Wirklichkeit ohne justierbare Parameter: Der Wert jedes einzelnen sollte sich aus der Theorie ergeben. Dem besten Kandidaten, der Superstringtheorie, zufolge sollte die geometrische Form der zusätzlichen Dimensionen des Raums die im Labor gemessenen Werte der Naturkonstanten bestimmen. Verschiedene Geometrien erzeugen unterschiedliche Beträge der Naturkonstanten.

Im Folgenden eine kurze Erklärung, wie das funktioniert: Superstringtheorien liefern bessere Ergebnisse, wenn man sie in Räumen mit neun Dimensionen anstelle der gewohnten drei formuliert. Da wir in unseren gegenwärtigen

Experimenten keinerlei Anzeichen der sechs Extradimensionen sehen, müssen sie so klein sein, dass sie für uns unsichtbar sind (wobei natürlich nicht ausgeschlossen ist, dass sie gar nicht existieren).[12] Es ist genauso, wie wenn man einen Schlauch aus großer Entfernung betrachtet: Er sieht aus wie eine Linie (ein Raum mit nur einer Dimension, der Länge), doch bei näherem Hinsehen zeigt sich, dass er eigentlich ein sehr langer Zylinder (ein zweidimensionaler Raum mit den beiden Dimensionen Länge und Dicke) ist. Die sechs Extradimensionen der Superstringmodelle können viele unterschiedliche Formen annehmen, zu denen jeweils unterschiedliche Topologien gehören. Zur Veranschaulichung kann man sich einen Ball vorstellen, der von Löchern durchzogen ist. Bälle mit unterschiedlicher Anzahl von Löchern entsprechen verschiedenen Topologien. Sie können nicht stetig ineinander verformt werden. In der Stringtheorie können die sechs Extradimensionen unterschiedliche Topologien haben, wie Bälle mit verschiedenen Anzahlen von Löchern. Da die Geometrie der Extradimensionen in der Stringtheorie mit den Werten der fundamentalen Naturkonstanten verknüpft ist, entspräche jede dieser Topologien einer unterschiedlichen Art von Welt, die jeweils aus Teilchen mit unterschiedlichen Eigenschaften und Wechselwirkungen bestünde. Nach dieser Sichtweise hängen alle physikalischen Eigenschaften der Materieteilchen, ihre Massen und ihre „Ladungen", die elektrische und andere, von der speziellen Topologie der Extradimensionen des Raums ab.

In Stringtheorien definieren die Extradimensionen im Grunde die physikalische Wirklichkeit, in der wir leben, auch wenn sie für unsere Augen unsichtbar sind. Im Konzept der Stringlandschaft entspricht jede ihrer 10^{500} möglichen geometrischen Gestalten einem unterschiedlichen Satz von Naturkonstanten und somit einem Universum mit einer Physik, die ganz anders ist als unsere. Es ist vielleicht die größte Herausforderung für heutige Superstringmodelle, ein geeignetes Auswahlkriterium zu finden, um unser Universum aus diesem Durcheinander herauszuangeln. Noch ehrgeiziger (und weit hergeholt, wie ich denke) ist sicher das Ziel zu zeigen, dass es überhaupt nur eine einzige Theorie gibt. Eine wichtige Folgerung dieser Multiversum-Stringmodelle ist, dass die Beträge unserer Naturkonstanten nicht in Stein gemeißelt sein müssen. Sie könnten von Universum zu Universum, ja selbst in fernen Gegenden unseres eigenen Universums, wenn auch fern dessen, was wir beobachten könnten, variieren.

Natürlich sind das sehr spekulative Ideen, die komplett falsch sein könnten. Wir haben keine Ahnung, ob Superstrings letztendlich funktionieren werden oder ob die Idee der Landschaft sich durchsetzen wird. Nur weitere Forschung kann das entscheiden, und auch nur dann, wenn die Theorien schließlich einen Kontakt zu Experimenten herstellen. Andernfalls werden sie „theoretische Theorien" bleiben. Als Physiker begannen, über die mögliche Veränderlichkeit der Naturkonstanten nachzudenken (eine Idee, die viel älter ist als die Superstrings), wurde ein Argument entwickelt, das ich trotz seiner großen Beliebtheit für irreführend halte. Zahllose wissenschaftliche Artikel und Bücher treffen die folgende Aussage, oder eine sehr ähnliche Form davon: „Die Beträge der Naturkonstanten legen fest, wie das Universum funktioniert [richtig]. Wenn sie auch nur geringfügig anders wären, wenn die Elektronenladung etwa um 20 Prozent höher wäre oder wenn das Neutron nicht 0,13 Prozent schwerer als das Proton wäre, sondern gerade ein klein wenig leichter, dann wäre alles anders. Insbesondere würden Sterne nicht leuchten oder überhaupt existieren, und es wäre kein Leben möglich [richtig]. Wenn die Naturkonstanten auch nur geringfügig abweichende Beträge hätten, dann wären wir nicht hier [richtig]. Wie ‚genau richtig' für das Leben doch das Universum ist [falsch]." Das Argument ist aus mindestens zwei Gründen irreführend. Erstens lässt es die entscheidende (und offensichtliche) Tatsache außer Acht, dass Wissenschaftler der Vergangenheit und der Gegenwart die Naturkonstanten in hunderten von Experimenten und Beobachtungen *gemessen* haben. Dahinter steckt keinerlei Fügung („genau richtig"), kein verstecktes Geheimnis. In *diesem* Universum hätten sie zumindest gar keine anderen Beträge haben können. Die Existenz fundamentaler Naturkonstanten beruht auf der Art und Weise, wie wir innerhalb eines immer komplexeren und umfassenderen wissenschaftlichen, narrativen Ganzen Erklärungen für Naturphänomene konstruieren. Es ist kein Wunder, dass die Liste der Naturkonstanten und Modellparameter mit der Zeit immer länger geworden ist und mit nahezu absoluter Sicherheit weiter anwachsen wird. In den letzten zehn Jahren allein mussten wir der Liste zum Beispiel die dunkle Energie und die (noch unbekannten) Neutrinomassen hinzufügen. Indem wir die Natur immer tiefer erforschen und neue Phänomene entdecken, werden wir neue Arten von Erklärungen benötigen, die auf neuen Naturkonstanten beruhen werden.

Wie ich noch genauer schildern will, gibt es zweitens keinerlei Hinweise, dass unser Universum für Leben geeignet ist. Genau genommen deutet alles auf die gegenteilige Aussage hin, dass der harten und rauen Teilnahmslosigkeit des Kosmos *zum Trotz* Leben existiert.

Wenn jemand behauptet, das Universum sei „genau richtig“ für das Leben, hat er oder sie dabei einen ganz bestimmten Hintergedanken: dass das Universum so ist, wie es ist, damit wir hier sein können. Diese Ansicht impliziert, dass Leben und, noch entscheidender, Verstand (ob menschlich oder nicht) von kosmischer Bedeutung sind. Selbstverständlich lassen wir uns dazu verleiten das zu denken! Messen nicht wir die Eigenschaften der Materie? Sind *wir* nicht Geschöpfe mit Bewusstsein und voller Ehrfurcht vor der Schöpfung? Indem wir über den Kosmos nachdenken, reflektiert der Kosmos sich selbst. Das kann doch kein Zufall sein? Vielleicht ist der Grund unseres Daseins am Ende, dass der Kosmos uns als sein Bewusstsein braucht?

Das sind durchaus erbauliche Gedanken. Doch abgesehen davon, dass unsere Beobachtungen sie in keiner Weise untermauern, würde ich sagen, dass sie zudem gefährlich sind.

Lassen Sie es mich so sagen. Jemand, der ausschließlich deutsch versteht, geht in eine Bibliothek. Als er die Bücher in der Bibliothek betrachtet, staunt er, dass sie alle auf Deutsch sind. „Ist es nicht verwunderlich, dass die Bücher hier alle auf Deutsch sind? Wären sie in anderen Sprachen, oder wären hier und da einige Buchstaben anders, stünden zum Beispiel anstelle der Buchstaben *a* und *e* japanische Schriftzeichen, könnte ich damit gar nichts anfangen. Bestimmt wurde diese Bücherei ‚genau richtig‘ für mich eingerichtet, damit ich all die wundervollen literarischen Werke lesen kann! Ich muss wirklich bedeutend sein.“ In der starken Version des anthropischen Prinzips würde die Person den Schluss ziehen, dass die Bibliothek extra für sie und andere deutsch sprechende Leute errichtet worden sein muss.

In der schwachen Version des anthropischen Prinzips wäre die Person zumindest nicht überrascht, dass es Bibliotheken mit deutschsprachigen Büchern gibt. Da einige Leute nur deutsch lesen können, hätten einige Bibliotheken sicherlich deutschsprachige Büchersammlungen. In der gleichen Bibliothek könnte es auch Bücher in vielen anderen Sprachen geben, aber nur die auf Deutsch wären „genau richtig" für sie und alle, die wie sie nur deutsch könnten. Anderssprachige Bücher wären für andere „typische" Leser da, die die gleiche Bibliothek nutzen. (In diesem Vergleich steht die Bibliothek für unser Universum mit seinen irdischen und außerirdischen, „typischen" Beobachtern, den Lesern also.) Außerdem gibt es auch Bibliotheken mit Büchern, die gar keinen Sinn ergeben, mit Texten etwa, die aus einer beliebigen Aneinanderreihung von Buchstaben bestehen oder die die gleiche Buchstabenfolge von Anfang bis Ende einfach immer wiederholen oder mit Büchern, die einfach leer sind. Die Person würde schließen, dass es in solchen Bibliotheken keine „typischen" Beobachter gäbe. In diesem beschränkten, aber hoffentlich einleuchtenden Vergleich für das anthropische Prinzip entsprächen Bibliotheken mit „unlesbaren" Büchern gescheiterten Universen, nämlich solchen, die keine typischen Beobachter und für sie sinnvollen Bücher beherbergen können. Das Multiversum gliche der unendlichen Bücherei in Jorge Luis Borges' *Die Bücherei von Babel*, in der alle erdenklichen Bücher existieren, von denen nur die wenigsten einen Sinn ergeben. Die starke Version ist hoffnungslos egozentrisch: Das Buch ist für mich geschrieben! Die schwache Version ist trivial: In einer Bücherei, die von Lesern besucht wird, muss es auch Bücher in deren Sprache geben; Bibliotheken mit sinnlosen Büchern hätten keine Besucher. Beide Versionen des anthropischen Prinzips sagen mehr über die Person aus, die das Buch liest, als über die Bibliothek an sich.

Für einen schlauen Fisch ist Wasser „genau richtig", damit er darin schwimmen kann. Wäre es zu kalt, würde es gefrieren, wäre es zu heiß, kochen. Sicherlich muss die Temperatur genau richtig sein, damit der Fisch existieren kann. „Ich bin sehr wichtig. Meine Existenz kann kein Zufall sein", würde der eingebildete Fisch schließen. Nun – er ist nicht weiter bedeutend, er ist einfach nur ein schlauer Fisch. Die Temperatur des Ozeans wird nicht mit dem Ziel geregelt, dem Fisch sein Dasein zu ermöglichen. Ganz im Gegenteil: Der Fisch ist verletzlich. Wie jeder Forellenfischer weiß, würde ihn eine plötzliche oder schrittweise Temperaturänderung töten. Wir sehnen uns so sehr nach sinngebenden Zusammenhängen, dass wir sie auch dort sehen, wo es gar keine gibt.[13]

Wir sind empfindsame Geschöpfe in einem unwirtlichen Kosmos. Darin besteht für mich das Wesen der menschlichen Not. Der schwerste Fehler, den wir machen können, ist zu denken, dass der Kosmos Pläne mit uns hat, dass wir aus kosmischer Perspektive irgendwie besonders sind. Wir sind tatsächlich besonders, aber nicht, weil der Kosmos irgendwelche Pläne mit uns hat oder irgendwie genau richtig für das Leben ist. Wir könnten dem Kosmos nicht unwichtiger sein. Man denke nur an die Milliarden, wahrscheinlich Billionen von öden Welten allein in unserer Galaxis. Ich kann die Botschaft „genau richtig" für das Leben in den vielen leblosen Welten nicht erkennen. Sollte der Kosmos bezüglich uns und einer kosmischen Intelligenz im Allgemeinen irgendwelche Pläne hegen, dann ist die Ausführung ziemlich kläglich. Wie der Kindergott in Olaf Stapledons brillantem *Der Sternenschöpfer* scheint unser Kosmos vorwärts zu stolpern und dabei mit absoluter Gleichgültigkeit Welten zu erschaffen und zu zerstören: „So gestaltete er Spielzeugkosmos um Spielzeugkosmos."[14]

Wenn die Naturkonstanten so geeignet für das Leben sind, warum ist es dann so schwierig, Leben zu finden? Wir sind besonders, weil wir selten sind, weil wir leben und uns dessen bewusst sind. Die gemeinsame Verbundenheit, die wir erkennen müssen, ist viel unmittelbarer und dringender: die mit unserem Planeten und seinen rapide schwindenden Lebensformen und Rohstoffen. Unsere Mission ist beseelt vom epischen Geist der Auserwählten – doch nicht auf Grund einer mythischen Verbindung mit einem Kosmos, der einen Sinn verfolgt, sondern vielmehr, weil wir auf dramatische und unumkehrbare Weise mit unserem Planeten verbunden sind, der einzigen Heimat von Leben, die wir kennen.

53
Seltene Erde, seltenes Leben?

Um mein Argument zu untermauern, will ich die Analyse aus Teil IV ausweiten und darauf eingehen, wie selten Leben und erst recht intelligentes Leben im Universum ist.

Wenn wir den Ursprung und die Evolution des Lebens studieren, dann wird klar, dass ein drastischer Anstieg chemischer Komplexität und eine Reihe weiterer Faktoren zusammenkommen müssen, damit Leben entstehen und seine Vielfalt entwickeln kann. Hier einige der wichtigsten Schritte: 1. anorganische Chemie → 2. organische Chemie → 3. Biochemie → 4. erstes Leben → 5. Prokaryoten → 6. Eukaryoten → 7. Mehrzeller → 8. komplexe Mehrzeller → 9. intelligentes Leben. Etwas ausführlicher sieht das so aus:

1. Das Leben benötigt chemische Elemente wie Kohlenstoff, Sauerstoff, Wasserstoff, Stickstoff usw. als Ausgangsmaterial. Selbst wenn im All exotischere Formen von Leben existieren, dann sollten sich die chemischen Elemente, die es verwendet, nicht allzu sehr von unseren unterscheiden. Die gute Nachricht ist, dass diese Ele-

mente dank Supernovaexplosionen im Kosmos weitverbreitet sind.

2. Die bloßen Elemente müssen sich zu Molekülen wie Wasser (H_2O), Ammoniak (NH_3) und Kohlendioxid (CO_2) und dann auch zu einfachen organischen Moleküle wie Methan (CH_4) verbinden. Auch hier sind die Aussichten gut, denn selbst in der Kälte des interstellaren Raumes sind Astronomen auf eine lange Liste von organischen Molekülen gestoßen, von denen viele eine Schlüsselrolle für das Leben spielen.
3. Diese organischen Moleküle müssen eine Umgebung finden, in der sie miteinander reagieren und immer komplexer werden können, um schließlich Biomoleküle zu bilden, die Moleküle, aus denen Lebewesen bestehen. Das ist die Stelle, an der es anfängt, komplizierter zu werden. Wie wir zuvor angesprochen hatten, scheint Wasser für die Existenz von Leben die entscheidende Zutat zu sein. Selbstverständlich können wir nie die Möglichkeit ausschließen, dass eine bizarre Biochemie auch ohne Wasser auskommen könnte. Aber in Ermangelung von Beweisen, dass sie realisierbar ist, müssen wir den Schwerpunkt unserer Erörterung auf das richten, was wir verstehen und was wir verlässlich messen können. Die Notwendigkeit einer wasserreichen Umgebung schränkt die Auswahl an Himmelskörpern, die Leben beheimaten können, stark ein. Planeten müssen in der bewohnbaren Zone ihres Muttersterns liegen, wenngleich diese Voraussetzung allein nicht genügt, wie die sengende Venus und der karge Mars zeigen. (Oder aber die Definition muss überarbeitet werden.) Monde können durchaus in kälteren Regionen außerhalb der be-

wohnbaren Zone liegen, müssen dann aber, wie im Fall des Jupitermondes Europa, ausreichende Gezeitenkräfte aufrechterhalten, damit Wasser flüssig bleiben kann. Experimente der Miller-Urey-Art deuten an, dass die ersten Schritte auf dem Weg zum Leben, die Bildung von Aminosäuren, recht einfach zu bewerkstelligen sein könnten, falls die Atmosphäre und die Planetenoberfläche die richtigen Voraussetzungen bieten. Flüssiges Wasser und die richtigen chemischen Stoffe sind jedoch nicht genug. Damit Reaktionen stattfinden, müssen die chemischen Stoffe in ausreichender Konzentration vorliegen. Der Planet muss relativ ruhig sein, darf also nicht unter beständigem Asteroidenbombardement stehen. Seine Oberfläche muss ebenfalls einigermaßen beständig, ohne größere Deformationen durch Gezeiten oder Vulkanausbrüche, sein.

4. Sind all diese Voraussetzungen erfüllt, kommt als nächster Schritt einer der am wenigsten verstandenen: Aus unbelebten chemischen Verbindungen entwickelten sich belebte, eine Anzahl selbsterhaltender chemischer Reaktionen setzten ein, die in der Lage waren, Energie aus der Umgebung aufzunehmen und sich zu reproduzieren. Auf irgendeine Weise entwickelte sich in diesem Zusammenhang auch die Händigkeit der Grundbausteine des Lebens.
5. Die Schritte von diesem „einfachen" Anfang hin zu den komplexen Proteinen und den Nucleinsäuren der ersten Prokaryoten sind ebenfalls verschwommen. Eine schützende Membran aus fettigen Molekülen umgab die reagierenden Chemikalien und isolierte sie von der äußeren Umgebung. Mit steigender Effektivität ermöglichte die

Membran die Aufnahme von Energie und Nährstoffen und das Ausscheiden von Abfallprodukten. Indessen reproduzierte sich das Erbgut in den primitiven Zellen, was zu schnell anwachsender Vielfalt führte. Das war die Welt der Protozoen.

6. Der nächste Schritt auf dem Weg zur Komplexität des Lebens, die Entstehung von Eukaryoten aus Prokaryoten, ist kaum verstanden – auch wenn wir wissen, dass er vor knapp zwei Milliarden Jahren stattfand. Nach der am ehesten akzeptierten Auffassung, die von der Biologin Lynn Margulis vorgeschlagen wurde, entwickelten sich die Eukaryoten aus einer symbiotischen Partnerschaft von Prokaryoten. Man nimmt zum Beispiel an, dass das Mitochondrion, der kleine Motor heutiger Zellen, in der fernen Vergangenheit ein separater Organismus war, der von einer anderen Zelle entweder gefressen oder absorbiert worden ist.[15]
7. Darauf folgte ein weiterer entscheidender und ebenso schwieriger Schritt, der Übergang vom Einzeller zum Mehrzeller ungefähr drei Milliarden Jahre nach den ersten Spuren von Leben. Wie beim Übergang von Prokaryoten zu Eukaryoten entwickelten sich möglicherweise auch mehrzellige Organismen über eine erfolgreiche unter vielen gescheiterten symbiotischen Partnerschaften, in denen sich einzellige Organismen miteinander verbanden (oder einander auffraßen) und begannen, sich in Form und Funktion zu unterscheiden. Es ist jedoch schwer einzusehen, wie die unterschiedlichen Typen von DNA zu einem einzigen Genom zusammenfanden. Als alternative Erklärung behauptet die Kolonientheorie, dass Einzeller Kolonien bildeten, aus denen nach und

nach kleine mehrzellige Tiere hervorgingen. Obwohl die Debatte noch im Gang ist, gewinnt die Kolonientheorie immer mehr Anhänger.

8. Viele Wissenschaftler behaupten, dass Umweltveränderungen auf der Erde bei der Beschleunigung der Vielfalt mehrzelligen Lebens, die in der kambrischen Explosion vor etwa 550 Millionen Jahren gipfelte, eine Hauptrolle gespielt haben. Die bedeutendsten davon waren der rasante Anstieg von verfügbarem Sauerstoff und das Aufkommen der Plattentektonik und die daraus resultierende Neumischung von Ozean- und Oberflächenchemie. Die Tektonik fungiert als ein globaler Thermostat, indem chemische Stoffe in Umlauf gebracht werden, die dazu beitragen, den Kohlendioxidgehalt zu regulieren und die globale Temperatur stabil zu halten. Ohne sie wäre das Wasser auf der Oberfläche nicht Milliarden Jahre lang flüssig geblieben, und Leben, insbesondere komplexes Leben, hätte unüberwindbaren Hindernissen gegenübergestanden.
9. Nach etwa 500 Millionen Jahren der Evolution mehrzelliger Organismen, in denen auch viele schwere Massenaussterben und Klimawandel stattfanden, tauchten vor etwa 400 Millionen Jahren in Afrika die ersten Exemplare der Spezies *Homo* auf. Intelligenz, wie wir sie kennen, ist weniger als eine Million Jahre alt. Sie hat weniger als ungefähr 0,02 Prozent der Erdgeschichte miterlebt.

Jeder, der versteht, wie schwer es ist, jede dieser Stufen zu erklimmen, oder der sich in unserem kargen Sonnensystem umgeblickt hat, kann unmöglich voller Überzeugung sagen, dass es überall in unserem Universum Leben geben sollte, oder, um es auf den Punkt zu bringen, dass das Universum „genau richtig“ für das Leben sei. Selbstverständlich *müssen* wir nach erdähnlichen Planeten suchen, wie die Kepler-Mission der NASA es zur Zeit tut und die geplante europäische Darwin-Mission es in naher Zukunft tun soll. Es ist faszinierend, dass Astronomen bald dazu in der Lage sein werden, Daten über die chemische Zusammensetzung dieser erdähnlichen Planeten zu gewinnen und dabei nach verräterischen Spuren von Leben wie Wasser, Sauerstoff, Ozon, Methan und möglicherweise sogar Chlorophyll zu suchen. Die Erwartung, die ich voller Begeisterung teile, ist, dass schließlich Anzeichen von Leben gefunden werden. Die Frage ist, was für eine Art von Leben?

An dieser Stelle beginnen die Meinungen auseinanderzugehen. In ihrem mutigen Buch *Unsere einsame Erde: Warum komplexes Leben im Universum unwahrscheinlich ist* argumentieren Peter Ward und Donald Brownlee auf überzeugende Weise, dass Leben im Universum nicht ungewöhnlich sein mag, aber an anderen Orten wahrscheinlich nur in seiner primitivsten Form existiert: Extraterrestrische Planeten sollten die Lebensgrundlage für außerirdische Mikroorganismen bieten, aber nicht viel mehr. Komplexes, mehrzelliges Leben hängt von zu vielen Faktoren ab – selbst nachdem alle chemischen Hindernisse aus dem Weg geräumt sind –, um weitverbreitet zu sein. Ein Faktor, den ich bisher noch nicht erwähnt habe, ist das Vorhandensein eines großen Mondes. Mit Ausnahme des Merkur dreht sich jeder Planet im Sonnensystem wie ein schwankender Kreisel um seine eigene, um einen bestimmten Neigungswinkel gekippte Achse. Hätte die Erde nicht ihren relativ schweren Gefährten als Satelliten gehabt, hätte sich ihre Neigung von

23,4 Grad zur Senkrechten auf der Ebene ihrer Umlaufbahn um die Sonne über die Jahre chaotisch geändert. Dies hätte katastrophale Folgen für komplexes Leben gehabt. Der Neigungswinkel eines Planeten bestimmt seine Jahreszeiten und deren Dauer. Wie James Kasting von der Pennsylvania State University in den 1980er Jahren deutlich gemacht hat, würde eine veränderliche Neigung die Erde nahezu unbewohnbar machen. Zum Beispiel gäbe es keine regelmäßigen Jahreszeiten und Wasser im flüssigen Zustand wäre über lange Zeitabschnitte nicht dauerhaft auf der Oberfläche vorhanden. Ein weiterer wichtiger Faktor ist das Erdmagnetfeld und der Schutz, den es uns vor der tödlichen Strahlung aus dem All bietet. Ohne es würde die vereinte Strahlung aus dem All und von unserer Sonne die Atmosphäre langsam wegpusten, sodass die Erdoberfläche (und die Lebewesen darauf) der Strahlung direkt ausgesetzt wäre. Das ist zum Beispiel auf dem Mars passiert. Obwohl es gut möglich ist, dass der Mars in seiner fernen Vergangenheit Leben beheimatet hat, ist das heute unwahrscheinlich. Wenn es doch der Fall sein sollte, dann ist es gut versteckt. (Oder wir wissen nicht, wie wir es erkennen können.) Dennoch können wir nur sicher sein, wenn wir die Marsoberfläche und die darunterliegenden Schichten weiter erforschen. Vielleicht könnten primitive Protozoen unter der Oberfläche vor der schädlichen Strahlung beschützt überleben. Wie der NASA-Experte Christopher McKay meint, könnten aber auch Mikroben in den gefrorenen Polarregionen, in denen es Wasser gibt, schlummern. So wurden in der Antarktis Mikroorganismen auf dem Grund von zugefrorenen Seen in den McMurdo Dry Valleys gefunden. Sicherlich wäre solches Leben nicht mit den kleinen grünen

Männchen der Science Fiction zu vergleichen, aber außerirdisches Leben immerhin.

Die enorme Bedeutung, die es hätte, irgendeine Form von Leben auf dem Mars zu entdecken, würde alle Anstrengungen, die für die Suche aufgewendet werden, mehr als rechtfertigen. Vielleicht erinnert sich der Leser an die Aufregung, als Wissenschaftler 1996 behaupteten, ein Meteorit vom Mars mit dem Namen ALH84001, der in der Antarktis gefunden wurde, könnte Spuren von Leben enthalten.[16] Der Felsbrocken war um 11 000 v. Chr. auf die Erde getroffen und hatte bis zu seiner Entdeckung 1984 unter einer Eisschicht gelegen. Der langjährige Administrator der NASA Daniel S. Goldin erklärte: „Die NASA hat eine überraschende Entdeckung gemacht, die auf die Möglichkeit hinweist, dass eine primitive Form von mikroskopisch kleinem Leben vor mehr als drei Milliarden Jahren auf dem Mars existiert hat."[17] Obwohl Goldin seine Worte mit Bedacht gewählt hatte, führten sie zu einer Mediensensation. Selbst US-Präsident Clinton gab am 7. August 1996 auf dem Südrasen des Weißen Hauses eine Erklärung ab:

> Es lohnt sich, einen Moment zu reflektieren, was zu diesem Moment der Entdeckung geführt hat. Vor mehr als vier Milliarden Jahren wurde dieser Felsbrocken als Teil der ursprünglichen Marsoberfläche gebildet. Nach Milliarden von Jahren brach er aus der Oberfläche heraus und begann seine 16 Millionen Jahre lange Reise durch das All, die hier auf der Erde enden sollte. Vor 13 000 Jahren kam er mit einem Meteoritenschauer hier an. 1984 hob ihn ein amerikanischer Wissenschaftler auf einer jährlichen US-Regierungsmission zur Suche nach

> Meteoriten auf und nahm ihn zur Untersuchung mit. Dementsprechend war er der erste Gesteinsbrocken, der in diesem Jahr aufgehoben wurde – der Gesteinsbrocken Nummer 84001.
>
> Heute spricht der Gesteinsbrocken 84001 über all diese Milliarden von Jahren und Millionen von Meilen zu uns. Er spricht von möglichem Leben. Wenn sich diese Entdeckung bestätigt, wird sie mit Sicherheit einer der faszinierendsten Einblicke in unser Universum sein, den die Wissenschaft je enthüllt hat. Ihre Bedeutung ist so weitreichend und ehrfurchtgebietend, wie man es sich nur vorstellen kann. Noch während sie Antworten auf einige unserer ältesten Fragen verspricht, stellt sie neue, noch grundlegendere.
>
> Wir werden weiter genau zuhören, was dieser Gesteinsbrocken zu sagen hat, während wir weiter nach Antworten und nach Wissen suchen, das so alt wie die Menschheit selbst, aber von wesentlicher Bedeutung für die Zukunft unseres Volkes ist.

Heute sind die meisten (aber nicht alle) Wissenschaftler überzeugt, dass die Anzeichen von Leben, die in ALH84001 gefunden wurden, nicht real waren. Eine Methode zur Suche nach biotischer Aktivität in meteoritischen Proben besteht darin, winzige „lebensartige“ Strukturen festzustellen, die im Gestein eingeschlossen sind. Die Schwierigkeit dabei ist, dass abiotische geologische Prozesse Spuren erzeugen können, die denen aus bakterieller Aktivität sehr ähnlich sehen. Die Strukturen sind außerdem sehr klein, zehn- bis hundertmal kleiner als Bakterien, die man auf der Erde vorfindet. Selbst wenn man immer einwenden kann, dass sich Leben auf dem Mars wahrscheinlich gravierend von dem auf der Erde unterscheidet, ist klar, dass weitere Beweise nötig sind. Auch wenn die Sache nicht endgültig abgeschlossen ist, erbringt ALH84001 wohl nicht den Beweis außerirdischen Lebens, auf den wir alle hoffen. Soweit wir wissen, bleiben wir das einzige bekannte Beispiel für Leben im Kosmos.

Auf einer Konferenz im Mai 2009 traf ich Donald Brownlee und fragte ihn, ob sich seine Meinung in den vergangenen neun Jahren (*Unsere einsame Erde* ist 2000 erschienen) geändert hätte. Das war nicht der Fall. Wenn Ward und Brownlee Recht haben, und das glaube ich, sind die Folgen sehr weitreichend. Obwohl primitive Lebensformen nicht sehr selten sein mögen, erdähnliche Planeten sind sehr rar. Und wenn erdähnliche Planeten selten sind, dann ist auch komplexes Leben selten. Daraus folgt, dass Leben mit einem Bewusstsein, das heißt Leben, das über seine eigene Existenz nachdenken kann, noch seltener, ja, vielleicht sogar einzigartig in unserer Galaxis ist. Statt zu sagen, das Universum sei „genau richtig" für das Leben – und damit zu implizieren, dass es weitverbreitet ist –, sollten wir staunen, dass trotz der Widrigkeit der kosmischen Umwelt Leben existiert. Könnten wir allein im Kosmos sein? Oder ist das Universum voll von intelligentem Leben? Wir müssen uns nun der Möglichkeit intelligenten Lebens im Kosmos zuwenden und sie im Licht dessen, was wir gerade erfahren haben, ausloten.

54
Wir und sie

Diese Überschrift habe ich dem Kurs in vergleichender Literatur entliehen, den ich zuweilen am Dartmouth College unterrichte. In dem Kurs untersuche ich, wie sich die Vorstellungen über Aliens und insbesondere über außerirdische Intelligenz in der westlichen Kultur seit dem 17. Jahrhundert verändert haben.[18] „Sie“ sind eine Projektion unserer Ängste und Hoffnungen, ein Spiegelbild der besten und der schlechtesten Seiten der Menschheit. In den meisten Erzählungen und Filmen korrelieren das Aussehen und die Geräte der Aliens direkt mit dem Stand der Wissenschaft und Technik der jeweiligen Zeit. Zum Ende des 19. Jahrhunderts kommen in H. G. Wells' *Krieg der Welten* Marsmenschen unter schweren Detonationen in mächtigen Geschossen, die an Kanonenkugeln erinnern, auf die Erde. Bald darauf, als der Mensch den Traum vom Fliegen verwirklichte, begannen auch die Aliens zu fliegen. Mit dem Aufkommen der Genetik und der Kernphysik tauchten dann die ersten Mutanten und die Atomkraft auf; seit den 1950er Jahren geschah das Gleiche mit Computern. In vielen Erzählungen können die Aliens Dinge, von denen wir nur träumen können. In Arthur C. Clarkes Meisterwerk *2001: Odyssee im Weltraum* gleichen die Aliens Göttern, „Geschöpfen aus Strahlung, endlich frei von der Tyrannei der

Materie."[19] Stellen Sie sich vor, was ein Zeitgenosse von Kopernikus gedacht hätte, wenn er einen Laptop oder ein iPhone gesehen hätte. Selbst mein Vater, der Jahrgang 1927 ist, wäre ungläubig gewesen. Ihm waren in den 1980er Jahren schon Videorekorder suspekt.

Die Vorstellung, dass es außerirdisches Leben gibt, ist reizvoll. Der Fund auch nur einer einzigen außerirdischen Mikrobe wäre vielleicht die größte wissenschaftliche Entdeckung aller Zeiten. Die Welt wäre nie mehr dieselbe. Wenn wir einen eindeutigen Beweis hätten, dass an einem anderen Ort in unabhängiger Weise Leben entstanden ist, würde sich die Vermutung, dass es über den ganzen Kosmos verteilt Leben gibt, erhärten. Leben wäre kein irdischer Einzelfall. Da die Gesetze der Physik im ganzen Universum gelten und die gleichen chemischen Elemente auch in anderen Sternsystemen vorliegen, müssten wir tatsächlich damit rechnen, dass Leben weitverbreitet ist, sollten wir zumindest auf einem anderen Planeten oder Mond in unserer kosmischen Nachbarschaft auf primitives Leben stoßen: Das Mittelmäßigkeitsprinzip, soweit es sich auf die *Existenz* von Leben bezieht zumindest, würde bestärkt. Der Kosmos könnte tatsächlich lebensfreundlich sein, und die Möglichkeit, dass eine tiefe Verbindung zwischen Leben und Kosmos besteht, müsste ernsthaft in Betracht gezogen werden. Wie Paul Davies es so schön ausgedrückt hat: „Wenn das Leben kausal aus der Suppe folgt, beinhalten die Naturgesetze eine versteckte Botschaft, ein kosmisches Gebot, das ihnen sagt, ‚erschafft Leben' ... Das ist eine atemberaubende Sicht der Natur, großartig und erhebend in ihrer majestätischen Tragweite. Ich hoffe, sie ist richtig. Es wäre wundervoll, wenn sie richtig wäre."[20] Eine Sehnsucht nach kosmischer Gemeinschaft gesellt sich zur Sehnsucht nach den Harmonien.

Ein Beweis für ein „kosmisches Gebot" wäre ein schwerer Schlag für die darwinistische Lehrmeinung, die jegliche Art der Vorherbestimmtheit in Vorgängen des Lebens ablehnt. In der Theorie der Evolution gibt es keinen Plan und kein Ziel für das Leben; das Schauspiel der Existenz spielt sich ab, indem Lebewesen den Herausforderungen ihrer Umwelt ausgesetzt sind und ums Überleben kämpfen. Daher wäre es schwer, der Versuchung zu widerstehen, eine Art „kosmisches Gebot" des Lebens mit einer Absicht gleichzusetzen, mit dem Vorhandensein einer universellen göttlichen Eigenschaft, die das Leben begünstigt (oder gar erschafft). Auch wenn die Entdeckung von Leben an einem anderen Ort eine tiefe Veränderung unserer kollektiven Identität als Menschen mit sich bringen würde, müsste sie andererseits keinesfalls zwangsläufig mit geheimreligiösen Vorstellungen gleichgesetzt werden. Man könnte zum Beispiel genauso gut argumentieren, dass es ein kosmisches Gebot für Sterne gibt, schließlich gibt es sie überall. Doch wir wissen, dass Sterne aus der gravitativen Anziehung von Wasserstoffwolken resultieren, einem (ziemlich) gut verstandenen physikalischen Prozess, der unter den richtigen Voraussetzungen überall im Weltraum ohne zielgerichtete Absicht reproduzierbar ist. Mit anderen Worten, selbst wenn anderswo primitives Leben entdeckt würde und wir daraus schließen würden, dass es im Kosmos weitverbreitet wäre, müssten wir die Grenzen der Wissenschaft nicht überschreiten, um seine Existenz zu erklären.

Im Fall mehrzelligen außerirdischen Lebens lägen die Dinge anders. Amöben zu finden ist eine Sache; komplexe außerirdische Lebensformen mit ausgeprägten Organen, die bestimmte motorische und Stoffwechselfunktionen haben, zu finden, eine ganz andere. Angesichts der erstaunlichen Widerstandsfähigkeit terrestrischer Extremophilen (siehe Teil IV), bin ich ziemlich überzeugt, dass mikrobisches Leben nicht sehr selten sein sollte. Ich bezweifle jedoch, dass vielzelliges Leben ebenso weitverbreitet sein könnte. Ganz im Gegenteil. Bei den enormen Hürden, die das Leben auf der Erde auf seinem Weg zu vielzelliger Komplexität zu überwinden hatte, und mit Blick darauf, wie überwiegend karg es im Sonnensystem (trotz seiner wundervollen Schönheit) ist – wie weitverbreitet könnte da komplexes Leben sein? Natürlich kennen wir die Antwort nicht, sodass wir im Moment nur mutmaßen können. Aber bei dem, was wir wissen, stehen die Chancen eindeutig nicht sehr gut.

Je komplexer das Leben wird, desto fragiler wird es. Hochentwickelte Tiere können anders als manche Bakterien keine extremen Temperaturschwankungen ertragen oder in Umgebungen mit extremen Temperaturen leben. Ihr Heimatplanet braucht einen sehr zuverlässigen Thermostaten, eine Bedingung, die, wie wir weiter oben gesehen haben, eine Reihe geologischer und atmosphärischer Randbedingungen voraussetzt. Je größer zudem das Lebewesen ist, desto anfälliger ist es für Bedrohungen, desto mehr Energie benötigt es zum Überleben und desto schwerer kann es sich an plötzliche Umweltveränderungen anpassen. Weil man sich nur schwer vorstellen kann, wie Intelligenz – hier oder an jedem anderen Ort – ohne Millionen von Jahren der Fortentwicklung mehrzelliger Lebewesen entstanden sein könnte, würde die Entdeckung mehrzelliger

Außerirdischer dem Glauben einen großen Schub verleihen, dass es dort draußen noch andere intelligente Wesen gibt. Doch auch dann sollte nicht vergessen werden, dass die menschliche Intelligenz als Nebenprodukt willkürlicher kosmischer und evolutionärer Zufälle entstanden ist: Intelligenz ist *kein* Endziel der Evolution, wie 150 Millionen Jahre der Dinosaurier gezeigt haben. Aber ich würde als Erster zustimmen, dass die Entdeckung komplexen außerirdischen Lebens wirklich revolutionär wäre.

Im Jahr 1960 formulierte der Radioastronom Frank Drake eine Methode zur quantitativen Bestimmung der Wahrscheinlichkeit dafür, dass unsere Galaxie intelligentes Leben beheimatet. Seine Strategie, die Drake-Gleichung, bestand im Wesentlichen darin, die verschiedenen Faktoren, die für die Existenz intelligenten Lebens notwendig sind, miteinander zu multiplizieren. Der Vorteil der Gleichung und ihrer moderneren Varianten (wie sie zum Beispiel in *Unsere einsame Erde* erörtert werden) liegt darin, dass sie uns zu verstehen hilft, was nötig ist, damit sich intelligentes Leben auf einem Planeten herausbilden kann. Der Nachteil liegt darin, dass wir nicht wissen, welche Terme in die Gleichung mitaufgenommen und wie die Unsicherheiten der meisten von ihnen mit brauchbarer Genauigkeit bestimmt werden sollen. Obwohl die Anzahl der Sterne in der Milchstraße zum Beispiel ziemlich genau bekannt ist (zwischen 200 und 400 Milliarden), wissen wir nicht, welcher Anteil von ihnen Planeten mit einer bewohnbaren Zone hat, wie viele dieser Planeten Leben beheimaten, bei wie vielen davon es sich um komplexes Leben handelt und wie viele davon schließlich intelligentes Leben beherbergen. Sollten wir zudem Terme in die Gleichung miteinbeziehen, die den Anteil an

Planeten mit einem großen Mond, mit einer Plattentektonik und mit strahlungsabwehrenden Magnetfeldern quantifizieren? Die Auswahl der Terme, die in die Drake-Gleichung miteinbezogen werden, und ihre Bestimmung verrät eine Menge über die Absichten ihrer Anwender. Carl Sagan etwa lieferte eine erste Schätzung, nach der vielleicht eine Million Zivilisationen in unserer Galaxie zur Radiokommunikation imstande wären. Andere behaupten die Zahl sei eins: nämlich wir.

Wenn wir die Möglichkeit außerirdischen Lebens ernst nehmen, müssen wir eine Reihe von Konsequenzen betrachten. Die offensichtlichste, die schon Enrico Fermi 1950 bedachte, lautet: „Wo sind sie denn alle?" Unsere Galaxis ist etwa 13 Milliarden Jahre alt, mehr als doppelt so alt wie die Sonne. Wenn wir uns vorstellen, dass sich Leben in einem anderen Sternsystem entwickelt hat und dass es in seiner Evolution ein Stadium erreicht hat, in dem komplexe Lebewesen intelligent wurden, und wenn das vielleicht auch nur einige Millionen Jahre vor uns geschah, dann hätten einige dieser Aliens eine Menge Zeit gehabt, die erstaunlichsten Stufen technologischen Fortschritts zu erreichen. Wenn man bedenkt, was wir in nur vier Jahrhunderten moderner Wissenschaft erreicht haben, wäre ihre Technologie für uns die reinste Magie. Wenn sie wie wir Menschen vom Fernweh gepackt wären (aber was wissen wir schon über die Psyche von Aliens?), dann hätten sie die Mittel und genügend Zeit gehabt, die Galaxie vorwärts und rückwärts zu erkunden. Doch zumindest soweit wir wissen, haben sie die Galaxie noch nicht kolonisiert oder uns hier auf der Erde besucht. Wo sind sie also alle? Diese Frage wird manchmal Fermi-Paradoxon genannt.[21]

Eine Antwort lautet, dass sie hier waren und wieder verschwunden sind, ohne eine Spur zu hinterlassen. (Als Beweis für den Besuch von Außerirdischen nicht sehr geschickt.) Eine andere lautet, dass sie vor langer Zeit hierhergekommen sind und das Leben hier selbst angesiedelt haben: Die Erde als Zoo für Aliens, als Labor für Evolutionsbiologie. Für uns, als die Erdlinge aus Kubricks *2001: Odyssee im Weltraum*, wären diese Aliens von Göttern nicht zu unterscheiden. Einer anderen Antwort auf das Fermi-Paradoxon zufolge leben wir in einer virtuellen Animation. Wie in dem Film *Matrix* sind wir alle Gefangene, Opfer in einer unfassbar komplexen simulierten Illusion, die wir Leben nennen. Eine weitere besagt, dass sie hier sind, aber dass wir sie wegen ihrer Tarnung nicht sehen können. (Auch dies wäre als Beweis für den Besuch von Außerirdischen nicht besonders geschickt.) Ein ernsthafteres Argument, das ganz offensichtlich aus dem Kalten Krieg stammt, besagt, dass keine technisierte Zivilisation das Nuklearzeitalter überleben kann. Wie der Science Fiction-Klassiker *Der Tag, an dem die Erde stillstand* (1951) erkundete, sind junge Intelligenzen wie unsere moralisch zu unreif, um mit soviel Macht umgehen zu können. Demnach wären die meisten (alle?) außerirdischen Intelligenzen zu unreif, um mit der Macht der Selbstzerstörung umgehen zu können. Wir sehen sie nicht, weil sie nicht mehr existieren. Auch wenn dieses Argument attraktiv ist, ist es zu drastisch: Es fällt schwer, sich eine Zivilisation auszumalen, die solch zerstörerische Macht erlangt, dass sie alles Leben auf einem Planeten auslöschen könnte. (Natürlich können wir die Möglichkeit nicht ausschließen, dass irgendeine Zivilisation wie in *Star Trek* einen Weg gefunden hat, einen ganzen Planeten mit Hilfe „roter Materie“ implodieren zu lassen. Aber ich halte mich hier an das, was uns plausibel erscheint.) Selbst im Anschluss an so eine schreckliche Katastrophe würden einige Lebewesen überleben, und wahrscheinlich wären darunter auch intelligente. Jede Lebensform trägt eine Form von Überlebensinstinkt in sich. Wenn sie uns auch nur ähneln, dann würden sie von vorn anfangen und sich an einen Wiederaufbau machen und dabei hoffentlich einen friedvolleren Weg einschlagen. Dies ist natürlich nur möglich, solange die Zerstörung nicht das hoffnungslose Ausmaß von Cormac MacCarthys *Die Straße* erreicht, in dem die Erde bis auf wenige Menschen buchstäblich tot ist.

Tatsächlich werden wir „sie“ vielleicht niemals feststellen, selbst wenn „sie“ dort draußen sind. Faktisch gesehen sind wir, bis wir etwas anderes erfahren – und das könnte sehr, sehr lange dauern – allein. Und diese Erkenntnis sollte verändern, wie wir uns und die Welt, in der wir leben, sehen.

55
Kosmische Einsamkeit

Aller Begeisterung zum Trotz, die intelligentes Leben und UFOs erwecken, sagt uns die aktuelle Wissenschaft, dass es, wahrscheinlich auf lange Sicht, nur uns gibt. Falls nicht die Radioastronomen des SETI-Projekts, der Suche nach außerirdischem Leben (Search for Extraterrestrial Intelligence) entgegen aller Wahrscheinlichkeit eindeutige Beweise von intelligentem Leben an einem anderen Ort finden, müssen wir der Tatsache ins Auge sehen, dass wir – in allen praktischen Belangen – allein sind. Wir sind einigen der Argumente auf den Grund gegangen, die für die Seltenheit von Leben und erst recht von intelligentem Leben sprechen. Neben all den geophysikalischen und biologischen Hindernissen sind solche Lebewesen für uns in der Ferne des Weltalls verschollen, selbst wenn es sie geben sollte. Als Beispiel dafür, wie schwierig es ist, interstellare Entfernungen zu überwinden, würde eine Reise zu Alpha Centauri, dem Stern, der der Sonne am nächsten ist, mit unseren schnellsten Raumschiffen etwa 100 000 Jahre dauern. Und das zu unserem nächsten Nachbarn! Selbst wenn wir einen Weg finden würden, uns mit sagen wir einem Zehntel der Lichtgeschwindigkeit fortzubewegen, würde solch eine Reise 45 Jahre dauern. Sicher könnten wir uns vorstellen, dass wir lebenserhaltende Biosphären konstruieren könnten, die genügend Menschen und terrestrische Flora und Fauna aufnehmen könnten, um tausenden von Generationen das Überleben zu ermöglichen, bis sie andere Sonnensysteme erreichten. Aber aus unserer Perspektive eines kurzen Menschenlebens ist physischer Kontakt mit Außerirdischen extrem unwahrscheinlich.

Den SETI-Enthusiasten stimme ich von ganzem Herzen zu, dass wir eine Chance haben, intelligentes außerirdisches Leben zu entdecken, wenn wir nur danach suchen. Hinweise könnten sich aus Radiosignalen, aus außerirdischem Weltraummüll oder sogar aus gigantischen, astronomischen Bauprojekten ergeben. (Mit einer Entschuldigung an diejenigen, die glauben, dass Aliens bereits hier sind oder öfter hierher kommen – ein Besuch von „ihnen" ist nahezu undenkbar.) Wie bei der Suche nach jeglichen Anzeichen von Leben im Sonnensystem wäre es so außerordentlich viel wert, einen Beweis für intelligentes außerirdisches Leben zu finden, dass sich die Suche lohnt. Es wäre tatsächlich wundervoll, wenn SETI erfolgreich wäre; die Welt wäre nie wieder die gleiche, wie Carl Sagans Roman *Contact* so genial vermittelt. Wir wüssten, dass wir nicht allein im Universum wären, dass es dort draußen noch andere denkende Wesen gäbe, die sich Gedanken über das Mysterium der Existenz machen. Dennoch wäre Kommunikation ein hoffnungsloses Unterfangen. Wegen der Beschränkung durch die Lichtgeschwindigkeit wäre es uns unmöglich, eine Unterhaltung zu führen. Man stelle sich vor, intelligente Aliens lebten auf einem Planeten von Alpha Centauri. Selbst wenn wir davon ausgehen, dass ein geeigneter Kommunikationsweg oder eine Sprache festgelegt werden könnte (wie die Mathematik in *Contact* oder die Musik in Stephen Spielbergs *Unheimliche*

Begegnung der dritten Art), dann wäre die Unterhaltung nicht sehr lebhaft. Zwischen einer Botschaft und der darauffolgenden Antwort würden neun Jahre vergehen. Im besten Fall wäre die ursprüngliche Botschaft lang und komplex genug, um uns so lange zu beschäftigen, bis die nächste einträfe. Aber ganz ehrlich betrachtet haben wir auch nach 50 Jahren SETI und 10 000 Jahren Zivilisation nichts als vollkommene kosmische Stille und absolut keine überzeugenden Hinweise auf Besuche von Außerirdischen, ein Sonnensystem ohne jegliche naheliegende Form aktiven Lebens, und Sternsysteme, die weit weg und wahrscheinlich ganz anders als unsere sind. Selbst wenn intelligente Lebensformen irgendwo in unserer Galaxie existieren, werden wir wohl niemals von ihren hören oder von ihrer Existenz erfahren. Selbst wenn wir nicht allein sein sollten, es fühlt sich jedenfalls so an.

56

Eine neue Zielsetzung für die Menschheit

Nach fünf Jahrtausenden der intensiven Suche und der Hoffnung auf irgendeine Art endgültiger Erklärung für alles, ob religiöser oder wissenschaftlicher Natur, ist es an der Zeit für eine Neuorientierung. Freilich hat uns die Suche neue Reiche des Wissens eröffnet, während wir einige der tiefsten Geheimnisse der Natur enthüllt haben. Wir haben unserer Fantasie Flügel wachsen lassen, großartige Werke der Musik, der Literatur und der Kunst geschaffen, um unserer Sehnsucht nach Verständnis und nach einander Ausdruck zu verleihen. Der allererste Mensch starb verzaubert vom Mysterium des Daseins. Und genau so wird es der Letzte tun. Wir werden weiter suchen und erschaffen. Aber wir müssen unseren Blickwinkel ändern. Die Wissenschaft hat uns gezeigt, dass der Verstand, angetrieben von der Leidenschaft der Entdeckung, unser mächtigstes Werkzeug ist, wenn es um Antworten auf Fragen zur Welt der Dinge geht. Wenn man bedenkt, wie unsere ersten Gedanken zu unseren Ursprüngen in Form mythischer Malereien Gestalt annahmen, ist es nicht weiter verwunderlich, dass die Wissenschaft die gleiche mythische Sehnsucht nach endgültigen Erklärungen in sich trägt. Doch die Natur versucht uns etwas anderes zu sagen.

Unserer Sehnsucht nach den Harmonien zum Trotz sagt uns die Natur, dass Asymmetrien die Quelle ihrer schöpferischen Kraft sind, die, vom ganz Kleinen bis hin zum ganz Großen, tief in der Welt verankert sind. Wir erhoffen uns vollkommene Symmetrie, formulieren mächtige Gleichungen, um sie zu beschreiben, und merken, dass unsere Lösungen nur Annäherungen an eine unvollkommene Wirklichkeit sind. So sollte es sein. Aus Asymmetrie entspringt Ungleichgewicht, aus Ungleichgewicht entspringt Veränderung, aus Veränderung entspringt Werden, das Erscheinen von Struktur. Einige der fundamentalen Symmetrien der Teilchenphysik müssen verletzt sein, damit Materie existieren kann. Das Universum als Ganzes könnte aus einer Quantenfluktuation aus einem zeitlosen Reich hervorgegangen sein, in dem viele Universen koexistieren: ein Zufall, der die Saat der Existenz in sich trug. Aus Beliebigkeit entwickelte sich der Kosmos und erzeugte die leichtesten chemischen Elemente. In unsichtbare dunkle Materie gehüllte Wasserstoffwolken kollabierten unter ihrer eigenen Schwerkraft, um die ersten Sterne und Galaxien zu bilden. Milliarden von Jahren später sammelte ein Planet voller Wasser auf seiner Bahn um einen Stern die Zutaten an, die das Leben ermöglichten. Nach langem Durcheinanderwirbeln und vielen verheerenden Kollisionen beruhigte sich der Planet, und aus dem Urzeitschlamm erwuchsen Moleküle und verbanden sich, um zum ersten Lebewesen zu verschmelzen. Milliarden von Jahren darauf begannen unsere Vorfahren über die Schöpfung nachzudenken. Einsam betrachteten sie den Himmel voller Angst und Ehrfurcht.

Wir haben viel darüber gelernt, wo wir sind und woraus wir bestehen. Unsere fantastischen Instrumente haben unseren Blick auf die Welt und das Universum extrem erweitert. Wir haben auch gelernt, dass es vieles gibt, was wir nicht wissen, und vieles, was wir auch niemals wissen werden. Die Reichweite unserer Erkenntnis ist groß, aber nicht unbegrenzt. Die Natur muss sich nicht an unsere Träume und Vorstellungen halten. Die Wissenschaft sagt uns, wie die Natur funktioniert, und nicht, wie sie funktionieren sollte. Als wir von unserem Heimatplaneten aus ins All vorzudringen begannen und Sonden ins Sonnensystem aussandten, waren wir fasziniert, wie verschieden, wie karg und großartig, doch wie teilnahmslos gegenüber Leben die anderen Planeten sind. Wir sehnen uns schon zu lange nach den Harmonien; wir sehnen uns schon zu lange nach kosmischen Gefährten – ob göttlicher oder außerirdischer Natur. Wir müssen einsehen, dass wir allein im Kosmos sind, vielleicht nicht absolut betrachtet – wir können niemals mit Sicherheit sagen, was jenseits unserer Instrumente liegt –, aber zumindest praktisch gesehen. Das macht uns tatsächlich zu etwas ganz Besonderem. Und das gibt der Menschheit eine neue Bedeutung.

Manche mögen mir vorwerfen, eine neue Art anthropozentrischen Weltbildes wiedereinführen zu wollen. (*Humanozentrisch* würde besser passen.) Sie haben recht, aber nicht, wenn sie meinen, mein Anthropozentrismus wäre mit dem vorkopernikanischer Zeiten verwandt. Ja, ich sage, dass wir einzigartig und bedeutend sind. Aber nicht, weil wir von einem Gott erschaffen worden sind oder weil wir das Ergebnis eines zielgerichteten kosmischen Plans sind. Wir sind einzigartig und bedeutend, weil wir leben und unserer selbst bewusst sind. Alles, was wir heute wissen und was wir wahrscheinlich bis in die ferne Zukunft wissen werden, deutet darauf hin, dass wir die Einzigen sind, die Fragen stellen. Wir sind vielleicht nicht das Maß aller Dinge, aber wir sind die Einzigen, die Dinge messen können. Die Erkenntnis, dass wir allein im Kosmos sind, ist ein Weckruf für ein neues Bewusstsein. Menschen! Erwacht und rettet das Leben mit allem, was ihr habt. Das Leben ist kostbar. Beschützt und verehrt es, erhaltet es und verbreitet es im Universum. Das ist unsere höchste Mission als Verstand des Weltraums.

Der Zeitpunkt für diese Erkenntnis könnte nicht kritischer sein. Der rasante Fortschritt und die Verheißung von Reichtum und einem besseren Leben haben uns gegenüber dem Schaden, den wir unserem Planeten zufügen, blind gemacht. Ja, wir müssen unser Leben meistern, ernten, bauen und die Ressourcen der Erde erschließen. Aber wir können nicht mit unserem jetzigen Tempo weitermachen und die Zerstörung ignorieren, die wir über unseren Planeten und das kostbare Leben, das er beherbergt, hereinbringen.[22]

Der Klimawandel schreitet voran, und pro Jahr sterben rund 30 000 Arten aus – eine erschreckende Rate. Wir erleben das größte Massenaussterben seit dem Untergang der Dinosaurier vor 65 Millionen Jahren. Der Unterschied ist, dass zum ersten Mal in der Geschichte wir Menschen die Verantwortung dafür tragen müssen. Wir zerstören Lebensräume, vergiften Flüsse, zerfurchen Berge und Wälder, überfluten Täler, führen vollkommen unbedacht Arten in neue Umgebungen ein, töten, fischen und jagen ungestraft bedrohte Arten. In unserer Raserei vergessen wir, dass die Ressourcen und die Belastbarkeit unserer Erde begrenzt sind. Das Leben hat sich von den bisherigen fünf Massenaussterben erholt, weil sich die physischen Ursachen irgendwann legten. Wenn wir kein Verständnis dafür entwickeln, was vor sich geht, und nicht anfangen, gemeinsam als Spezies zu handeln, könnte es sein, dass wir unser eigenes Ende herbeiführen. Wir werden nur dann eine Änderung zum Guten in globalem Maßstab bewirken, wenn wir wirklich verstehen, wie wertvoll und wie kritisch unsere Lage auf diesem blassen, blauen Punkt im All ist. Leider spielen sich Artensterben und Klimawandel für gewöhnlich auf viel zu großen Zeitskalen ab, um sie im Laufe eines menschlichen Lebens begreifen zu können. Wir „sehen" die drohenden Vorgänge nicht schnell genug ablaufen, um Angst zu verspüren. Wir fühlen keine Pistole an der Schläfe, die uns zu einer Reaktion zwingt. Wie weit müssen wir uns dem Kollaps unseres Planeten nähern, bevor wir so viel Angst bekommen, dass wir unser Verhalten ändern? Wie lange wollen wir abwarten, bis wir überzeugt sind, dass es so nicht weitergehen kann?

Ich weiß, dass ich wie ein Untergangsprophet klinge, und es gefällt mir eigentlich nicht. Ich habe ein ganzes Buch über das Verhältnis zwischen der Wissenschaft und apokalyptischen Prophezeiungen geschrieben.[23] Manche mögen diese Zeilen kalt lassen, und sie werden sich einfach wieder ihren eigenen Dingen zuwenden. Aber ich hoffe, nicht zu viele. Ich hoffe, dass sie sich, sobald sie einmal erkannt haben, wie kostbar die Erde ist, wie kostbar komplexes Leben ist, wie fragil und wie wertvoll unser Dasein ist, dem Ziel zu überleben anschließen. Wir brauchen eine neue Moral, die sich an der Erhaltung des Lebens auf der Erde und eines Tages vielleicht an seiner Ausweitung über den Kosmos orientiert. Aber für jeden einzelnen von uns beginnt die Arbeit vor der eigenen Haustür.

Das Erstaunlichste an unserer Existenz ist, dass wir ihrer bewusst sind. Das Ernüchterndste ist, dass wir wie unsere Vorfahren beim Reflektieren der Schöpfung allein bleiben. Weil leider nur Kriege und gemeinsame Feinde Nationen vereinen, sollten wir uns zusammentun und als eine gemeinsame Spezies ums Überleben kämpfen. Aber anders als in unseren früheren und heutigen Kriegen wird das kein Krieg um Grenzen oder Konfessionen sein. Dieser Krieg wird zwischen unserer Vergangenheit und unserer Zukunft ausgetragen. Gewonnen werden kann er nur in der Gegenwart.

Epilog
Der Garten der Lüste

Als kleiner Junge wohnte ich in einem verzauberten Garten. Nicht immer, denn der Garten gehörte zum Haus meiner Großeltern in den Bergen um Rio de Janeiro. Aber wenn der Sommer kam, und ich wusste, dass es wieder einmal an der Zeit war, unsere Koffer zu packen, um für drei Monate nach Terezópolis zu fahren, dann ging alles leichter. In dem großen, alten Haus war die Dunkelheit mein Freund und nicht mein Feind. Es gab keine Monster, die in den Schatten lauerten, keine Reißzähne, die sich in meinen Hals bohren wollten. Nachts ging ich mit meinen Cousins hinaus, um auf dem Rasen zu liegen und zu sehen, wer die meisten Sternschnuppen zählen konnte. Wenn der Himmel bedeckt war, suchte ich mir einen Bambusstock und ging auf Fledermausjagd, indem ich mit dem Stock durch die Luft wirbelte. Die armen Geschöpfe versuchten dann, die Bewegung des Stocks auszuloten und kollidierten dabei mit ihm. Ich wollte sie mir aus der Nähe ansehen, diese Vampirfreunde (von denen einige selbst Vampirfledermäuse waren).

Einmal, in einer guten Nacht, gelang es mir, zwei Fledermäuse zu fangen, von denen eine überlebte. Kinder sind grausam. Aber mit acht oder neun war ich vollauf damit beschäftigt, eine mir fremde Welt zu erkunden, eine Welt voller Leben mit allen möglichen Geschöpfen, die ich in unserer Wohnung in Rio nie zu sehen bekam. In dem alten Haus anzukommen war wie ein Paralleluniversum zu betreten, in dem ein anderer Marcelo lebte, der mutig und neugierig war. Ich legte beide Fledermäuse in eine große Dose und versuchte mein Glück mit Fröschen. Nach einiger Zeit sah ich wieder nach den Fledermäusen. Diejenige, die überlebt hatte, saß auf der anderen, ihre Zähne tief in deren Hals gekrallt. Die Vampirfledermaus versuchte auf die einzig mögliche Art, die sie kannte, zu überleben. Ich war begeistert. Aufgeregt lief ich zu meiner Großmutter, um ihr meinen Fang zu zeigen. Die alte ukrainische Dame fiel beinah in Ohnmacht. Was in meinen Augen ein eindeutiger Beweis für die Unerbittlichkeit der Natur (und meine Tapferkeit) war, war für sie ein ekelerregender Anblick. Ich brachte die Fledermäuse ins Freie, beerdigte die tote und ließ die andere im Wald frei. Von da an behielt ich meine Beute für mich.

Die Tage waren genauso zauberhaft wie die Nächte. In den Tropen aufzuwachsen ist ein wunderbarer Zugang zum Reich der Natur. Das Leben explodiert in allen Formen und Größen, von winzigsten Spinnen zu riesigen, schillernd blauen Schmetterlingen, von unzähligen Arten von Orchideen, Hyazinthen, Hibiskus und Riesenfarnen bis hin zu Vögeln in allen Farben. Mit der Lupe in der Hand streunte ich durch den Garten und untersuchte alles, was sich bewegte. Das Leben hier war definitiv glitschig! Aber ich hatte genügend Verstand, meine Käfer nicht einfach nur zu zerquetschen. Ich sammelte sie. Dutzende von Gläsern voller in Alkohol konservierter Exemplare meiner Krabbeltiersammlung reihten sich entlang der Wände meines Schlafzimmers: Spinnen, Ameisen, Käfer, Bienen, Wespen,

Tausendfüßler, herrliche Gottesanbeterinnen, das ein oder andere Wandelnde Blatt, und so weiter. Sobald ich eine neue Art fand, versuchte ich sie in meinen Büchern nachzuschlagen, um das Glas mit ihrer genauen Bezeichnung zu beschriften. Ich wollte die Natur als Teil meines Lebens, nicht als etwas, das man ab und zu aus der Ferne betrachtet und bestaunt. Es gab keinen Ort, an dem ich glücklicher war als in diesem Garten. Meine Augen füllten sich jedes Mal mit Tränen, wenn ich zurück in die große Stadt musste. (Obwohl es für seine fantastischen Strände und seine Schönheit berechtigterweise berühmt ist, ist Rio eine Metropole mit rund zehn Millionen Einwohnern.)

An dem Tag, an dem das alte Haus verkauft wurde, starb etwas in mir. Wie konnte ich akzeptieren, dass das Paralleluniversum voll magischen Lebens von nun an nur noch in meiner Erinnerung weiterleben sollte? Einige Jahre später kauften meine Eltern ein anderes Haus in Terezópolis. Und obwohl es ein hübsches Haus war, war es nie mehr so wie früher. Was es noch schlimmer machte, war, dass wir jedes Mal am alten Haus vorbeifahren mussten, um zu dem neuen Haus zu gelangen. Und jedes Mal, wenn wir dort vorbeifuhren, sah ich, dass ihm wieder ein kleiner Teil genommen worden war. Der Garten war als erstes weg; dann der Magnolienbaum; dann die Wiesen. Mir wurde gesagt, dass sich in dem Haus nun ein Seminar befand. Anscheinend hatten die Bibelschüler keine Zeit oder keinen Sinn für irdische Dinge. Wie in Edgar Allen Poes *Der Untergang des Hauses Usher* war auch das alte Haus gestorben.

Ich erzähle diese Geschichte, weil sie etwas über das tiefe Gefühl eines verlorenen Paradieses vermittelt. Ein ähnlicher Verlust könnte uns in den kommenden Jahrzehnten bevorstehen. Noch haben wir die Chance, den Lauf der Dinge zu ändern und die Welt, in der wir aufgewachsen sind und die wir lieben, zu retten. Selbst wenn manche Zweifel daran haben, wie schwer der heraufziehende Sturm werden wird: Einen Sturm wird es geben. Die ersten Regentropfen fallen bereits.

Wir sollten die Zukunft unserer Kinder nicht aufs Spiel setzen. Ich habe selbst vier und hoffe, eines Tages ihre Kinder mit der Lupe in der Hand durch meinen Garten streunen zu sehen, voll glückseligem Staunen über all das glitschige, wimmelnde Leben darin.

Anmerkungen

Teil I

1. In gewisser Weise tut sie das, wenn Stromstöße ein stillstehendes Herz wieder zum Pumpen bringen. Doch die Frage, warum sich manche Herzen wiederbeleben lassen und andere nicht, bleibt unbeantwortet. Wenn Ärzte das wüssten, würden sie nicht so viel emotionale und physische Energie auf Wiederbelebungsversuche verwenden, die schließlich scheitern. Die Grenze zwischen Leben und Tod bleibt im Dunkeln.
2. The Pew Forum, U.S. Religious Landscape Sourvey, http://religions.pewforum.org (Stand: 15.7.2011).
3. The Largest Atheist / Agnostic Populations, http://www.adherents.com/largecom/com_atheist.html (Stand: 15.7.2011).
4. Dawkins verwahrt sich gegen Anschuldigungen, ein Fundamentalist zu sein, da er im Gegensatz zu religiösen Fundamentalisten seine Meinung ändern würde, sobald man ihm Beweise vorlegte. Ich möchte meinen, ein orthodoxer Rabbi oder ein Mullah würden auch zum Christentum konvertieren, wenn Jesus auf einem Regenbogen in ihr Wohnzimmer schweben würde. Aber vielleicht bin ich zu optimistisch, und sie würden sagen, es sei der Teufel, der sie in Versuchung führe.
5. Selbst in polytheistischen Religionen gibt es für gewöhnlich einen Alpha-Gott. Bei den alten Griechen war Zeus der Herr des Olymps, der allmächtige Herrscher unter den Göttern. Bei den Hindus ist Brahman das allem innewohnende Grundwesen der Dinge, der göttliche Grund von Zeit, Materie und Raum und

der Schöpfer und Zerstörer allen Seins. In einigen Varianten des Buddhismus, angeblich einer Religion, die keinen Gott hat, nimmt die Gestalt Buddhas eine übermenschliche, transzendente Form an, die den physischen Tod Siddharta Gautamas, des Gründers, überlebt. Im Mahayana-Buddhismus stellt die zentrale Vorstellung des Dharmakaya das ewige Wesen aller Dinge, das wahre Wesen des Universums dar. Hier geht es jedoch hauptsächlich um die Vorstellung einer zentralen Gottheit, die in der einen oder anderen Gestalt in allen großen Weltreligionen auftaucht.

6. Churcher, B., The Discovery of Pella's Canaanite Temple, http://www.astarte.com.au/html/pella_s_canaanite_temple.html (Stand: 15.7.2011). Saldana, S., Temple reveals secrets of the one God, http://cogweb.ucla.edu/Culture/Monotheism.html (Stand: 15.7.2011).
7. Holton, G. (1996), S. 161.
8. Berlin, I., „Logical Translation", in: Berlin, I. (1979).
9. Leser, die sich etwas genauer mit der Entstehung und Entwicklung des pythagoreischen Traums beschäftigen möchten, verweise ich auf Kahn, Ch. (2001).
10. Heutige Zahlen sind 1 427 Millionen Kilometer für die mittlere Entfernung des Saturn von der Sonne und 778 Millionen Kilometer für die des Jupiter, ein Verhältnis von 1,83:1, was ziemlich nah bei 2:1 liegt. In der Antike beruhten die Zahlen wahrscheinlich auf den Perioden der Umlaufbahnen und nicht auf ihren jeweiligen Entfernungen von der Erde, die die Menschen damals nicht kennen konnten. Nach dieser Methode ist die Übereinstimmung nicht so gut: Der Saturn mit etwa 29 Jahren und der Jupiter mit 12 Jahren ergeben ein Verhältnis von 2,4:1.
11. Nicht, dass Kopernikus die Epizykel abgeschafft hätte. Sie waren noch immer ein Teil seines Modells, mit dem er versuchte, kreisförmige Umlaufbahnen in Einklang mit astronomischen Beobachtungen zu bringen. Das Problem, dem er und andere sich gegenüber sahen, bestand darin, die mitunter sehr ovalen Bahnen der Planeten nur mit Kreisen zu modellieren. Ein Epizykel ist einfach ein imaginärer Kreis, der an einem größeren Kreis befestigt ist. Dreht sich der größere Kreis, dreht sich der

Planet mit, wie eine Person in einem Riesenrad. Nun kann sich jedoch auch die Gondel am Riesenrad (der Epizykel) drehen. Nimmt man die beiden Kreisbewegungen des größeren Kreises (des Riesenrades) und des Epizykels (der Gondel, in der die Person sitzt) zusammen, lassen sich komplizierte Umlaufbahnen (die Bewegung der Person selbst) konstruieren. Ptolemäus hatte Epiyzkel dazu verwendet, Vorhersagen über die Positionen der Planeten am Himmel zu treffen, die bis auf eine Abweichung von der Größe eines Monddurchmessers zutreffen – eine fantastische Leistung.

12. Eine spannende Geschichte des Buches und seiner Leser im Verlauf der Jahrhunderte findet sich in Gingerich, O. (2004).
13. Es ist möglich, dass es Mästlins eigentliche Absicht war, Kepler vor seinen noch radikaleren Kollegen zu schützen. Wir werden es niemals wissen.
14. Uranus und Neptun waren zur Zeit Keplers ja noch nicht bekannt.
15. Die Einzelheiten sind ziemlich kompliziert, aber in der Regel lag die Abweichung bei höchstens 5 Prozent. Interessierte Leser, die Englisch beherrschen, können einen Blick in E. J. Aitons Vorwort seiner bei Abaris Books, New York, 1981 erschienenen englischen Übersetzung des *Mysterium Cosmographicum* werfen.
16. Es zeugt davon, wie die Wissenschaft ständig in Bewegung ist, dass mit der Herabsetzung des Pluto zu einem „Plutoiden", einem Zwergplaneten, dessen Eigengravitation gerade ausreicht, um annähernd kugelförmig zu werden, die Anzahl der Planeten vor kurzem von neun auf acht abgenommen hat.
17. Das erste besagt, dass die Umlaufbahnen im Allgemeinen Ellipsen und keine Kreise sind. Das zweite ist der Flächensatz: Die Verbindungslinie Sonne-Planet überstreicht in gleichen Zeiten gleich große Flächen, was eine Folge der höheren Beschleunigung in der stärkeren Schwerkraft nahe der Sonne ist. Das dritte, das Kepler das „harmonische Gesetz" nannte, bestimmt das Verhältnis zwischen der Umlaufzeit eines Planeten und seiner mittleren Entfernung von der Sonne.
18. Holton, G. (1996).

Teil II

1. Viele Bücher erzählen die Geschichte des Urknallmodells ausführlich, darunter auch mein *The Dancing Universe*. Einige davon finden sich im Literaturverzeichnis.
2. In nichtmagnetischen Materialien rotieren die Elektronen in willkürlichen Richtungen, und die Gesamtmagnetisierung, die sich aus der Summe aller einzelnen Beiträge ergibt, verschwindet oder ist sehr klein.
3. In Materie wie Wasser oder Luft bewegt sich Licht – zumeist allerdings nicht viel – langsamer.
4. Das Magnetfeld der Erde wird in ihrem Kern erzeugt, der hauptsächlich aus einer riesigen, rotierenden Kugel aus flüssigem Eisen besteht. Die Details der Rotation des Kerns bestimmen die Richtung des Feldes und damit die Lagen der beiden zugehörigen Pole. Darum sind die magnetischen Pole der Erde in ständiger Bewegung, und die exakte Übereinstimmung mit den geographischen Polen wird somit sehr unwahrscheinlich. Tatsächlich haben die Pole ihre Richtung im Verlauf der vergangenen Jahrmilliarden mehrfach vertauscht und werden das wahrscheinlich auch wieder tun.
5. Noch fortschrittlichere vereinheitlichte Theorien, die in Teil III betrachtet werden, sagen die Existenz einer anderen Art magnetischer Monopole vorher. Auch sie sind nicht beobachtet worden.
6. Genaugenommen kann unser Auge elektromagnetische Strahlung mit Wellenlängen zwischen 380 und 750 nm wahrnehmen, wobei ein Nanometer (nm) einem Milliardstel Meter entspricht; 1 nm = 10^{-9} m = 0,000 000 001 Meter.
7. Tatsächlich ist die Sache noch etwas komplizierter. Möglicherweise gibt es auch noch Teilchen von dunkler Materie. Dabei handelt es sich um exotische Teilchen, die noch unentdeckt und nicht mit gewöhnlicher Materie verwandt sind. Auf ihre Existenz schließen wir aus der Art und Weise, wie sich Galaxien drehen und in Galaxienhaufen bewegen: Galaxien scheinen wesentlich mehr Masse mit sich zu führen, als in Sternen und Gas-

wolken auszumachen ist. Ein Teil davon könnte zu Planeten und sehr dunklen Sternen gehören, doch deuten Messungen darauf hin, dass es davon nicht genügend gibt. Die zusätzliche Masse sammelt sich in einem kugelförmigen Bereich um die sichtbare Galaxie, und man nimmt an, dass sie aus einer (oder mehreren) neuen Sorte(n) von Materieteilchen besteht. Wir werden uns der dunklen Materie bald wieder zuwenden.

8. Penzias und Wilson erhielten 1978 den Nobelpreis für ihre Entdeckung des kosmischen Mikrowellenhintergrundes im Jahr 1965. Gamow starb bereits 1968 und hatte leider nicht mehr viel Zeit, um gebührend zu feiern. Ralph Alpher traf ich 2005 in seinem Haus in Tampa, Florida. Auch sein freundliches Auftreten konnte die enorme Enttäuschung darüber nicht verbergen, wie man sein Werk praktisch vergessen hatte. Am 27. Juli 2007 nahm sein Sohn von George W. Bush für ihn die Nationalmedaille der Wissenschaft, die höchste wissenschaftliche Auszeichnung in den USA, entgegen. Ralph Alpher verstarb 16 Tage darauf.
9. So traurig, wie es ist: Bis heute töten Menschen für ihre Götter, wie sie das seit Jahrtausenden getan haben. Ihr Motto lautet weiterhin: „Wir vertrauen auf (unseren) Gott".
10. In Gleiser, M. (2002) habe ich die verschiedenen Stadien im Leben eines Sterns ausführlich geschildert. Im Literaturverzeichnis finden sich Verweise auf weitere Bücher.
11. Alle Elemente und ihre jeweiligen Eigenschaften sind durch die Anzahl der Protonen in ihrem Kern bestimmt. Die Neutronen, die ebenfalls Teil der Kerne sind, spielen eine wichtige Rolle für die Stabilität der Wechselwirkungen, die die Kerne zusammenhalten. Der Zusammensetzung eines Elementes aus Protonen und Neutronen ist eine Bindungsenergie zugeordnet, nämlich die Energie, die notwendig wäre, um den Kern auseinanderzureißen. Von allen Kernen hat Eisen die höchste Bindungsenergie. Wenn in Sternen am Ende ihres Lebens die schweren Elemente verschweißen, ist dies für Eisen besonders vorteilhaft und macht es zu einem der am häufigsten vorkommenden schweren Elemente.
12. Neptunium, das Element mit der Ordnungszahl 93 (mit 93 Protonen im Kern) und Plutonium, das 94. Element, kommen in

Uranerzen vor, wenn auch nur in Spuren. Elemente mit höherer Ordnungszahl, beginnend mit Americium, dem Element mit der Ordnungszahl 95, werden künstlich im Labor erzeugt.

13. Ein Proton ist zwar genaugenommen keine Kugel mit einem wohldefinierten Radius, man kann ihm aber eine Länge, die sogenannte Compton-Wellenlänge, zuordnen. Sie beträgt 0,13 billionstel Zentimeter, also $1{,}3 \cdot 10^{-13}$ cm.
14. Leser, die mehr über die Stringlandschaft erfahren möchten, sollten sich Leonard Susskind, L. (2006), zuwenden.
15. Eine Schilderung der konkurrierenden Theorien einer Quantengravitation findet sich in Smolin, L. (2001).
16. Ein Lichtjahr ist der Weg, den das Licht auf der Reise durch den leeren Raum im Verlauf eines Jahres zurücklegt. Dies sind etwa 9,5 Billionen Kilometer bzw. 63 000-mal der durchschnittliche Abstand zwischen Erde und Sonne.
17. Warum nicht einfach 14 Milliarden Lichtjahre? Das wäre das Ergebnis, wenn sich der Raum nicht ausdehnen würde. Weil er das aber tut, bekommt das Photon durch den Raum, der sich hinter ihm dehnt, Schwung – wie ein Surfer, der von einer Welle getragen wird. Der Surfer (und die Photonen) können sich im gleichen Zeitraum weiter fortbewegen. Im Fall der Photonen bis zu dreimal so weit.
18. Der aktuell genaueste Wert liegt bei einer Temperatur von 2,725 Kelvin, was sich der Einfachheit halber zu 2,73 Kelvin runden lässt.
19. Exponentielles Wachstum ist sehr schnell. Stellen sie sich vor, Sie hätten ein Lineal, das genau einen Meter lang ist. Dehnte sich das Lineal exponentiell schnell aus und wäre es nach einer Sekunde 2,72 Meter lang, dann wäre es nach zehn Sekunden 22 026 Meter lang; nach 60 Sekunden wäre es 100 Billionen Billionen-mal so lang wie zu Beginn (genau: $1{,}14 \cdot 10^{26}$-mal so lang). In Alan Guths hervorragendem Buch *The Inflationary Universe* (Guth, A. (1979) ist der Ablauf der Inflation ausführlich geschildert. Eine neuere und ebenfalls sehr gut zu lesende Quelle ist Vilenkin, A. (2006).
20. Physikalische Theorien lassen sich diesbezüglich leichter analysieren. Man weiß, dass die Newton'sche Mechanik bei Ge-

schwindigkeiten nahe der Lichtgeschwindigkeit und auf atomaren Längenmaßstäben ihre Gültigkeit verliert. Im Gegensatz dazu kann man sich nur schwer vorstellen, unter welchen Bedingungen Darwins Evolutionstheorie ihre Gültigkeit verlieren könnte.

21. Man beachte, dass geringerer Druck den Raum schneller dehnt. Für diese Besonderheit ist die allgemeine Relativitätstheorie verantwortlich. Im Widerspruch zur herkömmlichen, Newton'schen Mechanik, die keine Aussage über die Auswirkung von Materie und Energie auf die Krümmung des Raums macht, können in der allgemeinen Relativitätstheorie sowohl Energie als auch Druck die kosmische Expansion beeinflussen. Die Auswirkung des Drucks widerspricht dabei der Intuition. Man kann sich den Druck als „massiv" vorstellen, sodass größerer Druck (größere „Masse") langsamere Ausdehnung bedeutet. Um den Raum also schneller expandieren zu lassen, muss der Druck kleiner sein. Dieses Konzept wird bei der Inflation auf die Spitze getrieben.
22. Ich finde den Begriff *negativer Druck*, wenngleich mathematisch korrekt, verwirrend. Schließlich lässt positiver Druck Luftballons größer werden. Man würde erwarten, dass negativer Druck etwas in sich zusammenfallen ließe, genau das Gegenteil ist in der Kosmologie der Fall; je kleiner der Druck, desto schneller ist ja die Expansion. Wenn wir den Druck wieder mit „Masse" vergleichen, besteht der Trick bei der Inflation darin, eine Sorte von Materie zu finden, die negativen Druck erzeugt, so als hätte sie „negative Masse": Anders als normale Materie mit verschwindendem oder positivem Druck, die dahin strebt, aufgrund ihrer eigenen Schwerkraftanziehung in sich zusammenzufallen, lässt das Material, das die Inflation antreibt, den Raum extrem schnell expandieren, so dass er sich so effektiv wie möglich ausdehnt. Einige Autoren nennen das Antischwerkraft, obwohl der Begriff irreführend ist. Die Schwerkraft bleibt weiterhin eine reine Anziehungskraft. Die abstoßende Wirkung betrifft ausschließlich die Geometrie des Raumes.
23. Während ich diese Zeilen schrieb, wurde der Physiknobelpreis 2008 verkündet. Die drei Preisträger – Yoichiro Nambu, Mako-

to Kobayashi und Toshihide Maskawa – haben genau das Prinzip vorangetrieben, dass Teilchen bei unterschiedlichen Temperaturen und Energien unterschiedliche Eigenschaften haben und sich unterschiedlich verhalten können. Insbesondere Nambu hatte sich von den qualitativen Änderungen anregen lassen, die in gewöhnlichen Stoffen wie Wasser oder Metalllegierungen auftreten, wenn die Temperatur einen kritischen Wert über- oder unterschreitet.

24. Mit der Inflation sind schon von Beginn an viele Namen verbunden. Auf die Gefahr, einige Kollegen auszulassen (wofür ich mich im Voraus entschuldige), zähle ich hier einige der wichtigsten Forscher aus den frühen 1980er Jahren auf: Andrei Linde, heute in Stanford; Andreas Albrecht, heute an der University of California in Davis; Paul Steinhardt, inzwischen an der Universität Princeton; Alexei Starobinsky vom Landau-Institut in Moskau; Stephen Hawking von der Universität Cambridge. Im Literaturverzeichnis finden Sie Verweise auf Bücher zu Kosmologie und Inflation.
25. Im Jahr 2006 versuchte auch ich, das ursprüngliche Inflationsszenarium zu retten, doch auch dieses Modell war nur einer von vielen Versuchen, indem es zwei skalare Felder statt nur eines verwendete. Andere beachtenswerte Versuche von vielen meiner Kollegen sind mit ähnlichen Problemen behaftet. Die Inflation ist eine Idee, die immer noch nach einem überzeugenden Modell sucht.
26. Man beachte, dass die Planeten auch die Sonne anziehen: Die Schwerkraft genügt dem dritten Newton'schen Axiom, das besagt, dass zu jeder Kraft eine gleich große, aber entgegengesetzte Kraft wirkt. Auf Grund ihrer großen Masse reagiert die Sonne aber kaum auf die Anziehungskraft der Planeten.
27. Monde können auch von Sternenlicht, das von ihrem Planeten reflektiert worden ist, schwach beleuchtet werden. Bei unserem Mond heißt dieses Phänomen Erdschein. Das ist der Grund, warum wir manchmal die dunkle Scheibe der Mondsichel „sehen“. Leonardo da Vinci war der Erste, der auf diese Erklärung kam.

28. Ein Beispiel: Galaxy Cluster Abell 2218 – a Cosmic Magnifying Glass, http://www.spacetelescope.org/images/heic9910b/ (Stand: 15.7.2011).
29. Die anderen vier Elementen sind wohl die fundamentalen Wechselwirkungen Schwerkraft, Elektromagnetismus, starke und schwache Kraft. Dies ist keine glückliche Namensgebung, denn das hypothetische Skalarfeld ist keine fundamentale Kraft, und Kräfte sind keine „Essenzen". Mit den anderen vier „Elementen" könnten aber auch andere Stoffe gemeint sein, die den Kosmos bevölkern: dunkle Materie, Photonen, Protonen und Neutronen (auch Baryonen genannt, sieht Teil III) sowie Neutrinos und Elektronen (auch Leptonen genannt).
30. In Brumiel, G., „A Constant Problem", *Nature* 448 (2007) S. 245–248.

Teil III

1. Weinberg, S. (1993). Frank Wilczek (Wilczek, F. [2008], S. 136) hat vor kurzem dieselbe Idee zum Ausdruck gebracht. Wilczek zitiert aus dem Drehbuch von *Amadeus* Salieris Kommentar zur Musik Mozarts: „Verrückt man nur eine einzige Note, und sie wäre nicht mehr ganz so vollkommen. Verrückt man eine ganze Phrase, und die gesamte Struktur bräche zusammen."
2. Das stimmt nur für den stark idealisierten Fall ohne die Einwirkung äußerer Felder, relativistischer Korrekturen der Bewegung des Elektrons um den Kern oder um sich selbst (des Spins) und vieler weiterer Effekte. Um die Auswirkung dieser Effekte zu analysieren, sind raffinierte und sehr erfolgreiche Näherungsmethoden entwickelt worden.
3. Zur Erinnerung: Der Impuls eines Objekts ist das Produkt aus seiner Masse und seiner Geschwindigkeit. Im Unterschied zur Energie, einer skalaren Größe, ist der Impuls ein Vektor, er hat also eine Richtung. Energie kann sich von einer Form in eine andere umwandeln (aus chemischer Energie kann zum Beispiel elektrische werden) und ebenso wie der Impuls (etwa in Stößen

zwischen einzelnen Komponenten eines Systems) übertragen werden. Ihr jeweiliger Gesamtbetrag bleibt in einem konservativen System jedoch erhalten.

4. Genaugenommen war Mendelejews Anordnung nicht ganz richtig. Die Elemente sollten nach ihrer Atomzahl sortiert werden, der Anzahl der Protonen im Kern, und nicht wie von Mendelejew angenommen nach ihrer Atommasse, der Summe von Protonen und Neutronen im Kern. Neutronen sind etwas schwerer als Protonen, was zu Fehlern beim Sortieren mancher Elemente führte.
5. Da Elektron und Positron die gleiche Masse haben, muss das Gammastrahlungsphoton mindestens eine doppelt so große Energie wie zwei Elektronenmassen (mal der Lichtgeschwindigkeit zum Quadrat) haben.
6. Ein Antiwasserstoffatom besteht aus einem Antiproton, dem Kern, das von einem Positron umgeben ist. Antihelium hätte einen Kern aus zwei Antiprotonen und zwei Antineutronen, der von zwei Positronen umgeben wäre. Antihelium ist erst 2011 erstmals beobachtet worden.
7. Diese Vorhersage hatten wird in Teil II besprochen.
8. Genauer gesagt enthalten zwölf Gramm Kohlenstoffatome ^{12}C $6 \cdot 10^{23}$ Atome, die berühmte Avogadrozahl.
9. Der Leser wundert sich vielleicht, warum sich nicht alle Materie und Antimaterie gegenseitig auslöschen würden, wenn die Symmetrie exakt wäre. Der Grund liegt in der Expansion des Universums. Während sich das Universum ausdehnt und größer wird, könnten nicht alle Teilchen und Antiteilchen einen Partner finden, um sich gegenseitig zu vernichten. Eine Anzahl von Streunern bliebe zurück. Dieser kosmologische Vorgang heißt Ausfrieren oder Freeze-out. Er bestimmt die relativen Häufigkeiten der Relikte der kosmischen Frühgeschichte.
10. Im Literaturverzeichnis sind einige Titel aufgeführt.
11. Gell-Mann, M. „A Schematic Model of Baryons and Mesons“, *Physical Review Letters* 8 (1964), S. 214.
12. Man beachte dabei, dass die Begriffe Energie und Temperatur in der Kosmologie häufig austauschbar verwendet werden. Die Temperatur des Universums wird üblicherweise über die der all-

gegenwärtigen Photonen definiert. Hohe Temperaturen (kosmologisch frühe Zeiten) entsprechen hohen Energien und umgekehrt.

13. Lindley, D. (1993).
14. Obwohl Juan Sebastián Elcano, Ferdinand Magellans zweiter Offizier, die erste Umsegelung der Erde erst 1522 vollendete, war die Kugelgestalt der Erde im Spätmittelalter und in der Renaissance weithin bekannt. Genaugenommen war sie seit der griechischen Antike bekannt und um 240 v. Chr. von Eratosthenes, dem dritten Leiter der berühmten Bibliothek von Alexandria, bewiesen worden.
15. Wie man an Weinbergs Epigraph zu Beginn des Buches erkennen kann, ändern sich die Dinge vielleicht.
16. Ich sollte betonen, dass sich Wilczek (Wilczek., F. [2008]) alle Mühe macht, Fakt und Spekulation auseinanderzuhalten. Allerdings schrieb er mir gegen Ende 2008 auch: „Sollte die Natur uns an der Nase herumgeführt haben, wäre ich sehr enttäuscht. Wir werden sehen."
17. Und selbst da muss man vorsichtig sein; Experimentatoren treffen eine Auswahl, welche Größen gemessen werden und wie sie die Filter einstellen, die mutmaßlich „unerwünschte" Daten aussortieren.
18. Magnetische Monopole hatten wir in Teil II behandelt.
19. Eine mathematische Operation kann sehr einfach sein, wenn man eins zu einer Zahl hinzuaddiert etwa, oder wenn man einen Würfel mit den Händen dreht. Auch wenn die Operationen in der Teilchenphysik komplizierter sind, wirken sie letztendlich auf Zahlen oder geometrische Objekte.
20. Schreibt man den Zerfall als Kern-1 $\rightarrow$ Kern-2 + Elektron, dann sieht man unter Verwendung von $E = mc^2$, dass die Energie des ausgestoßenen Elektrons wegen der Energieerhaltung gleich der Differenz der zwei Kernmassen (mal der Lichtgeschwindigkeit zum Quadrat) sein muss – falls keine weiteren Teilchen beteiligt sind.
21. Pauli hatte die Teilchen eigentlich Neutronen genannt. Als Chadwick 1932 *das Neutron* entdeckte, schlug Fermi in wunder-

barer italienischer Manier den Namen *Neutrino*, das kleine Neutron, vor.

22. Für die fachlich interessierten Leser: Im Standardmodell gibt es eine kleine Verletzung der Leptonenzahl über die *chirale Anomalie*, einen reinen Quanteneffekt.
23. Es sei denn, Sie gehören zu der kleinen Gruppe von Menschen mit *Situs inversus*. In diesem Fall wären Ihr Herz und alle Ihre wesentlichen Organe spiegelverkehrt: Herz und Magen auf der rechten, Leber und Blinddarm auf der linken Seite. Ihr Spiegelbild hätte, wie die meisten von uns, das Herz auf der linken Seite.
24. Eine kleine Warnung: Rotation ist ein Wort der klassischen Physik. Es ist verlockend und manchmal auch nützlich, sich Teilchen als kleine, sich drehende Kügelchen vorzustellen, aber das Bild ist unvollkommen und daher mit Vorsicht zu betrachten.
25. Genauer tritt der Spin eines Teilchens in Vielfachen von $\hbar/2$ auf, wobei $\hbar$ für das Planck'sche Wirkungsquantum dividiert durch 2π, steht. Das Planck'sche Wirkungsquantum legt den Maßstab für Quanteneffekte fest. Quantensysteme haben nur einige erlaubte Zustände, wie im Fall der zwei Spinzustände von Quarks und Leptonen: Ein Sprung zwischen zwei Zuständen ist ein dramatisches Ereignis. Klassische Systeme, wie zum Beispiel ein Kreisel, haben eine so gewaltige Anzahl von erlaubten Zuständen, dass ihr Verhalten stetig erscheint. Stellen Sie sich eine Kugel vor, die eine Treppe hinunterrollt (eine sprunghafte, unstetige Bewegung), und im Gegensatz dazu eine Kugel, die eine schiefe Ebene hinabrollt (stetige Bewegung).
26. Die Baryonenzahl (B) lässt sich am besten über die Anzahl der Quarks in einem Hadron definieren: B = (Anzahl der Quarks – Anzahl der Antiquarks)/3. Mesonen haben somit die Baryonenzahl null (ein Quark und ein Antiquark), während Protonen und Neutronen die Baryonenzahl +1 (drei Quarks und kein Antiquark) haben.
27. Man beachte wiederum die Avogadrozahl: Zwölf Gramm Kohlenstoff enthalten $6 \cdot 10^{23}$ Atome, also rund eine Billion Billionen Protonen. In einem Volumen, das 10^{30} Protonen enthält, würde man mindestens einen Zerfall pro Jahr erwarten.

28. Dan Hooper stellt die Supersymmetrie in Hooper, D. (2008) ausführlich vor und erklärt, was sie für viele so attraktiv macht.
29. Natürlich könnte das leichteste SUSY-Teilchen innerhalb weniger Jahre nach Veröffentlichung dieses Buches entdeckt werden, aber ich bin sehr skeptisch.
30. Im Herbst 2009, als dieses Buch verfasst wurde, gab es keine überzeugende Methode, die Neutrinomassen in der aktuellen Formulierung des Standardmodells unterzubringen. Viele sehen darin einen Hinweis auf die Unvollständigkeit des Standardmodells, und sicherlich ist es unvollständig. Ob und wie es sich vervollständigen lässt, bleibt offen.
31. Kuzmin, V. A., Rubakov, V. A., und Shaposhnikov, M. E., "On anomalous electroweak baryon-number non-conservation in the early universe", *Physics Letters* 155B (1985) S. 36.
32. Für am Detail interessierte Leser: Die elektroschwache Theorie hat zwei Kopplungskonstanten, eine für die Symmetriegruppe der schwachen Kraft, g, und eine andere für die Symmetriegruppe der elektromagnetischen Kraft, g'. Was wir als Elektronenladung bezeichnen, ist zum Beispiel eine Kombination beider, $e = gg'/(g^2 + g'^2)^{1/2}$. Im Widerspruch zum Vereinheitlichungsgedanken gibt es stets zwei Symmetriegruppen (und die dazugehörigen Kopplungskonstanten) und nicht eine einzige, die die beiden Wechselwirkungen der niederenergetischen Theorie beschreibt.

Teil IV

1. Doch selbst diese Versuche verblassen gegenüber der öffentlichen Hinrichtung des Elefanten Topsy durch einen Stromstoß – geplant und inszeniert von Thomas Edison. Die Elefantenkuh, die drei Menschen, darunter einen Pfleger, der sie misshandelt hatte, getötet hatte, erhielt einen elektrischen Schlag mit einer Wechselspannung von 6600 Volt und verendete innerhalb von Sekunden. Edison inszenierte das Ereignis, um die Leute von Wechselströmen, den Konkurrenten seiner Gleichströme,

abzuschrecken. Er nannte das „Westinghousen", nach George Westinghouse, der zusammen mit Nicola Tesla den Wechselstrom erfunden hatte.

2. Ein frühe Schilderung der Heilkräfte der Elektrizität findet sich in Reverend John Wesleys erstaunlichem 1759 veröffentlichtem *The Desideratum, or Electricity Made Plain and Useful.* Der Reverend war in Bezug auf die neue „Heilmethode" ziemlich zuversichtlich: „Ich zweifle nicht, dass durch diese eine Behandlungsmethode in einem Jahr mehr Nervenkrankheiten geheilt werden als die gesamte englische Homöopathie bis zum Ende des Jahrhunderts heilen wird."
3. Aus der Einleitung der 1831 veröffentlichten dritten Auflage von Mary Shelleys *Frankenstein: Or, the modern Prometheus* (Shelley, M. [1831]).
4. Siehe zum Beispiel Mikkelson, B. und D.: Soul Man, http://www.snopes.com/religion/soulweight.asp (Stand: 15.7.2011), und Roach, M. (2003). Dr. MacDougalls Messungen waren titelgebend für den Hollywood-Film *21 Grams* (deutscher Titel: *21 Gramm*) von 2003 mit Sean Penn in der Rolle eines herzkranken Mathematikers.
5. Man beachte die chemische Zusammensetzung dieser Moleküle: Wasser (H_2O) besteht aus Wasserstoff und Sauerstoff; Ammoniak (NH_3) aus Stickstoff und Wasserstoff; Methan (CH_4) aus Kohlenstoff und Wasserstoff.
6. Eine eingehende Schilderung des Miller-Urey-Experiments und seiner Bedeutung für die Astrobiologie findet sich in Wills (2000).
7. Die Erde ist ungefähr 4,6 Milliarden Jahre alt.
8. Diese Theorie der Entstehung des Mondes wird von vielen Fakten gestützt: Das Verhältnis zwischen den verschiedenen Sauerstoffisotopen auf dem Mond und auf der Erde ist nahezu gleich, was darauf hindeutet, dass der Mond in der Nähe der Erde entstanden ist. Dagegen kommt auf dem Mond kein Eisen vor, von dem es auf der Erde eine ganze Menge gibt, vor allem im Erdinneren. Das ließe sich dadurch erklären, dass der aufprallende Himmelskörper nicht genau zentral auftraf sondern weiter außen und daher hauptsächlich oberflächennahe Materie

herausschlug und der eisenreiche Erdkern dabei intakt blieb. Andere Theorien können dies nicht deuten.

9. Neuere Untersuchungen anhand von Analysen von Mondgestein und Modellen der Entstehung des Sonnensystems legen nahe, dass vor rund 3,9 Milliarden Jahren ein „großes Bombardement" stattfand. Sollte sich das bestätigen, wäre es umso erstaunlicher, dass schon so bald danach Leben entstanden wäre. Falls es vor dem großen Bombardement verhältnismäßig ruhig gewesen ist und viel Wasser vorhanden war, ist es natürlich möglich, wenn auch unwahrscheinlich, dass schon sehr früh Leben entstanden ist und ein Teil das Chaos überlebt hat. In diesem Fall wäre das Leben älter als wir denken. Eine andere Möglichkeit ist, dass mehrmals Leben entstanden und wieder ausgestorben ist, bevor es sich irgendwann nach der Zeit vor 3,8 Milliarden Jahren dauerhaft durchgesetzt hat. Wann auch immer das Leben entstanden ist – wie dies geschah, wissen wir bis heute nicht.
10. Weil der Siedepunkt von Ammoniak bei –33,34 °C liegt, muss die Temperatur tief genug und/oder der Druck hoch genug sein, damit es flüssig bleibt. Silizium geht wie Kohlenstoff vier Bindungen mit anderen Atomen ein. Das größere Siliziumatom ist jedoch anfälliger für chemische Angriffe. Darum ist eine Biochemie auf Siliziumbasis einer kohlenstoffbasierten unterlegen.
11. Viele Forscher, allen voran David Deamer von der University of California in Santa Cruz und Jack Szostak von der Harvard University, haben erstaunliche Arbeit zu den Eigenschaften der einfachsten möglichen Zellen geleistet. Während Deamer untersucht, wie sich Grenzschichten aus Lipiden (Fetten) um Genmaterial herum bilden, spürt Szostak der einfachsten möglichen Zelle – derjenigen mit der geringsten Menge an genetischer Information – nach, die sich noch als lebendig bezeichnen lässt.
12. Übrigens verloren sowohl der Mond als auch die Erde einen großen Teil ihrer ursprünglichen Rotationsenergie an die früheren riesigen gezeitenbedingten Deformationen. (Ein Teil der Energie zur Verformung von Erde und Mond stammt nämlich aus ihrer Rotationsbewegung.) Als Folge hat sich die Drehung der Erde auf ihre heutige Rotationsgeschwindigkeit – eine Um-

drehung in knapp 24 Stunden – verlangsamt, während sich der kleinere Mond überhaupt nicht mehr dreht und uns seitdem immer die gleiche Seite zuwendet.

13. Der Mond entfernt sich noch immer von uns, allerdings mit der wesentlich bescheideneren Geschwindigkeit von etwa drei bis vier Zentimetern pro Jahr. Folglich werden die Gezeiten immer schwächer.
14. Die Schuld dafür liegt nicht allein bei der Quantenmechanik. Wie einige der fachlich versierten Leser wissen werden, gibt es für die Bewegung von drei oder mehr miteinander wechselwirkenden Körpern auch in der klassischen Mechanik keine exakte Lösung. Das bedeutet, dass Atome mit zwei oder mehr Elektronen mit Näherungsmethoden behandelt werden müssen.
15. Und was sind das für Energiespitzen? In erster Linie Sonnenenergie, die die Erde aufheizt. Wenn die Erde ein von der Sonne kommendes (sichtbares) Photon absorbiert und dafür später Photonen (mit einer Rate von rund 20:1) im Infraroten in den Weltraum abstrahlt, gibt sie dieselbe Energie, aber in weniger nutzbarer Form ab. Die Differenz an nutzbarer Energie (technisch korrekt: der Zuwachs an Entropie) dient als Nahrung geordneter Strukturen auf der Erde, von Wirbelstürmen bis hin zu Lebewesen.
16. Das gilt solange, wie die urzeitliche Atmosphäre energiereiche, reduzierende (Elektronen abgebende) Gase enthält. Andernfalls entstehen keine Aminosäuren.
17. Die Zeitpunkte sind sehr ungefähr. Darüber, wann vielzelliges Leben – im Unterschied zu Kolonien von Einzellern – entstanden ist, wird noch viel debattiert, auch wenn gesichert scheint, dass es vor mindestens 550 Millionen Jahren, zur Zeit der „Kambrischen Explosion", einer Phase der Entstehung einer unglaublichen Vielfalt von Lebensformen, bereits weitverbreitet war. Es gibt Hinweise darauf, dass Schwämme – die ersten Vielzeller – schon vor 1,8 Milliarden Jahren existiert haben könnten.
18. Technisch gesprochen läuft die Synthese der Desoxyribose, dem aus Kohlenhydraten bestehenden Rückgrat der DNA, über die Ribose, das Rückgrat der RNA, ab, was darauf hindeutet, dass die RNA in gewisser Weise ursprünglicher ist als die DNA.

19. Fenchel., T. (2002).
20. Pasteur, L. (1905), S. 10 [Deutsche Ausgabe S. 6].
21. Pasteur, L. (1905), S. 19 [Deutsche Ausgabe S. 3]. Pasteur verwendet das Wort *hemiëdrisch* anstelle von asymmetrisch. Hemiëdrische Kristalle sind solche, die halb so viele Ebenen haben, wie für die volle Symmetrie nötig wären.
22. Es gibt viele wichtige, praktische Konsequenzen chiraler Asymmetrie – Pharmafirmen wissen das sehr genau. Links- und rechtshändige Verbindungen können sehr unterschiedliche medizinische Wirkungen haben. Ein tragisches Beispiel ist Thalidomid, besser bekannt als Contergan®. Die eine Form ist ein effektives Mittel gegen Schwangerschaftsübelkeit; die andere ist teratogen und ruft schreckliche Fehlbildungen hervor. In den 1950er und 1960er Jahren kamen viele Kinder mit solchen Fehlbildungen auf die Welt, weil ihren Müttern die falsche Form des Medikaments verabreicht worden war. Ethambutol ist ein anderes Beispiel: Die eine Form ist wirksam gegen Tuberkulose, während die andere zum Erblinden führt. Ein weniger ernstes Beispiel bietet Lewis Carrolls *Through the Looking Glass* (*Alice im Spiegelland*) aus dem Jahr 1871, in dem Alice Bescheid weiß, dass Nahrungsmittel mit der falschen Händigkeit üble Auswirkungen haben können. „Wie gefiele dir denn das Leben im Spiegelhaus, Mieze? Ob sie dir da wohl auch Milch gäben? Vielleicht bekommt dir Spiegel-Milch ja gar nicht."
23. Pasteur, L. (1905), S. 42 [Deutsche Ausgabe S. 31].
24. Pasteur, L. (1905), S. 40 [Deutsche Ausgabe S. 30].
25. Dieses „Schloss-und-Schlüssel"-Modell ist zwar anschaulich, aber etwas vereinfacht. Die Enzyme sind nicht so starr wie das Schloss suggeriert, sondern können sich je nach ankommendem Molekül leicht verwinden. Diese Variante des Schloss-und-Schlüssel-Modells heißt „Induced Fit"-Modell (oder auf Deutsch induzierte Passform).
26. Für Leser, die *Fantasia* nicht kennen, hier ein anderes Beispiel: Tiere, die sich im Wesentlichen ungehindert von Raubtieren fortpflanzen können, wie Menschen oder wie Mäuse im Käfig etwa, lassen sich als autokatalytisches System betrachten. Je mehr Tiere es bereits gibt, desto mehr können sich fortpflanzen.

27. Plasson und seine Kollegen verwenden eine (nicht autokatalytische) Mischung links- und rechtshändiger chiraler Verbindungen mit einem kleinen anfänglichen chiralen Ungleichgewicht. Wie in Franks Reaktion wird dieses anfängliche Ungleichgewicht erfolgreich verstärkt, was zu einer Lösung kleiner Ketten chiral reiner Verbindungen, sogenannter Peptide, führt. In diesem Modell trägt jede weiße oder schwarze Perle eine kleine Glühbirne mit sich, die entweder ein- oder ausgeschaltet ist. Ist sie eingeschaltet, heißt das, dass die Perle (die Aminosäure) aktiv ist und bereit, sich mit einer anderen Perle zu verbinden. Die Aktivierung einer Aminosäure hängt von äußeren Energiequellen ab, üblicherweise Verbindungen wie Stickoxiden oder Kohlenstoffmonoxid, den chemischen Gegenstücken zu Powerriegeln.
28. Sehr grob betrachtet würde man in einem Volumen mit N Molekülen einen schwankenden Überschuss von $\sqrt{N}$ Molekülen der einen oder der anderen Sorte erwarten. Bei 10^{24} Molekülen wäre dies zum Beispiel ein Überschuss von rund 10^{12}, also einer Billion, entweder links- oder rechtshändiger Moleküle. Das scheint ziemlich viel, ist es aber eigentlich nicht. Entspräche N der Weltbevölkerung von sieben Milliarden, wären $\sqrt{N}$ gerade einmal 84 000 Leute.
29. Pasteur, L. (1905), S. 43 [Deutsche Ausgabe S. 31].
30. Für diese entscheidende Korrelation gibt es noch immer keine gute Erklärung. Einige Experimente von Sandra Pizzarello von der Arizona State University und Arthur Weber vom SETI-Institut deuten darauf hin, dass linkshändige Aminosäuren als Katalysator für die Erzeugung rechtshändiger Zucker wirken können. Während ich diese Zeilen verfasse, versuche ich gerade gemeinsam mit Sara Walker diesen Effekt zu modellieren. Die Ergebnisse sind sehr vielversprechend. Linkshändige Aminosäuren – die entweder auf der frühen Erde entstanden oder vom Himmel herabgeregnet waren – könnten die Polymerisation in Gang gesetzt und dabei die Bildung von rechtshändigen Zuckern begünstigt haben. In diesem Fall wäre alles angerichtet für den Anfang der chiralen Biochemie des Lebens.

31. Der Murray-Meteorit schlug 1950 im Calloway County in Kentucky ein.
32. In Gleiser, M. (2003) behandle ich diese faszinierende Geschichte. Eine ausführliche Schilderung findet sich in Alvarez, W. (1997).
33. Man kann sich die Szene mit der Verwandlung der Frau zum Gorilla aus dem James-Bond-Film auf Youtube ansehen: http://www.youtube.com/watch?v=KRIZvJhXefE (Stand: 15.7.2011). Jüngere Leser kennen vielleicht die Buchreihe *Animorphs* von K. A. Applegate, in der Jugendliche vorkommen, die sich in Tiere verwandeln können.
34. Die Definition dafür, was eine Art ist, wird noch immer diskutiert, was vielleicht überraschend scheint. Obwohl die Fähigkeit zur gemeinsamen Fortpflanzung eine Grenze zwischen verschiedenen Arten zieht, ist die Sache nicht ganz so einfach. Zum Beispiel kreuzen sich Koyoten und Wölfe, während sich Mikroben asexuell fortpflanzen. In Anbetracht dessen, dass Mikroben rund 90 Prozent des Lebensbaums ausmachen, gibt es allen Grund, wohl zu überlegen, wie man eine Art definiert. Einige Biologen gehen so weit zu behaupten, dass das Konzept der Arten eine Illusion ist. Andere denken, dass ökologische Variablen in die Klassifizierung einfließen sollten. Für Mikroben würde das heißen, dass solche, die sich etwa an eine bestimmte Wassertemperatur und an einen bestimmten pH-Wert anpassen, einer anderen Art angehören als solche, die bei anderen Wassertemperaturen und pH-Werten leben.
35. In Wirklichkeit ist der Prozess etwas komplizierter. Die DNA hat zwei Teile: einen Teil, in dem Erbinformation verschlüsselt ist, und einen Teil, der keine Erbinformation enthält und zwischen den Genen liegt. Beide sind von Bedeutung. Der Teil ohne Erbinformation entscheidet, welche Gene zu verschiedenen Zeitpunkten zur Anwendung kommen, während sich Tiere vom Ei und Spermium zum Embryo und schließlich bis zum ausgewachsenen Tier fortentwickeln. Das An- und Ausschalten der Gene erklärt, wie die im Grunde gleiche Menge von Genen so eine erstaunliche Vielfalt von Lebewesen ermöglicht. Diese Ideen bilden das Fundament der vor kurzem vorgeschlagenen

evolutionären Entwicklungsbiologie, auch „Evo Devo“ genannt. Siehe zum Beispiel Carroll, S. (2005).

36. Der Vorfahr aller heute lebenden Lebewesen wird auch LUCA, abgekürzt für *last universal common ancestor*, genannt.

Teil V

1. Alle Zitate Albert Einsteins in diesem Buch stehen auch in Einstein, A. (1996).
2. Davies, P. (2007).
3. Vilenkin, A. (2006). Vilenkin liefert eine sehr klare und eingehende Besprechung einiger dieser Fragen und in welchem Bezug sie zu dem weiter unten erwähnten anthropischen Prinzip stehen.
4. Max Tegmarks Artikel „Anything Goes“ im *New Scientist* vom Juni 1998 bietet einen allgemeinverständlichen Überblick. Tegmark selbst nennt dies „einen sehr schrägen [Artikel]“.
5. Johannes Kepler in seinem Brief an Jakob Bartsch vom 6. November 1629.
6. Siehe zum Beispiel Horgan, J. (1996). Horgan bringt seine Überzeugung zum Ausdruck, dass wir uns einer Phase der Wissenschaft nähern könnten, in der „weitere Forschung vielleicht keine großen Enthüllungen oder Revolutionen mehr bringen wird, sondern nur noch immer kleinere Fortschritte.“ Wie man so eine Vorstellung mit der Tatsache in Einklang bringt, dass wir immer offen für Überraschungen sein sollten, bleibt mir ein Rätsel. Neue Instrumente werden unweigerlich neue Herausforderungen bringen. Es ist schlicht unmöglich vorherzusagen, dass keine großen Neuerungen oder wissenschaftlichen Revolutionen mehr stattfinden werden. Wie die Geschichte uns immer wieder gezeigt hat (man denke beispielsweise an die Entdeckung der Dunklen Energie zwei Jahre nach Veröffentlichung von Horgans Buch!), sind Labors und immer fortschrittlichere Messinstrumente großartige Weltbildzerstörer.

7. Sicher bleiben die Wahrheiten der Wissenschaft der Physik gültig: Die Schwerkraft nimmt weiterhin mit dem Quadrat des Abstandes ab, und Licht breitet sich unabhängig vom Beobachter mit konstanter Geschwindigkeit aus. Selbst wenn die Suche nach Antworten auf wissenschaftliche Fragen mit dem kulturellen Hintergrund, vor dem sie betrieben wird, verknüpft ist, gibt es keinen Raum für einen Kulturrelativismus, wenn es um Bewegungsgleichungen geht. Falls Sie mir nicht glauben, könnten Sie einfach versuchen, vom Dach eines Gebäudes zu springen (oder vorsichtshalber vielleicht erst einmal einen Ball hinunterwerfen).
8. Schönheitsflecken waren ein großes Modephänomen an den europäischen Höfen des 18. Jahrhunderts und des Öfteren auch seitdem. Wer keinen hatte, malte sich einen auf. Dem interessierten Leser empfehle ich die filmischen Meisterwerke *Amadeus* von Regisseur Milos Forman und *Barry Lyndon* von Regisseur Stanley Kubrick. Doch wie so oft ist das, was in der einen Kultur als schön empfunden wird, in einer anderen hässlich. In Japan waren Schönheitsflecke verpönt und galten als Zeichen charakterlicher Mängel. In jedem Fall ist das Thema sehr populär: Anfang Juli 2009 gab es bei Google 79 Millionen Treffer für „beauty mark" („Schönheitsfleck").
9. Siehe zum Beispiel Zaidel, D. W., und Deblieck, Ch., „Attractiveness of Natural Faces Compared to Computer Constructed Perfectly Symmetrical Faces" (Attraktivität natürlicher Gesichter im Vergleich zu Computer-generierten, vollkommen symmetrischen Gesichtern), *International Journal of Neuroscience* 117 (2007) S. 423–431.
10. Einen schönen Überblick über die Naturkonstanten, ihre tiefe Bedeutung für unsere Beschreibung der Natur und wie sie bestimmt werden, findet man in Fritzsch, H. (2008). Eine technisch anspruchsvollere Besprechung bietet Tegmark, M., Aguirre, A., Rees, M., und Wilczek, F. „Dimensionless constants, cosmology, and other dark matters", *Physical Review* D 73 (2006).
11. Genaugenommen hängen sie zudem von der Dielektrizitätskonstante des Raumes ab, einer Konstanten des Elektromagnetismus, die mit der Lichtgeschwindigkeit zusammenhängt.

12. Im Jahr 1999 brachten Lisa Randall und Raman Sundrum eine spekulative Theorie ins Spiel, die „Branentheorie", die nicht auf kleinen, sondern auf großen zusätzlichen Dimensionen beruht. Einzelheiten kann man in der bekannten Darstellung Randell, L. (2005) nachlesen. Hier beschäftige ich mich nur mit den „konventionelleren" kleinen Extradimensionen.
13. Carl Sagan erkundet unser Bedürfnis zu glauben auf wunderschöne Weise in Sagan, S. (1997). Zudem sollte ich erwähnen, dass Leonard Susskind in Susskind, L. (2006) eine Metapher von einem „schlauen Fisch" verwendet, um für das anthropische Prinzip zu argumentieren. Übrigens habe ich das erst festgestellt, nachdem ich die vorherigen Zeilen geschrieben hatte. Ich vermute, unsere Fische sind auf unterschiedliche Weise schlau (und dumm).
14. Stapledon, O. (2004). Das Original ist 1937 erschienen; die hübsche englischsprachige Ausgabe enthält ein Vorwort von Freeman Dyson.
15. Eine wunderschöne Zusammenfassung der Arbeit von Lynn Margulis zur Endosymbiose findet man in dem Buch, das sie gemeinsam mit ihrem Sohn Dorion Sagan geschrieben hat: Margulis, L., und Saga, D. (1997).
16. Wie kommt ein Felsbrocken vom Mars auf die Erde? Die Antwort lautet: durch Meteoriteneinschlag. Eine heftige Kollision zwischen einem Asteroiden oder Kometen und der Oberfläche eines Planeten schleudert enorme Mengen an Trümmerteilen bis in sehr große Höhen. Einige der Trümmer können ins Weltall entweichen und, nachdem sie eine Zeitlang durchs All geflogen sind, in das Gravitationsfeld eines benachbarten Planeten geraten und abstürzen. Felsbrocken von der Erde könnten auch zum Mars gelangen, aber wegen der größeren Masse (und somit Schwerkraft) der Erde ist das unwahrscheinlicher.
17. Dieses Zitat und eine lebhafte Nacherzählung der Entdeckung von ALH84001 findet man in Davies, P. (1999). Davies bietet eine faszinierende Behandlung der wissenschaftlichen und philosophischen Bedeutung einer etwaigen Entdeckung außerirdischen Lebens.

18. Erstaunlicherweise schrieb Kepler wahrscheinlich als Erster eine moderne Erzählung über Leben außerhalb der Erde. Seine Kurzgeschichte „Der Traum“ wurde 1634 posthum und nach großem innerem Kampf veröffentlicht. Mit unheimlicher Vorahnung in Bezug auf natürliche Auslese beschreibt Kepler eigenartige Mondlebewesen, die sich an eine Umwelt angepasst haben, die sich von der auf der Erde stark unterscheidet. Sein Hauptziel dabei war es allerdings, Astronomie aus der Perspektive eines Himmelskörpers, der sich in einer Umlaufbahn befindet, zu beschreiben. Damit wollte er belegen, dass sich auch die Erde auf einer Umlaufbahn bewegen könnte.
19. Clarke, A. C. (1968).
20. Davies, P. (1999), S. 246.
21. Stephen Webb hat ein sehr unterhaltsames Buch verfasst, das fünfzig unterschiedliche Antworten auf diese Frage gibt: *If the Universe is teeming with Aliens ... Where is Everybody? Fifty Solutions to the Fermi Paradox and the Problem of Extraterrestrial Life.* Webb, S. (2002).
22. Viele Bücher und Artikel wurden zu diesem Thema verfasst, und einige davon sind im Literaturverzeichnis enthalten. Ich verweise den Leser zudem auf die Website http://www.actionbioscience.org des Amerikanischen Instituts für Biowissenschaften. Sie ist eine hervorragende Quelle für weitere Literaturverweise, Überblicksartikel und Websites.
23. Gleiser, M. (2003).

Literatur

Adams, F. (2003) *Our Living Multiverse: A Book of Genesis in 0 + 7 Chapters*. New York: Pi Press.

Adams, F., und Laughlin, G. (1999) *The Five Ages of the Universe*. New York: The Free Press. [Deutsche Ausgabe (2002) *Die fünf Zeitalter des Universums: Eine Physik der Ewigkeit*. München: Deutscher Taschenbuch Verlag.]

Adler, M. J., Herausgeber (1990) *Great Books of the Western World*. Chicago: Encyclopaedia Britannica.

Alvarez, W. (1997) *T. Rex and the Crater of Doom*. Princeton: Princeton University Press.

Armstrong, K. (1993) *A History of God*. New York: A. A. Knopf. [Deutsche Ausgabe (1996) *Geschichte des Glaubens*. München: Droemer Knaur.]

Barrow, J. D. (1999) *Between Inner Space and Outer Space: Essays on Science, Art, and Philosophy*. Oxford: Oxford University Press.

Barrow, J. D., und Silk, J. (1983) *The Left Hand of Creation: The Origin and Evolution of the Expanding Universe*. New York: Basic Books. [Deutsche Ausgabe (1995) *Die Linke Hand der Schöpfung*. Heidelberg: Spektrum Akademischer Verlag.]

Barrow, J. D., und Tipler, F. J. (1996) *The Anthropic Cosmological Principle*. New York: Oxford University Press.

Berlin, I. (1979) *Concepts and Categories*. New York: Viking Press.

Boorstin, D. J. (1985) *The Discoverers*. New York: Vintage.

Burkert, W. (1962) *Weisheit und Wissenschaft: Studien zu Pythagoras, Philolaos und Platon*. Nürnberg: H. Carl.

Carroll, L. (1946) *Alice in Wonderland and Through the Looking Glass*. New York: Grosset & Dunlap [Deutsche Ausgabe (1989) *Alice im Spiegelland*. München: Goldmann-Verlag.]

Carroll, S. (2005) *Endless Forms Most Beautiful.* New York: W. W. Norton.

Clarke, A. C. (1968) *2001: A Space Odyssey.* New York: New American Library. [Deutsche Ausgabe (2001) *2001: Odyssee im Weltraum.* München: Heyne.]

Cole, K. C. (2001) *The Hole in the Universe.* New York: Harcourt. [Deutsche Ausgabe (2004) *Eine kurze Geschichte des Universums.* Berlin: Aufbau Taschenbuch Verlag.]

Crick, F. (1981) *Life Itself: Its Nature and Origin.* New York: Simon & Schuster. [Deutsche Ausgabe (1983) *Das Leben Selbst: Sein Ursprung, Seine Natur.* München/Zürich: Piper.]

Davies, P. (1992) *The Mind of God.* New York: Simon & Schuster. [Deutsche Ausgabe (1996) *Der Plan Gottes.* Frankfurt: Insel-Verlag.]

Davies, P. (1995) *About Time.* New York: Simon & Schuster. [Deutsche Ausgabe (1998) *Die Unsterblichkeit der Zeit.* München: Heyne.]

Davies, P. (1995) *Are We Alone?* New York: Basic Books. [Deutsche Ausgabe (2001) *Sind wir allein im Universum?* Rheda-Wiedenbrück/Gütersloh: RM Buch und Medien Vertrieb.]

Davies, P. (1999) *The Fifth Miracle: The Search for the Origin and Meaning of Life.* New York: Simon & Schuster. [Deutsche Ausgabe (2000) *Das fünfte Wunder.* Bern/München/Wien: Scherz.]

Davies, P. (2007) *Cosmic Jackpot: Why Our Universe is Just Right for Life.* New York: Houghton Mifflin. [Deutsche Ausgabe (2008) *Der kosmische Volltreffer.* Frankfurt: Campus Verlag.]

Dawkins, R. (2006) *The God Delusion.* New York: Houghton Mifflin. [Deutsche Ausgabe (2008) *Der Gotteswahn.* Berlin: Ullstein.]

Dawkins, R. (2009) *The Greatest Show on Earth: The Evidence for Evolution.* New York: Free Press.

De Fontenelle, B. l. B. (1687) *Conversations on the Plurality of Worlds.* Berkeley: University of California Press, Berkeley, 1990.

Dyson, F. (1985) *Origins of Life.* Princeton: Princeton Universty Press (1999, 2. Aufl). [Deutsche Ausgabe (1990) *Die zwei Ursprünge des Lebens.* München: Droemer Knaur.]

Dyson, F. (1999) *The Sun, the Genome, and the Internet.* New York: Oxford University Press. [Deutsche Ausgabe (2000) *Die Sonne, das Genom und das Internet.* Frankfurt: S. Fischer.]

Einstein, A. Herausgeber: Alice Calaprice (1996) *The Quotable Einstein.* Princeton: Princeton University Press. [Deutsche Ausgabe (1999) *Einstein Sagt.* München: Piper.]

Fenchel, T. (2002) *The Origin and Early Evolution of Life.* Oxford: Oxford University Press.

Frank, A. (2009) *The Constant Fire: Beyond the Science vs. Religion Debate.* Berkeley: University of California Press.

Fritzsch, H. (2008) *The Fundamental Constants in Physics: A Mystery of Physics.* Singapore: World Scientific.

Gingerich, O. (2004) *The Book Nobody Read.* New York: Walker & Sons.

Gleiser, M. (1997) *The Dancing Universe: From Creation Myths to the Big Bang.* New York: Plume (Gebundene Ausgabe: Dutton, 1997). [Deutsche Ausgabe (1998) *Das tanzende Universum: Schöpfungsmythen und Urknall.* Wien/München: Deuticke.]

Gleiser, M. (2002) *The Prophet and the Astronomer: A Scientific Journey to the End of Time.* New York: W. W. Norton.

Gleiser, M. (2003) *The Prophet and the Astronomer: Apocalyptic Science and the End of the World.* New York: W. W. Norton.

Goodenough, U. (1998) *The Sacred Depths of Nature.* Oxford: Oxford University Press.

Gould, S. J. (1995) *Dinosaur In a Haystack: Reflections in Natural History.* New York: Harmony Books. [Deutsche Ausgabe (2002) *Ein Dinosaurier im Heuhaufen.* Frankfurt: S. Fischer.]

Greene, B. (1999) *The Elegant Universe: Superstrings, Hidden Dimensions, and the Quest for the Ultimate Theory.* New York: W. W. Norton. [Deutsche Ausgabe (2000) *Das elegante Universum: Superstrings, verborgene Dimensionen und die Suche nach der Weltformel.* Berlin: Siedler.]

Grinspoon, D. (2003) *Lonely Planets: The Natural Philosophy of Alien Life.* New York: Ecco.

Guth, A. (1997) *The Inflationary Universe: The Quest for a New Theory of Cosmic Origins.* Reading: Addison-Wesley. [Deutsche Ausgabe (2002) *Die Geburt des Kosmos aus dem Nichts: die Theorie des inflationären Universums.* München: Droemer Knaur.]

Hawking, S. (1988) *A Brief History of Time: From the Big Bang to Black Holes.* New York: Bantam Books. [Deutsche Ausgabe (1991) *Eine kurze Geschichte der Zeit: die Suche nach der Urkraft des Universums.* Reinbek bei Hamburg: Rowohlt.]

Holton, G. (1996) *Einstein, History, and Other Passions.* Cambridge: Harvard University Press. [Deutsche Ausgabe (1998) *Einstein, die Geschichte und andere Leidenschaften: Der Kampf gegen die Wissenschaft am Ende des 20. Jahrhunderts.* Braunschweig/Wiesbaden: Vieweg.]

Hooper, D. (2008) *Nature's Blueprint: Supersymmetry and the Search for a Unified Theory of Matter and Force.* New York: HarperCollins.

Horgan, J. (1996) *The End of Science: Facing the Limits of Knowledge in the Twilight of the Scientific Age.* New York: Broadway. [Deutsche Ausgabe (1997) *An den Grenzen des Wissens.* München: Luchterhand.]

Kahn, Ch. (2002) *Pythagoras and the Pythagoreans: A Brief History.* Indianapolis: Hackett.

Kauffman, S. (1995) *At Home in the Universe.* Oxford: Oxford University Press. [Deutsche Ausgabe (1996) *Der Öltropfen im Wasser.* München: Piper.]

Kauffman, S. (2008) *Reinventing the Sacred: A New View of Science, Reason, and Religion.* New York: Basic Books.

Kepler, J. (1596) *Mysterium Cosmographicum.* New York: Abaris Books, 1981. [Deutsche Ausgabe *Das Weltgeheimnis*, abgedruckt in: (2005) Was die Welt im Innersten zusammenhält: Antworten aus Keplers Schriften. Wiesbaden: Marix Verlag.]

Kirk, G. S., Raven, J. E., und Schofield, M. (1971) *The Presocratic Philosophers.* Cambridge: Cambridge University Press. [Deutsche Ausgabe (1994) *Die vorsokratischen Philosophen.* Stuttgart: Metzler.]

Kolb, R. (1997) *Blind Watchers of the Sky: The People and Ideas that Shaped our View of the Universe.* New York: Basic Books.

Krauss, L. (2000) *Quintessence: The Mystery of Missing Mass in the Universe.* New York: Basic Books.

Lindley, D. (1993) *The End of Physics: The Myth of a Unified Theory.* New York: Basic Books [Deutsche Ausgabe (1994) *Das Ende der Physik: vom Mythos der großen vereinheitlichten Theorie.* Basel: Birkhäuser.]

Livio, M. (2000) *The Accelerating Universe.* New York: John Wiley & Sons. [Deutsche Ausgabe (2001) *Das beschleunigte Universum.* Stuttgart: Kosmos.]

Margulis, L., und Sagan, D. (1997) *Microcosmos: Four Billion Years of Microbial Evolution*. Berkeley: University of California Press.

Mather, J. C., und Boslough, J. (1996) *The Very First Light: The True Inside Story of the Scientific Journey Back to the Dawn of the Universe*. New York: Basic Books.

Monod, J. (1972) *Chance and Necessity*. London: Collins.

Munitz, M. K., Herausgeber (1957) *Theories of the Universe: From Babylonian Myth to Modern Science*. Glencoe: Free Press.

North, J. (1995) *The Norton History of Astronomy and Cosmology*. New York: W. W. Norton. [Deutsche Ausgabe (1997) *Viewegs Geschichte der Astronomie und Kosmologie*. Braunschweig/Wiesbaden: Vieweg.]

Orgel, L. (1973) *The Origins of Life: Molecules and Natural Selection*. New York: Wiley & Sons.

Pasteur, L. (1905) *Researches on the Molecular Asymmetry of Natural Organic Products*. Edinburgh: The Alembic Club. [Deutsche Ausgabe (1891): *Über die Asymmetrie bei natürlich vorkommenden organischen Verbindungen*. Verlag von Wilhelm Engelmann, Leipzig, Online: http://books.google.com/books?id=gD9MAAAAIAAJ&oe=UTF-8 (Stand: 15.7.2011)]

Randall, L. (2005) *Warped passages: Unraveling the Mysteries of the Universe's Hidden Dimensions*. New York: HarperCollins. [Deutsche Ausgabe (2006) *Verborgene Universen: eine Reise in den extradimensionalen Raum*. Frankfurt: S. Fischer.]

Rees, M. (1997) *Before the Beginning: Our Universe and Others*. New York: Perseus Books. [Deutsche Ausgabe (1998) *Vor dem Anfang: eine Geschichte des Universums*. Frankfurt: S. Fischer.]

Rees, M. (2001) *Our Cosmic Habitat*. Princeton: Princeton University Press. [Deutsche Ausgabe (2003) *Das Rätsel unseres Universums*. München: Beck.]

Rees, M. (2003) *Our Final Hour: A Scientist's Warning How Terror, Error, and Environmental Disaster Threaten Humankind's Future in This Century - On Earth and Beyond*. New York: Basic Books. [Deutsche Ausgabe (2003) *Unsere letzte Stunde*. München: Bertelsmann.]

Roach, M. (2003) *Stiff: The Curious Lives of Human Cadavers*. New York: W. W. Norton. [Deutsche Ausgabe (2005) *Die fabelhafte Welt der Leichen*. München: DVA]

Sagan, C. (1994) *Pale Blue Dot: A Vision of the Human Future in Space.* New York: Ballantine. [Deutsche Ausgabe (1996) *Blauer Punkt im All: unsere Zukunft im Kosmos.* München: Droemer Knaur.]

Sagan, C. (1997) *The Demon-Haunted World: Science as a Candle in the Dark.* New York: Ballantine. [Deutsche Ausgabe (1997) *Der Drache in meiner Garage oder die Kunst der Wissenschaft, Unsinn zu entlarven.* München: Droemer Knaur.]

Sagan, C. (2006) *The Varieties of Scientific Experience: A Personal View of the Search for God.* New York: Penguin Press.

Schrödinger, E. (1944) *What is life?* Cambridge: Cambridge University Press (Canto Edition, 1992). [Deutsche Ausgabe (1947) *Was ist Leben?* Bern: Francke.]

Shelley, M. (1831) *Frankenstein: Or, the modern Prometheus.* London: Henry Colburn and Richard Bentley. Online: http://books.google.com/books?id=BDuijLLwQEQC&printsec=frontcover&source=gbs_ge_summary_r&cad=0#v=onepage&q&f=false (Stand: 15.7.2011). [Deutsche Ausgabe (1986): *Frankenstein, oder: Der moderne Prometheus.* Reclam, Ditzingen.] Deutsches Hörbuch online: http://www.vorleser.net/html/shelley.html (Stand: 15.7.2011).

Smolin, L. (2001) *Three Roads to Quantum Gravity.* New York: Basic Books.

Smolin, L. (2006) *The Trouble with Physics: The Rise of String Theory, the Fall of a Science, and What Comes Next.* New York: Houghton Mifflin Harcourt. [Deutsche Ausgabe (2009) *Die Zukunft der Physik: Probleme der Stringtheorie und wie es weitergeht.* München: DVA.]

Smoot, G., und Davidson, K. (1993) *Wrinkles in Time.* New York: Morrow. [Deutsche Ausgabe (1995) *Das Echo der Zeit.* München: Bertelsmann.]

Stapledon, O. (2004) *The Star Maker.* Middletown: Wesleyan University Press. [Deutsche Ausgabe (1969) *Der Sternenmacher.* München: Heyne.]

Stewart, I. (2007) *Why Beauty is Truth: A History of Symmetry.* New York: Basic Books. [Deutsche Ausgabe (2008) *Die Macht der Symmetrie: Warum Schönheit Wahrheit ist.* Heidelberg: Spektrum Akademischer Verlag]

Sullivan, W. T., III, und Baross, J. A., Herausgeber (2007) *Planets and Life: The Emerging Science of Astrobiology*. Cambridge: Cambridge University Press.

Susskind, L. (2006) *The Cosmic Landscape: String Theory and the Illusion of Intelligent Design*. New York: Little, Brown and Company.

Unzicker, A. (2010) *Vom Urknall zum Durchknall. Die absurde Jagd nach der Weltformel*. Heidelberg: Springer.]

Vilenkin, A. (2006) *Many Worlds in One: The Search for Other Universes*. New York: Hill and Wang. [Deutsche Ausgabe (2011) *Kosmische Doppelgänger: Wie es zum Urknall kam – Wie unzählige Universen entstehen*. 2. Aufl. Heidelberg: Spektrum Akademischer Verlag.]

Webb, S. (2002) *Where is Everybody? Fifty Solutions to the Fermi Paradox and the Problem of Extraterrestrial Life*. New York: Copernicus Books.

Weinberg, S. (1977) *The First Three Minutes: A Modern View of the Origin of the Universe*. New York: Basic Books (2. Auflage, 1993). [Deutsche Ausgabe (1977) *Die ersten drei Minuten*. München: Piper.]

Weinberg, S. (1993) *Dreams of a Final Theory: The Search for the Fundamental Laws of Nature*. New York: Pantheon Books. [Deutsche Ausgabe (1993) *Der Traum von der Einheit des Universums*. München: Bertelsmann.]

Weinberg, S. (2006) Anthropic reasoning and typicality in multiverse cosmology and string theory. *Classical and Quantum Gravity*, 23 (2006) S. 4231-6.

Wilczek, F. (2008) *The Lightness of Being: Mass, Ether, and the Unification of Forces*. New York: Basic Books.

Wilczek, F., und Devine, B. (1988) *Longing for the Harmonies: Themes and Variations from Modern Physics*. New York: W. W. Norton.

Wills, C., und Bada, J. (2000) *The Spark of Life: Darwin and the Primeval Soup*. New York: Perseus Books.

Woit, P. (2006) *Not Even Wrong: The Failure of String Theory and the Continuing Challenge to Unify the Laws of Physics*. London: Jonathan Cape.

Danksagungen

Ich bin glücklich, dass viele Kollegen und Freunde trotz ihrer vollen Terminkalender die Zeit gefunden haben, das Manuskript zu lesen und mir mit unschätzbaren Hinweisen und Vorschlägen zur Seite zu stehen. Für etwaige Auslassungen oder Fehler bin ich natürlich selbst verantwortlich. An erster Stelle möchte ich Agnes Krup danken, mit deren Hilfe aus einer Idee ein Buch wurde und die dann dafür gesorgt hat, dass es möglichst vielen zugänglich gemacht wurde. Mein großartiger Agent Michael Carlisle und sein Assistent Ethan Bassoff bei Inkwell haben fantastische Arbeit geleistet, mich bei der Stange zu halten, und mich dabei mit Kritik unterstützt und mit Vorschlägen angeregt. Hilary Redmon, meine Lektorin bei Free Press, verdient alles Lob der Welt: Ihre enthusiastische Unterstützung und ihre Ideen haben enorm zur Verbesserung dieses Buches beigetragen. Ich danke Richard Kremer, Mark McPeek und Adam Frank für ihre wertvollen Beiträge und ganz besonders Nancy Frankenberry, meinem Bruder Luiz, Sara Walker und Steve Weinstein für das Lesen des vollständigen Manuskripts und ihre exzellenten Anmerkungen. Nicole Younger-Halpern, meine Studentin im Rahmen des Presidential-Scholarship-Stipendienprogramms, hat das gesamte Manuskript als wahre Expertin gelesen und ihre konstruktive Kritik dazu abgegeben. Schließlich danke ich meiner Frau Kari dafür, dass sie selbst nach langen Tagen im Büro, wo sie Kollegen unterstützte, die Zeit und die Energie aufgebracht hat, das Manuskript zu lesen und verbessern zu helfen. Ein letztes Wort des Dankes geht an meine Brüder, die ein beständiger Quell der Inspiration und der Unterstützung in meinem Leben sind.

Index

F

M

Q